经济与管理类统计学系列教材

数理统计学

主　编　张润楚
副主编　林　路　杨贵军　朱建平

科学出版社
北京

内 容 简 介

  本书是教育部高等学校统计学教学指导分委员会推荐教材. 本书从我国经济、管理类各专业教学的实际出发, 以统计思想为主线, 坚持"少而精"的原则, 深入浅出地介绍统计学发展至今的一些基本知识, 包含了现有一些常用的统计思想、理论和方法, 主要内容包括: 总体、样本、统计量的概念, 常用分布, 点估计理论, 假设检验理论, 区间估计, 线性模型以及统计决策理论和贝叶斯推断等. 本书强调统计学的基本思想以及和理论方法的有机结合, 并通过实例体现数理统计学的丰富内容和启示读者如何应用统计学的理论和方法.

  本书可作为经济、管理类各专业本科生、研究生的教材和教学参考书, 也适合于自学数理统计学的读者阅读.

图书在版编目 (CIP) 数据

数理统计学/张润楚主编. —北京: 科学出版社, 2010
经济与管理类统计学系列教材
ISBN 978-7-03-029305-3

Ⅰ. ①数… Ⅱ. ①张… Ⅲ. ①数理统计–高等学校–教材 Ⅳ. ①O212

中国版本图书馆 CIP 数据核字(2010) 第 205007 号

责任编辑: 林 建 / 责任校对: 陈玉凤
责任印制: 徐晓晨 / 封面设计: 耕者设计工作室

科 学 出 版 社 出版
北京东黄城根北街 16 号
邮政编码: 100717
http://www.sciencep.com

北京中科印刷有限公司 印刷
科学出版社发行 各地新华书店经销
*
2010 年 12 月第 一 版 开本: B5(720 × 1000)
2019 年 2 月第四次印刷 印张: 13 3/4
字数: 270 000
定价: 32.00 元
(如有印装质量问题, 我社负责调换)

经济与管理类统计学系列教材编委会

主任
曾五一　教育部高等学校统计学专业教学指导分委员会委员、厦门大学教授、博导

委员（按姓氏笔画排序）
王艳明　山东工商学院教授
王振龙　教育部高等学校统计学专业教学指导分委员会委员、西安财经学院教授
朱建平　厦门大学教授、博导
刘　洪　中南财经政法大学教授
刘建平　暨南大学教授
许　鹏　湖南大学教授
李金昌　浙江工商大学教授、博导
李宝瑜　山西财经大学教授、博导
杨　灿　厦门大学教授、博导
肖红叶　天津财经大学教授、博导
张润楚　教育部高等学校统计学专业教学指导分委员会委员、南开大学教授、博导
茆诗松　华东师范大学教授、博导
杭　斌　山西财经大学教授、博导
罗良清　江西财经大学教授
周恒彤　天津财经大学教授、博导
庞　皓　教育部高等学校经济学教学指导委员会副主任、西南财经大学教授、博导
郑　明　教育部高等学校统计学专业教学指导分委员会委员、复旦大学教授、博导
徐国祥　上海财经大学教授、博导
蒋　萍　东北财经大学教授、博导
雷钦礼　暨南大学教授、博导
黎　实　西南财经大学教授、博导

总序

　　统计学是有关如何测定、收集和分析反映客观总体数量的数据, 以便给出正确认识的方法论科学. 随着社会经济的发展和科学技术的进步, 统计应用的领域越来越广, 统计已经成为人们认识世界不可或缺的重要工具.

　　现代统计学可以分为两大类: 一类是以抽象的数量为研究对象, 研究一般的收集数据、分析数据方法的理论统计学; 另一类是以各个不同领域的具体数量为研究对象的应用统计学. 前一类统计学具有通用方法论的理学性质, 其特点是计量不计质; 后一类统计学则与各不同领域的实质性学科有着非常密切的联系, 是有具体对象的方法论, 因而具有复合性学科和边缘学科的性质. 所谓应用, 既包括一般统计方法的应用, 也包括各自领域实质性科学理论的应用. 经济与管理统计学是以社会经济数量为对象的应用统计学. 要在经济和管理领域应用统计方法, 必须解决如何科学地测定经济现象即如何科学地设置指标的问题, 这就离不开对有关经济现象的质的研究. 要对经济和管理问题进行统计分析, 也必须以有关经济和管理的理论为指导. 因此, 经济与管理统计学的特点是在质与量的紧密联系中, 研究事物的数量特征和数量表现. 不仅如此, 由于社会经济现象所具有的复杂性和特殊性, 经济与管理统计学除了要应用一般的统计方法外, 还需要研究自己独特的方法, 如核算的方法、综合评价的方法, 等等.

　　从历史和现状看, 我国统计学专业的办学也有两种模式: 一是强调各类统计学所具有的共性. 这种模式主要培养学生掌握通用的统计方法和理论. 它肯定统计学的 "理学性质", 按照理学类学科的特点设置课程, 概率论和各种数理统计方法等通用的统计方法论在课程中占有较大分量. 其培养目标是有良好的数学基础、熟练掌握统计学基本理论与各种方法, 同时有一定的专门领域的知识, 能够适应各个不同领域的统计工作和统计研究的统计人才. 二是强调各类统计学的个性, 对于经济与管理类统计学来说, 就是强调其与经济学和管理学等其他学科的密切联系, 按照经济与管理类学科的特点设置课程, 除统计学本身的专业课外, 经济管理类的课程占相当大的比重. 其培养目标是 "复合型人才", 即具有坚实的经济与管理理论功底, 既懂数理统计方法又懂经济统计方法, 并能熟练掌握现代计算手段的经济与管理统计人才. 这种人才既是统计人才又是经济管理人才, 不仅能胜任基层企事业单位和政府部门的日常统计业务, 而且能从事市场调查、经济预测、信息分析和其他经济管理工作. 上述两种办学模式, 各有特色, 同时也各有一定的社会需求. 从我国的国情看, 现阶段后一种模式培养的人才市场需求要更大一些. 应该根据 "百花齐放, 百家争鸣" 的方针, 允许多种办学模式同时并存, 由各院校根据自己的特色和市场对有关人才需求的大小, 自主选择合适的办学模式.

为了更好地满足 21 世纪对统计人才的需要, 无论是理学类统计学专业还是经济管理类统计学专业都有一个如何面向未来、面向世界、加强自身建设、更好地与国际接轨的问题. 但是, 这两类专业的培养目标不同, 知识体系也有相当大的差异, 难以完全统一或互相取代. 2003 年 11 月, 教育部高等学校统计学专业教学指导分委员会在厦门召开年会, 会上各方面的专家达成共识, 为了促进统计学的学科建设和发展, 有必要按授予学位的不同, 分别制定指导性的教学规范. 2004 年 1 月, 全国经济与管理类统计学专业的部分专家和学者在天津财经学院讨论了《统计学专业教学规范 (授经济学学士学位)》征求意见稿, 对初稿进行修改与补充, 又经过教育部高等学校统计学专业教学指导分委员会研究和审定, 最终形成了正式的教学规范 (以下简称新规范), 并已上报教育部.

根据新规范的设计, 经济管理类统计学专业应开设的统计学专业主干课程包括以下 10 门: ① 统计学导论; ② 数理统计学; ③ 应用多元统计分析; ④ 应用时间序列分析; ⑤ 应用抽样技术; ⑥ 计量经济学; ⑦ 国民经济统计学; ⑧ 企业经营统计学; ⑨ 证券投资分析; ⑩ 货币与金融统计学. 为了进一步提高统计教材的质量, 更好地满足 21 世纪培养经济管理类统计人才的需要, 我们成立了经济与管理类统计学系列教材编委会, 组织全国高校同行分工协作, 根据新规范设计的课程体系和教学内容, 编辑出版一套经济与管理类统计学系列教材. 本系列教材比较适合作为高等院校经济与管理类统计学专业的教材, 其中《统计学导论》和《计量经济学》还可作为一般经济与管理类专业的核心课程教材.

参加本系列教材建设的有厦门大学、西南财经大学、天津财经大学、上海财经大学、浙江工商大学、山西财经大学、湖南大学、西安财经学院、南开大学、东北财经大学、中南财经政法大学、暨南大学、华东师范大学、江西财经大学、山东工商学院、复旦大学等 10 多所院校的教师. 本系列教材实行主编负责制, 担任主编和主审的老师都是曾经主编和出版过相关统计教材的国内知名教授,不仅具有在第一线教学的经验,而且对相关学科的发展趋势和学科前沿也比较熟悉. 本系列教材的编写,力求体现以下特点:

(一) 与时俱进, 构建与培养目标相适应的教学内容体系.

教材建设的关键在于构建与培养目标相适应的教学内容体系. 为此, 要根据时代的发展, 不断补充和引进新的教学内容. 作为 21 世纪经济管理类统计专业的教材, 不能只是简单地向理学类统计专业的教学内容靠拢, 而应该根据自身的特点, 努力贯彻 "少而精" 和 "学以致用" 的原则. 在大胆吸收国外优秀教材特点的基础上, 对原有的体系重新进行整理和完善, 既适当增加一些在经济社会分析中有良好应用前景的数理统计理论与方法的内容, 又适当增补经济社会统计方面的最新进展, 同时删除过时的和不再适用的内容, 尽可能做到既反映本门学科的先进水平, 又比较简明易懂, 便于教学.

(二) 统筹兼顾, 防止低水平重复, 发挥系列教材的整体功能. 适应未来需要的经济管理类统计人才必须掌握多方面的知识和能力, 各种知识是相互联系的, 各门课程在内容上难免有所交叉. 为了提高学习的效率, 更好地发挥系列教材的整体功能, 在编写本系列教材的过程中, 我们做了必要的协调和适当的分工, 尽可能做到统筹兼顾, 防止低水平重复. 同时, 本系列教材采用相同的版式、体例和统一规范的学术用语.

(三) 与计算机结合, 培养学生的动手能力. 为了提高学生运用统计方法解决问题的实际能力, 本系列教材的编写注意与计算机的紧密结合. 本系列教材中统计方法类的教材均根据教材的内容, 结合常用的计算机统计软件, 并给出相应的案例和数据, 从而使学生不仅可以从中学习统计学理论和方法, 而且可以实际上机操作, 培养实际动手的能力.

(四) 编写体例新颖, 提高学生学习的兴趣和效率.

为了便于师生教学互动, 提高学生学习的兴趣和学习效率, 本系列教材在编写体例上也做了一些新的尝试. 各章开篇有内容要点和教学要求提示, 章末附有小结, 对有关教学内容和计算公式作扼要的总结. 教材中尽可能使用本国的真实数据作为案例. 各教材的 "思考与练习" 部分不设一般常见的名词解释型的简答题和论述题, 而是通过判断题、选择题、计算题和有趣味的思考题, 来帮助学生掌握有关概念和计算方法. 为便于学生自学, 同时又为其留有独立思考和独立完成作业的余地, 各教材均给出编号为奇数的习题的详解.

(五) 配套出版教学课件和光盘, 便于教师组织教学.

本系列教材在出版纸质出版物的同时配套出版相应的光盘. 内容包括: 用 PowerPoint 制作的教学课件, 教材中有关案例的数据, 常用的统计表, 编号为奇数的习题的详解等.

经济与管理类统计学专业系列教材的建设是一个复杂艰巨的系统工程, 完成这一工程需要全国统计教育工作者的共同努力. 感谢参与本系列教材编写的全国各高校的专家和学者, 感谢为本系列教材的出版提供帮助的科学出版社的领导和编辑. 衷心祝愿大家的辛勤劳动能够结出丰硕的果实, 能够为我国统计学的普及和提高做出更大的贡献.

曾五一

2006 年 1 月于厦门

前　言

　　数理统计学是经济和管理类学科共用的一门基础课程. 人们在学这门课的时候, 大概都会不时地提出一个问题: 到底什么是统计学? 对这个问题不同的人可能会有不同的回答.

　　目前, 一个能被大家普遍接受的看法是, 统计学是一门研究如何收集、整理和分析数据的科学. 但要仔细考究, 这个定义可能还有些不足. 因为按照该定义, 这门科学的研究对象是数据, 而对如何收集、整理和分析数据并没有加任何限制, 似乎可以随意地进行, 这门科学好像有点随意性. 然而, 作为一门科学, 它有明确的目标和目的, 并不是随意的. 例如, 物理学是研究物质结构、物质相互作用和运动规律的科学, 而化学则是一门研究物质的性质、组成、结构、变化以及物质间相互作用关系的科学. 这两门科学都是研究物质的, 只是在研究层面上有所不同. 还有生物学、医学、社会学、经济学等都有具体的现实研究对象. 可是, 如果抽象地谈数据, 其本身并不能作为一个具体目标来研究, 因为这里说的数据只有和具体观测的对象相结合时才有意义. 因此, 如上的统计学定义抽象地把数据当成研究对象似乎有些让人难以理解. 所以, 我们有必要对统计学的研究对象和具体目标做进一步的说明.

　　在张润楚等翻译的《试验应用统计》[①]的译者序中, 对统计学有以下的描述:

　　　　现在越来越多的人意识到统计学是人类认知世界的三门重要公共基础科学之一, 即除了哲学、数学 (这里主要指纯数学) 之外, 就是统计学. 哲学是通过对世界 (客观或主观) 总的看法和思维逻辑方式的研究来认知世界的, 数学是通过对世界 (客观或主观想象) 的空间和形态 (包括存在于现

---

　　① Box G P, Hunter J S, Hunter W G. 试验应用统计 —— 设计、创新的发现. 张润楚等译. 北京: 机械工业出版社, 2009.

实或思维可能想象的数量、符号、图形等) 的逻辑关系的研究来认知世界的, 而统计学则是通过对世界 (客观或主观) 的观察, 即通过观察世界发生的现象而得到各种形态的信息、数据资料 (包括被动得到的或者主动设计收集而得到的) 来认知世界的, 包括研究如何观察和收集信息、数据以及对得到的数据如何进行分析的方法. 这三门公共基础科学既各自具有一定的独立性, 又相互联系和相互支撑, 哲学和数学更具有综合指导性, 统计学要用到前两者的思维方法和知识, 但又为前两者的研究提供参考或依据, 而且它们的理论和方法都要通过时间和实践来检验. 这里实践的含义可能各自有所不同, 例如, 哲学的理论要得到各类其他科学的验证 (包括实际的检验), 数学要经得起思维逻辑严密性推敲或者在其他科学领域应用的有效性来检验, 而统计学则更多地要得到实际的直接检验. 要提高人们的科学素养和认知能力, 这三者看来都是不可缺的.

虽然这个描述可能到目前还没有得到大家的一致认同, 但是我们认为这个描述比前面的定义更为合适, 它更深刻、更能揭示这门学科不同于其他两门共用学科的实质, 因为它把上述第二段开始关于统计学定义所述的研究内容赋予了从观察世界来认知世界的宗旨和目标. 有了这个宗旨和目标, 才能知道这门科学的建立是为了什么, 从而能更好地对这门科学的研究建立起用以来衡量其研究内容和得到结果好坏的客观标准. 我们对统计学中研究的任何一种收集、整理和分析数据的理论和方法, 应以对要认知的真实世界的接近程度和认知效率来判断其好坏, 当然这里所说的接近程度和认知效率也需要研究.

为了更深入理解上面对统计学的描述, 我们来看它的共用性、基础性以及它和数学的关系与区别. 先说它的共用性和基础性. 就现在的事实看, 有各种门类具有具体研究对象的统计学, 如生物统计学、医学统计学、经济统计学、工业统计学、农业统计学、教育统计学、统计物理、统计化学, 以致量子统计学等. 如此看来, 这些分支学科都是以统计学为基础, 有点类似于以纯粹数学为基础出现各式各样的应用数学分支一样, 如计算数学、运筹学、经济数学、计算化学、数学物理等都是以纯粹数学为基础的分支学科. 可见, 各门研究真实世界具体对象的学科都会用到统计学, 因为它们都要通过观察来认识各自的具体对象, 而统计学是提供如何通过观察来认知世界的通用理论和方法.

再说它与数学的关系和区别. 目前有不少人把统计学归为应用数学类, 这不能说没有道理, 因为现代统计学大量地用到数学. 但从统计学发展历史、统计学的原理、思想体系和方法来看, 它并不源于数学, 它是源于对真实世界的观察, 用观察得到的各种形态的信息来推断世界和认知世界的思考, 这点与数学认知世界的思维方式和特点有很大差别. 数学研究数量、图形和符号的形式逻辑, 无须直接依赖对真实世界的观察. 统计学却是直接依赖对世界的观察, 即使其推断理论的推导要用到形式逻辑. 数学在统计学研究中起着重要的作用, 特别是在必要的时候用数学才能更好和更深入地描述和表达好它的原理、思想体系和方法, 使其具有严密性和可靠性. 因而, 数学促进着统计学的发展. 但大量的统计推断思想和理论都不是出于数学, 例如, 现在的统计假设检验思想、贝叶斯 (Bayes) 统计推断方法、统计决策理论, 还有在试验设计和模型分析中的效应稀疏原则等, 都不是来自数学. 统计学的许多思想还源于其他学科, 如生物学、经济学、社会学、天文学以及哲学, 即统计学思想还源于观察世界得到知识的其他学科, 并将其他学科如何信息处理的方法进行科学的归纳和总结, 使之成为一般方法.

和数学一样, 统计学思想理论和方法也应用十分广泛, 几乎被用到所有学科, 甚至包括纯粹数学在内. 例如, 大家都知道一个著名的哥德巴赫猜想, 即任何大于 6 的偶数都可以表示为两个质数的和. 这个猜想的由来可以说是来自观察 (统计学思想方法的核心), 哥德巴赫在教数学中发现 6 是两个质数 3 与 3 的和, 8 是两质数 3 与 5 的和等, 即遇到的偶数都有这个结果, 但当时又不能证明, 从而产生了这个猜想, 将这个问题作为一个纯粹数学问题来研究, 试图证明这个结论. 用统计学的话来说, 这个猜想就是一个统计推断, 而用纯粹数学的语言说, 这只是个猜想. 统计学意义上的推断不需要严格的数学证明, 然而数学意义上的猜想是需要严格证明的. 我们还可以举出纯粹数学研究中用到这种朴素统计思想的许多其他例子. 在数学研究的范畴内, 所有的结论要么正确、要么错误, 只有严格证明的结论才能算是正确的, 而直接以真实世界为研究对象的共用科学统计学, 面对的大千世界不仅庞大无比而且变化不止, 为了认知它也要不断地做出某些结论或得出某些结果, 但这些结论或结果, 无论是以前得到的还是以后我们试图要得到的, 可能都是或者绝大多数是对真实世界的近似, 或者说被已有的事实所证实, 却不是在数学意义上严格证明出来的. 其实, 虽然现代统计学形成得较晚, 在人类知识的发展历史上, 是先有统计学思想还是先有数学, 还难以定论, 或许是同时交替发展的.

在认知世界过程中, 绝大多数结论或结果是通过观察和分析得到的, 无须或无法得到严格的数学证明. 而且在认知世界的过程中, 即便是在科学的推断方法中会用到严格的数学证明, 用科学的推断比起用严格的数学证明要更多更广. 人类获取知识也是用统计学方法, 从观察到认识, 再观察到进一步认识, 循环不止. 统计学的任务就是为人们提供这类从观察得到信息来认知世界的一般理论和方法.

在著名统计学家 C. R. Rao 所写的著作 *Statistics and Truth* (1989, International Co-operative Publishing House, USA) 的前言中说:

I would like to share with you my thoughts on the subject. It is said:

All knowledge is, in the final analysis, history.

All sciences are, in the abstract, mathematics.

I venture to add:

All methods of acquiring knowledge are statistics.

这位统计学家特别强调获得知识的全部方法是统计学.

于是, 由以上分析, 我们有理由把统计学定义为一门研究如何有效地通过对世界的观察得到信息 (各种形态的数据资料) 来认知世界, 包括如何收集、整理和分析数据以及进行推断的通用科学.

如此看来, 将这样一门用途如此之广、作用如此之大的共用科学看成一门独立科学, 一点也不为过. 所以, 我们不能因为统计学用到数学, 就说它就是依附于数学的一门应用数学. 统计学在认知世界方面有其独特的重要地位, 需要独立地不断创新和发展. 统计学的发展要充分利用数学, 但又不应仅从数学出发来考虑问题或过多地依赖数学, 因为这样做会局限这门科学的发展. 我们应该把它作为一门独立的科学来研究和应用, 给予这门科学以应有的重视, 以加速对世界的认知和使人类更好地服务于世界和在能力所及范围内协调世界.

本书介绍的是统计学发展到现今的一些基本知识, 由于介绍的这些知识多数是用数学的形式来表达的, 所以我们也称之为数理统计学. 本书包含了现有一些常用的统计思想、理论和方法. 当然这里的内容不能说是统计学基础的全部, 只能说是部分, 或者说一些常用部分, 主要有总体、样本、统计量的概念, 常用分布, 点估计理论, 假设检验理论, 区间估计, 线性模型以及贝叶斯推断等.

虽然统计学的思想在人类中产生历史很长, 但现代统计学形成的历史还不长, 因而在一定意义上可以说, 现有的已经写出来的统计学知识还只是统计学发展的初级阶段, 还需要人们不断地去丰富和发展新的统计学思想和理论方法, 不排除包括挖掘人类知识库中包含统计学的那部分, 如从《易经》中挖掘. 也许这也是上述定义给我们的一点启示.

本书是由张润楚、林路、杨贵军、朱建平四人分工合作完成的. 第 1、2 章由林路撰写, 第 3、4 章由杨贵军撰写, 第 5、6 章由朱建平撰写, 然后由林路和张润楚负责全书的审阅和协调统一. 陈强博士为书稿编辑和形成 CTX 文件做了大量工作, 李锋博士为第 1、2 章编写了习题, 赵胜利校阅了书稿, 科学出版社林建编辑对本书的出版给予了有力支持, 我们在此一并表示感谢. 由于作者的学识水平和教学经验所限, 书中难免存在不足之处, 恳请读者批评指正.

张润楚　南开大学　东北师范大学

林　路　山东大学

朱建平　厦门大学

杨贵军　天津财经大学

2010 年 6 月

目 录

第1章

基本知识

1.1 数据描述

在本书的前言中, 我们对什么是统计学、统计学研究的对象、统计学和数学的关系与区别等问题给了一个概括的阐述. 既然统计学是通过对真实世界的观察来认识世界, 那么首先我们需要对观察得到的信息 (这里我们称之为数据) 作一简单描述.

在实际中, 我们观察或考察一个研究对象获得数据 (也称收集数据) 的方式主要有两种: 一种是直接地收集到要观察对象的有关数据, 另一种是对要观察的对象通过人为地设计某种试验进行观察或者设计某种方案进行抽样而得到数据. 它们的区别在于, 前者是观察者处在被动的地位, 他们只是对所感兴趣的事物, 记录下"自然而然"发生的结果, 而不企图改变他们所观测到的事物. 而后者则是试验者处在主动的地位, 在试验中, 可在一定范围内自由地控制某些因素, 以考察这些因素对其他因素的影响, 在"抽样"中, 可按观察者某种要求, 得到具有代表性的样本. 试验设计和抽样调查是统计学中专门研究的课题, 有专门著作讨论, 由于版面的限制, 本书没有涉及. 在经济和金融中涉及的数据, 主要属于第一种, 即直接收集到的数据. 如股票价格波动的观测数据就是一个典型的例子, 它的波动不会因研究需要而改变. 而在工业设计试验中, 得到数据大都来自试验, 属于第二种数据 —— 试验数据.

从性质上分析, 统计数据可以有定量和定性两种. 定量数据有大小的概念, 如股票价格、产品的个数、人体身高和体重等都是定量数据; 而定性数据则没有大小之分, 它只表示研究对象的某种特征, 如人的性别、产品的种类等, 人们可以用数据来描述它们 (如用数 "1" 表示男性, "–1" 表示女性), 但这样的数据是不能比较大小的 (如不能说 "1" 大于 "–1"). 对于定量数据, 又习惯地分为连续型和离散型两种. 如以上提到的人体的身高, 从理论上说它的取值范围可以是一个区间 (如区间 $(0, \infty)$), 习惯上称它是连续型的; 而如上提到的产品的个数, 它的取值范围是离散点, 如 $0, 1, 2, \cdots$, 我们习惯上称它是离散型的. 这样看来, 定性数据一般是离散型的了. 这里要说明的是, 以上只是关于连续型和离散型数据的习惯描述, 关于它们的严格数学定义, 对应着概率论中的连续和离散的随机变量的定义.

直观描述数据的分布是实际应用和理论研究数据分布规律的基础. 直观描述数据的分布往往用表格和直方图. 当数据是一维或二维的时候, 这些方法是简单且有效的. 我们在这里只举出一个一维数据的例子.

例 1.1.1 某生产车间 50 名工人加工零件数如下 (单位: 个):

$$
\begin{array}{llllllllll}
117 & 122 & 124 & 129 & 139 & 107 & 117 & 130 & 122 & 125 \\
108 & 131 & 125 & 117 & 122 & 133 & 126 & 122 & 118 & 108 \\
110 & 118 & 123 & 126 & 133 & 134 & 127 & 123 & 118 & 112 \\
112 & 134 & 127 & 123 & 119 & 113 & 120 & 123 & 127 & 135 \\
137 & 114 & 120 & 128 & 124 & 115 & 139 & 128 & 124 & 121
\end{array}
$$

根据生产零件的个数, 按照数据的大小将数据分成若干组. 分组的个数应该适中, 如果分组太少, 数据分布会过于集中; 如果分组太多, 数据分布会过于分散. 这样都不利于观察数据的分布特征和规律. 组数的确定应以能显示数据分布特点和规律为目的. 在实际应用时, 可以采用斯特格斯 (Sturges) 提出的经验公式确定分组数 k

$$
k = 1 + \frac{\lg n}{\lg 2},
$$

其中 n 是数据的个数. 在本例中, $n = 50$, 算得 $k \approx 7$. 组间距离的经验计算方法是: 组距 $=$(最大值 $-$ 最小值)$\div$组数 $= (139 - 107) \div 7 \approx 5$. 于是, 可以列表观察分析零件个数的分布情况 (表 1.1). 再根据列表, 可以作出直方图 (图 1.1).

从列表和直方图可以看到, 零件个数的分布呈现出一种中间大两头小、略向右偏态的趋势. 这为认识数据提供了直观的依据, 也为进一步理论研究提出了问题: 这种小的偏态会影响数据的对称性吗? 数据服从正态分布吗? 数据的分散程度怎样? 等等. 在今后的研究中, 会逐步找到解决问题的方法, 得到有趣的结论. 关于数据描述, 还有更多的内容, 鉴于本书的特点, 不再多写.

表 1.1 加工零个分布表

分组	频数/人	频率
105~110	3	0.06
110~115	5	0.10
115~120	8	0.16
120~125	14	0.28
125~130	10	0.20
130~135	6	0.12
135~140	4	0.08
合计	50	1

图 1.1　零件加工个数直方图

1.2　总体、样本、统计量

为了研究方便, 我们先介绍数理统计中的一些基本概念.

1.2.1　总体

在一个统计问题中, **研究对象的全体称为总体, 其中每个成员称为个体**. 例如, 在研究某批灯泡的质量时, 该批灯泡就是一个总体, 而其中每个灯泡就是个体. 在研究某区域居民的经济情况时, 该区域的居民构成统计问题的总体, 而每个居民则是该总体中的个体. 然而在实际问题中, 人们关心的是某些指标. 例如, 当人们关心的是某批灯泡的寿命时, 这批灯泡的寿命分布状况就是总体, 而每个灯泡的寿命就是个体. 当人们关心的是某区域居民的年收入时, 该区域居民的年收入状况就是总体, 而每个居民的年收入就是个体.

但是, 如果总体中一大堆杂乱无章的数据没有赋予什么数学或概率的性质, 就无法用数学和概率等工具研究它; 另外, 如果各种总体之间找不出什么差异, 找不出分布特征, 人们就无法确定有规律性的东西, 从而对推断和决策没有任何帮助. 这就需要总体概念的核心 —— 总体的分布. 正如例 1.1.1 所表明那样, 50 名工人加工零件个数呈现某种特有的分布趋势. 因此, 可以认为, **总体就是一个随机变量, 它有特定的分布**. 但由于总体的未知性, 常设定是某一族随机变量 (常用参数来区别不同的随机变量, 如 θ) 中的一个. 于是, 用随机变量 (或随机向量) 及其分布定义总体, 用常用的随机变量的符号或分布符号来表示总体. 例如, 50 名工人加工零件个数用随机变量 X 或它的分布 $F(x)$ 表示; 某批灯泡的寿命用随机变量 X 或它的分布 $F(x)$ 表示.

1.2.2　样本

数理统计的中心任务之一是推断总体的分布及其各种分布特征. 为了达到此

目的, 就需要从总体中按照一定法则抽取若干个体进行观测或试验, 以获得总体的信息. 这一抽取过程称为 "抽样", **所抽取的部分个体称为样本**, **样本中个体的个数称为样本容量**. 由于任一抽样都具有随机性, 所以容量为 n 的样本由这 n 个个体组成, 也可以由另外 n 个个体组成, 所以容量为 n 的样本可以看成 n 维随机变量 $(X_1, \cdots, X_n)$. 它的一切可能的取值的全体 $X = \{(x_1, \cdots, x_n)\}$ 称为样本空间, 其中任一个元素 $(x_1, \cdots, x_n)$ 是样本 $(X_1, \cdots, X_n)$ 的某个观测值. 在本书中, 当有必要区别时, 一般用大写字母表示样本, 小写字母表示样本观测值, 当没有必要区别时用大写字母表示两者. 在例 1.1.1 中, 样本容量 $n = 50$, 而列出 50 个数据就是样本观测值, 例如 $x_1 = 117, x_2 = 122$ 等.

抽样的目的是通过样本对总体分布或分布的某些特征作出推断. 为了使所抽取的样本能很好地反映总体的信息, 必须考虑合理的抽样方法. 最常用的是 "简单随机抽样" (简记为 iid), 它满足如下两点.

1. 代表性

总体中每个个体都有同等的机会被抽取, 这意味着样本中每个个体与对应的总体有相同的分布. 因此, 任一样本中的个体都具有代表性, 把代表性所体现出的性质简称为 "同分布".

2. 独立性

样本中每个个体取什么值并不影响其他个体的取值, 这意味着, 样本中每个个体 $X_1, \cdots, X_n$ 相互独立, 把此性质简称为 "独立".

从总体中独立地抽取样本, 称之为**简单随机抽样**, 简单随机抽样得到的样本 $(X_1, \cdots, X_n)$ 具有独立同分布性质, 简记称为 iid 样本或**简单样本**. 按照上面的说法, 它是由 n 个相互独立且与总体 X 同分布的随机变量组成. 当总体容量较大或所抽样容量在总体所占比例很小时, 不放回抽样可以获得像简单样本那样较好的样本. 当总体容量较小时, 应该用有放回抽样来得到简单样本. 一般来说, 获得简单样本不是很难的事. 这里要特别指出, 在经济和金融研究中, 常常会遇到不是简单样本的情况. 例如, 前面提到的股票价格, 因为当前的股票价格受到前一时刻价格的影响, 于是, 同一股票在不同时刻 $t_1 < t_2 < \cdots < t_n$ 观测到的价格 $X_1, X_2, \cdots, X_n$ 一般不是独立的. 关于不独立样本的研究, 有专门的统计分支 (如时间序列分析和随机过程) 进行研究, 不属于本书范围. 对于股票价格的例子, 虽然 $X_1, X_2, \cdots, X_n$ 一般不是独立的, 但在一定条件下, 我们可以认为股票价格的波动量 $X_2 - X_1, X_3 - X_2, \cdots, X_n - X_{n-1}$ 是独立同分布的 (简单样本).

本书涉及的样本, 如果不特别说明, 都是简单样本, 因此为了简便, 简称为样本. 如果总体分布函数是 $F(x)$, 则样本的分布函数为

$$F(x_1, x_2, \cdots, x_n) = F(x_1)F(x_2) \cdots F(x_n).$$

1.2.3　统计量

为了推断总体的分布及其各种分布特征, 根据需要, 常常要对样本进行 "加工" 处理, 使问题简化, 以提取对研究问题必要的信息而忽略无用的信息. 例如, 如果感兴趣的是总体的期望 $\mu = E(X)$, 根据经验, 可以从样本平均

$$\overline{X}_n = \frac{1}{n} \sum_{i=1}^{n} X_i$$

中获取 μ 的信息. 如果感兴趣的是总体方差 $\sigma^2 = E(X - \mu)^2$, 根据经验, 可以从样本方差

$$S_n^2 = \frac{1}{n} \sum_{i=1}^{n} (X_i - \overline{X}_n)^2$$

中获取 σ^2 的信息. 如果 $X_1, X_2, \cdots, X_n$ 是股票在 $t_1 < t_2 < \cdots < t_n$ 时刻的价格, 感兴趣的是用独立同分布数据描述价格的波动情况, 可以从

$$X_2 - X_1, X_3 - X_2, \cdots, X_n - X_{n-1}$$

中获取有用的信息. 从上面例子看到, 所谓的 "加工" 就是选取样本的某个函数 (或向量函数), 以此实现简化并从样本中提取有用的信息. 样本函数在今后的统计推断中起着重要的作用, 于是引出如下定义:

对于给定的分布族 $\mathcal{F} = \{F(x; \theta) : \theta \in \Theta\}$, 设 $(X_1, \cdots, X_n)$ 是从分布族 $\mathcal{F}$ 中的某分布抽取的样本, 如果实值函数 (函数向量)

$$T = T(X_1, \cdots, X_n)$$

只依赖于样本 $(X_1, \cdots, X_n)$, 而不依赖于未知参数 θ, 则称 T 为此分布的**统计量**.

对于此定义, 有几点需要加以说明. 正如前面提到的那样, 希望通过统计量得到总体的信息, 从而当样本给定时, 统计量应该是确定的. 当分布族中的分布完全由参数决定时 (如上面给出的分布族 $\mathcal{F}$ 的分布就是完全由参数决定的), 于是在定义中要求统计量不含有未知参数. 由此可以看出, 如果分布族是非参的 (总体分布不能用有限个参数决定), 则应该将统计量不依赖于参数改为不依赖于分布族. 当然, 在这里, 不再解释什么样的分布族是非参的, 因为本书的目的只讲解参数统计的有关知识. 另外, 定义中提到统计量是样本的实值函数 (向量), 这里实值函数 (向量) 是一种粗糙的说法, 在一些理论性较强的教材中, 要求此函数是可测函数, 其目的是在通过统计量定义一些事件时, 所得到的事件是可以定义概率的. 所幸的是, 通常遇到的函数都是可测的, 所以不必担心通常用的统计量有什么问题. 本书不涉及可测的概念.

根据此定义, 如上给出的例子中的三个函数 (向量) 都是统计量. 1.4 节中还会介绍矩统计量和次序统计量, 它们在今后的研究中是很重要的.

1.3 一些常用分布

随机变量的分布决定了随机变量的统计性质, 同时, 数理统计学的主要目的是通过数据对总体 (即随机变量) 的分布及其某些特征作出推断. 于是, 从本质上说, 要通过数据认识分布, 从而有必要先介绍数理统计学中的常用分布. 由于在有关的概率论的教材中也有相关的内容, 在如下的介绍中, 有些结论就不加证明地引入, 但适当介绍一些对问题的理解和实际应用背景. 如果涉及概率论教材中不常见的结论, 适当说明理由, 或指明参考文献.

1.3.1 离散型分布和连续型分布

有实际应用意义的分布类有两类分布: 离散型和连续型分布. 尽管可以列举出不属于这两类的分布, 但在理论上可以证明这两类的分布已经够大了, 而且在实际中, 这两类的分布已经足够用了.

1. 离散型分布

离散型随机变量 X 的一切可能取值为有限或可列无穷个: $x_1, \cdots, x_n, \cdots$. 其分布列为 $p_i = P(X = x_i), i = 1, 2 \cdots$. 列出如下常见的离散型分布.

1) 二项分布

X 服从参数为 (n, p) 的二项分布, 记为 $X \sim B(n, p)$, 如果其分布列为

$$P(X = k) = \mathrm{C}_n^k p^k q^{n-k}, \quad k = 0, 1, 2, \cdots, n,$$

其中 $q = 1 - p, 0 < p < 1$. 二项分布的期望为 $E(X) = np$, 方差为 $\mathrm{Var}(X) = npq$. 特别地, 当 $n = 1$ 时, 对应着两点分布.

n 重伯努利试验产生二项分布. 如果试验只考虑 "成功" 和 "失败" 两种结局, 则称为伯努利试验. 将伯努利试验独立重复做 n 次, 用 X 表示 n 次伯努利试验中成功的次数, 则 $X \sim B(n, p)$, 其中 p 是每次试验成功的概率. 如果我们将这里的 "成功" 和 "失败" 赋予各种具体的实际意义, 如描述产品质量的 "合格品" 与 "次品", 商品价格的 "上升" 与 "下跌" 等, 就可以将二项分布应用到各种有实际意义的场合.

2) 泊松 (Poisson) 分布

X 服从参数为 λ 的泊松分布, 记为 $X \sim P(\lambda)$, 如果其分布列为

$$P(X = k) = \frac{\lambda^k}{k!} \mathrm{e}^{-\lambda}, \quad k = 0, 1, 2, \cdots,$$

其中参数 $\lambda > 0$. 泊松分布的期望和方差分别为 $E(X) = \lambda$ 和 $\mathrm{Var}(X) = \lambda$.

泊松随机质点流产生泊松分布. 我们把源源不断地出现在随机时刻的质点称为质点流. 随机质点流称为泊松随机质点流, 如果它满足如下条件:

(1) 平稳性. 出现在任意时间段 $[a, a + t]$ 上的质点个数只与时间长度 t 有关, 而与时间段的起点 a 无关.

(2) 无后效性 (无记忆性). 出现在不相交时间段的质点个数相互独立.

(3) 稀有性. 在充分小的时间段上以概率 1 最多只可能出现一个质点.

(4) 非平凡性. 在任何非零时间段上一个质点都不出现的概率既不等于零也不等于 1.

如果记 $X(t)$ 为 $[a, a + t]$ 上质点的个数, 则

$$P(X(t) = k) = \frac{(\lambda t)^k}{k!} \, \mathrm{e}^{-\lambda t}, \quad k = 0, 1, 2, \cdots,$$

其中参数 λ 为单位时间内出现随机质点的平均个数, 称为质点流的强度.

现实中, 泊松随机质点流的例子很多, 如在某段时间内用户对商品的投诉次数、交通事故次数、纺纱机上的断头个数和港口等待进港的货船个数等.

3) 超几何分布

X 服从参数为 (n, N, M) 的超几何分布, 如果其分布列为

$$P(X = m) = \frac{\mathrm{C}_M^m \mathrm{C}_{N-M}^{n-m}}{\mathrm{C}_N^n}, \quad m = 0, 1, 2, \cdots, l,$$

其中 $l = \min\{M, n\}$, $M \leqslant N$. 可以证明, 当 N 很大时

$$\frac{\mathrm{C}_M^m \mathrm{C}_{N-M}^{n-m}}{\mathrm{C}_N^n} \approx \mathrm{C}_n^m p^m (1-p)^{n-m},$$

其中 $p = M/N$. 可以利用如上表示进行近似计算. 另外, 超几何分布的期望和方差分别为

$$E(X) = \frac{nM}{N}, \quad \mathrm{Var}(X) = \frac{nM(N-M)(N-n)}{N^2(N-1)}.$$

超几何分布可以描述不放回抽样条件下一些事件的概率分布. 一个典型的模型是: 在一个盒中共装有 N 个球, 其中有 M 个黑球, $N - M$ 个白球, 现从中 (不放回地) 抽取 n 个球, 用 X 表示抽取到黑球的个数, 则 X 服从超几何分布. 如果将模型中的球用各种实际的东西替代, 就能得到实际问题的解. 例如, 用球表示某批产品, 黑球表示其中的次品, 现从中 (不放回地) 抽取 n 个产品进行观测, 用 X 表示观测到的次品个数, 则 X 服从超几何分布. 又如, 在抽奖活动中, 如果用黑球表示中奖, 白球表示不中奖, 则在 n 次抽奖中, 中奖的次数 X 服从超几何分布.

4) 几何分布

X 服从参数为 p 的几何分布, 如果其分布列为

$$P(X=k) = pq^{k-1}, \quad k=1,2,\cdots,$$

其中 $0 < p < 1$, $q = 1 - p$. 几何分布的期望和方差分别为 $E(X) = 1/p$ 和 $\mathrm{Var}(X) = q/p^2$.

在接连不断的伯努利试验中, 首次成功所需的次数记为 X, 则 X 服从几何分布. 如果与前面的二项分布和超几何分布对比, 可看到它们都表示某种次数的分布. 所不同的是, 在二项分布和超几何分布中, 试验 (观测) 次数是固定的, 而成功次数是随机变量; 在几何分布中, 成功次数是固定的 (一次), 而试验次数是随机的.

与试验次数有关的分布还有多种, 简单列举两个如下:

有限几何分布

$$P(X=k) = \begin{cases} pq^{k-1}, & k=1,2,\cdots,n-1, \\ q^{n-1}, & k=n, \end{cases}$$

其中 $0 < p < 1$, $q = 1 - p$. 如果伯努利试验接连不断地进行, 直到首次成功或试验进行到 n 次为止, 若 X 表示试验次数, 则它服从如上有限几何分布.

参数为 (r, p) 的负二项 (帕斯卡 (Pascal)) 分布

$$P(X=k) = \mathrm{C}_{k-1}^{r-1} p^r q^{k-r}, \quad k=r, r+1, \cdots,$$

其中 $0 < p < 1$, $q = 1 - p$. 负二项分布是几何分布的推广, 它表示伯努利试验序列中恰好出现 r 次成功所需要的试验次数 X 的分布.

2. 连续型分布

离散型随机变量的取值是一些离散点, 这不能刻画另一类随机变量, 它的取值可以连续布满某些区间 (区域). 为了解决此问题, 人们沿着从离散到连续, 从求和到积分的路径, 再借用微积分的工具, 就产生连续型随机变量的概念. X 称为连续型随机变量, 如果存在密度函数 $f(x) \geqslant 0$, 满足 $\int_{-\infty}^{\infty} f(u)\mathrm{d}u = 1$, 并使得对任意的 x, 其分布函数可以表示为

$$F(x) = \int_{-\infty}^{x} f(u)\mathrm{d}u.$$

连续型随机变量中最重要的分布是正态分布, 另外还有所谓的 "三大分布", 即 χ^2-分布、t-分布和 F-分布, 将在后面章节专门介绍它们. 以下列出几个常见的连续型随机变量的分布.

1) 均匀分布

X 在 $[a,b]$ 上服从均匀分布, 记为 $X \sim U(a,b)$, 如果它的密度函数为

$$f(x) = \begin{cases} \dfrac{1}{b-a}, & x \in [a,b], \\ 0, & x \notin [a,b], \end{cases}$$

由此可知道 X 的分布函数为

$$F(x) = \begin{cases} 0, & x < a, \\ \dfrac{x-a}{b-a}, & a \leqslant x \leqslant b, \\ 1, & x > b. \end{cases}$$

均匀分布的期望和方差分别为 $E(X) = (a+b)/2$ 和 $\mathrm{Var}(X) = (b-a)^2/12$.

X 在 $[a,b]$ 分布是均匀的, 意味着, 对 $[a,b]$ 中的任意区间 $[c,d]$, X 落入 $[c,d]$ 的概率与 $[c,d]$ 在 $[a,b]$ 中的位置无关, 只与区间 $[c,d]$ 的长度 $d-c$ 有关. 在实际中, 如果没有信息去认识 X, 而只知道它的取值在 $[a,b]$ 中, 或者根据经验知道 X 落在 $[a,b]$ 中任意处是同等可能的, 则往往假定 X 在 $[a,b]$ 上服从均匀分布. 此外, 均匀分布在统计模拟等其他方面也有重要的应用.

2) 指数分布

X 服从参数为 λ 的指数分布, 如果它的密度函数为

$$f(x) = \begin{cases} \lambda \mathrm{e}^{-\lambda x}, & x > 0, \\ 0, & x \leqslant 0, \end{cases}$$

由此可知 X 的分布函数为

$$F(x) = \begin{cases} 1 - \mathrm{e}^{-\lambda x}, & x > 0, \\ 0, & x \leqslant 0. \end{cases}$$

指数分布的期望和方差分别为 $E(X) = 1/\lambda$ 和 $\mathrm{Var}(X) = 1/\lambda^2$.

指数分布可以描述寿命现象. 例如, 如果某产品在使用了 t 小时后, 在以后的 Δt 小时内损坏的概率为 $\lambda \Delta t + o(\Delta t)$, 即 $P(t < X \leqslant t + \Delta t | X > t) = \lambda \Delta t + o(\Delta t)$, 则可以证明, 该产品的寿命 X 的分布是指数分布, 即分布函数 $P(X \leqslant t)$ 是如上指数分布的分布函数. 指数分布广泛应用于可靠性、生物、设备更新和维修以及排队等实际问题中.

1.3.2　正态分布

下面介绍统计中一个最常用和最重要的分布 —— 正态分布, 它的理论完整、应用广泛. 如果随机变量 X 有密度函数

$$f(x) = \frac{1}{\sqrt{2\pi}\,\sigma} \mathrm{e}^{-\frac{(x-\mu)^2}{2\sigma^2}}, \quad -\infty < x < \infty,$$

则称其服从正态分布, 记为 $X \sim N(\mu, \sigma^2)$, 其中 μ 和 σ^2 为分布的参数. 容易证明 $E(X) = \mu$ 和 $\mathrm{Var}(X) = \sigma^2$, 即式中的参数 μ 和 σ^2 分别为 X 的期望和方差. 由此可见, 一个具体正态分布变量除其密度函数 f 具有上述特殊形式外, 唯一地由一阶和二阶矩即均值和方差所决定. 特别地, 如果 $\mu = 0$ 和 $\sigma^2 = 1$, 称该分布为标准正态分布.

正态分布密度函数 $y = f(x, \mu, \sigma^2)$ 的图形有以下特点: ① 关于 $x = \mu$ 对称; ② 在 $x = \mu \pm \sigma$ 处有拐点; ③ $x \to \pm\infty$ 时, 曲线以 x 轴为其渐近线; ④ 当 μ 增加时, 图形往右移, 反之, 图形往左移; ⑤ 当 σ 越大时, 曲线越平缓, 而 σ 越小时, 曲线越陡峭 (图 1.2 和图 1.3).

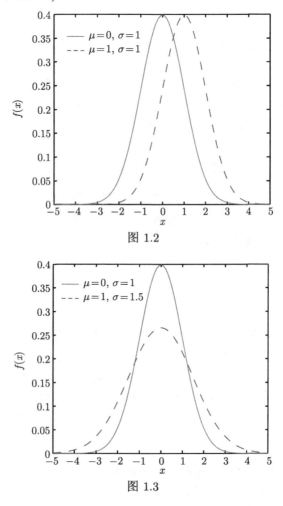

图 1.2

图 1.3

可以证明, 经过标准化变换 $Z = \dfrac{X - \mu}{\sigma}$, 新的变量 Z 服从标准正态分布 $N(0, 1)$,

其密度和分布函数分别记为 $\varphi(x)$ 和 $\Phi(x)$. 显然

$$\varphi(x) = \frac{1}{\sqrt{2\pi}} \mathrm{e}^{-\frac{x^2}{2}}, \quad \Phi(x) = \frac{1}{\sqrt{2\pi}} \int_{-\infty}^{x} \mathrm{e}^{-\frac{u^2}{2}} \mathrm{d}u.$$

正态分布除上述特性外, 还有其他一些良好的性质, 如**线性可加性**.

若 $X_i \sim N(\mu_i, \sigma_i^2)$, $i = 1, \cdots, n$, 且相互独立, 则对不全为零的常数 a_i, $i = 1, \cdots, n$ 和常数 $b_i, i = 1, \cdots, n$, 有

$$\sum_{i=1}^{n}(a_i X_i + b_i) \sim N\left(\sum_{i=1}^{n}(a_i\mu_i + b_i), \sum_{i=1}^{n}c_i^2\sigma_i^2\right).$$

特别地, 如果上式中 $a_i = 1/n$, $i = 1, \cdots, n$ 和 $b_i = 0, i = 1, \cdots, n$, 则

$$\overline{X}_n \sim N\left(\overline{\mu}, \frac{\overline{\sigma}^2}{n}\right), \quad \frac{\sqrt{n}(\overline{X}_n - \overline{\mu})}{\sqrt{\overline{\sigma}^2}} \sim N(0, 1),$$

其中 $\overline{X}_n = \frac{1}{n}\sum_{i=1}^{n}X_i$, $\overline{\mu} = \frac{1}{n}\sum_{i=1}^{n}\mu_i$, $\overline{\sigma}^2 = \frac{1}{n}\sum_{i=1}^{n}\sigma_i^2$. 特别地, 若 $\mu_i = \mu$, $\sigma_i = \sigma$, 且取 $a_i = 1/n$, $i = 1, \cdots, n$, 则

$$\overline{X}_n \sim N\left(\mu, \frac{\sigma^2}{n}\right), \quad \frac{\overline{X}_n - \mu}{\sigma} \sim N(0, 1).$$

如上的性质在假设检验和置信区间中有重要的应用.

在实际应用中, 人们得到的数据不一定服从正态分布, 但在许多情况下有渐近正态性或近似正态性. 例如, 一串随机变量 X_i, $i = 1, 2, \cdots$, 它们相互独立但不一定服从正态分布, 在 "比较宽松的条件" 下, 当对每个 i, 期望 $E(X_i) = \mu_i$ 和方差 $\mathrm{Var}(X_i) = \sigma_i^2$ 存在, 则当 $n \to \infty$ 时

$$\frac{\sqrt{n}(\overline{X}_n - \overline{\mu})}{\sqrt{\overline{\sigma}^2}} \xrightarrow{\mathcal{D}} N(0, 1).$$

上式表示, 当 n 趋于无穷时, $\dfrac{\sqrt{n}(\overline{X}_n - \overline{\mu})}{\sqrt{\overline{\sigma}^2}}$ 的渐近分布是标准正态分布. 这里不详细列出 "比较宽松的条件" 是什么, 直观地说该条件的意义是在独立随机变量的和中, 每个加项影响 "均匀的小", 即相当多的独立随机变量如果每个变量影响都不突出, 则它们的和有近似正态性. 概率论中的中心极限定理也反映这一点, 在实际中这样的条件是普遍存在的. 可以换一个说法, 如果在现实中, 有大量变量的随机性是受多种微小、独立因素综合影响的结果, 就可以想象这样的变量是近似地服从正态分布的, 如测量误差、热力学中理想气体的分子速度、某个地区人的身高、体

重等都可以认为近似地服从正态分布. 这一事实也是使得正态分布用途很广的一个重要原因.

以上讨论说明正态分布的直接重要性和普遍性. 下面讨论由正态分布产生的统计学中的三个重要分布.

1.3.3 χ^2- 分布、t- 分布和 F- 分布

这三个分布在现今统计学中广泛应用, 以至于被人们称为 "三大分布". 它们可以从两种路径来引入, 一种是从正态分布变量出发, 用正态随机变量的函数定义, 然后推导出它们的分布函数或密度; 另一种是直接定义它们的密度, 然后看什么样的随机变量的函数的分布具有这样的分布函数或密度函数. 两种方式的本质是一致的.

1. χ^2- 分布

称 X 服从自由度为 n 的 χ^2- 分布, 记为 $X \sim \chi^2(n)$, 如果它的密度函数为

$$f(x;n) = \begin{cases} \dfrac{1}{2^{\frac{n}{2}}\Gamma\left(\dfrac{n}{2}\right)} x^{\frac{n}{2}-1}\mathrm{e}^{-\frac{x}{2}}, & x > 0, \\ \\ 0, & x \leqslant 0, \end{cases}$$

其中 $\Gamma(x)$ 是 Gamma- 函数.

可以验证, χ^2- 分布的期望和方差分别为 $E(X) = n$ 和 $\mathrm{Var}(X) = 2n$, 其密度函数的图形形状见图 1.4.

图 1.4　χ^2- 分布

χ^2- 分布在构造随机变量方差的置信区间和检验统计量时有重要的应用, 其理由主要来自如下 χ^2- 分布的性质:

(1) χ^2- **分布的主要来由.** 若 $X_1,\cdots,X_n$ 相互独立, 且都服从标准正态分布 $N(0,1)$, 则

$$\sum_{i=1}^{n} X_i^2 \sim \chi^2(n).$$

(2) χ^2- **分布的可加性.** 若 $X \sim \chi^2(n_1)$, $Y \sim \chi^2(n_2)$, 且相互独立, 则

$$Z = X + Y \sim \chi^2(n_1 + n_2).$$

2. t- **分布**

称 X 服从自由度为 n 的 t- 分布, 记为 $X \sim t(n)$, 如果它的密度函数为

$$f(x;n) = 0\frac{\Gamma\left(\dfrac{n+1}{2}\right)}{\sqrt{n\pi}\,\Gamma\left(\dfrac{n}{2}\right)}\left(1+\frac{x}{n}\right)^{-\frac{n+1}{2}}, \quad -\infty < x < \infty.$$

可以验证 t- 分布的期望和方差分别为 $E(X) = 0$ 和 $\mathrm{Var}(X) = n/(n-2)$, $n > 2$. 当 $n = 1$ 时, t- 分布就是柯西 (Cauchy) 分布, 不存在期望和方差. t- 分布的密度的图形关于 $x = 0$ 对称, 且

$$\lim_{|x|\to\infty} f(x;n) = 0, \quad \lim_{n\to\infty} f(x;n) = \frac{1}{\sqrt{2\pi}}\mathrm{e}^{-\frac{x^2}{2}}.$$

于是, 当 n 很大时, t- 分布可以用标准正态近似. t- 分布的密度函数的图形形状见图 1.5.

图 1.5　t- 分布

t- 分布在构造随机变量期望的置信区间和检验统计量时有重要的应用, 其理由主要来自如下 t- 分布的性质:

t- **分布的主要来由.** 若 X 和 Y 相互独立, 且 $X \sim N(0,1)$, $Y \sim \chi^2(n)$, 则

$$Z = \frac{X}{\sqrt{\dfrac{Y}{n}}} \sim t(n).$$

3. F- 分布

称 X 服从自由度为 (m, n) 的 F- 分布, 记为 $X \sim F(m, n)$, 如果它的密度函数为

$$f(x; m, n) = \begin{cases} \dfrac{\Gamma\left(\dfrac{m+n}{2}\right)}{\Gamma\left(\dfrac{m}{2}\right)\Gamma\left(\dfrac{n}{2}\right)} \left(\dfrac{m}{n}\right) x^{\frac{m}{2}-1} \left(1 + \dfrac{m}{n}x\right)^{-\frac{m+n}{2}}, & x > 0, \\ 0, & x \leqslant 0, \end{cases}$$

其中 m 和 n 是两个正整数.

可以验证, F- 分布的期望和方差分别为

$$E(X) = \frac{n}{n-2}, \quad n > 2, \quad \text{Var}(X) = \frac{2n^2(m+n-2)}{m(n-2)^2(n-4)}, \quad n > 4.$$

F- 分布的密度函数的图形形状见图 1.6.

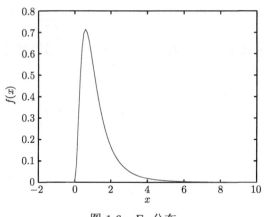

图 1.6 F- 分布

F- 分布在构造与两个随机变量方差有关的置信区间和检验统计量时有重要的应用, 其理由主要来自如下 F- 分布的性质:

F- 分布的主要来由. 若 X 和 Y 相互独立, 且 $X \sim \chi^2(m)$, $Y \sim \chi^2(n)$, 则

$$Z = \frac{X/m}{Y/n} \sim F(m, n).$$

另外, 从如上性质可以得到如下结论:

若 $X \sim F(m,n)$, 则 $Y = 1/X \sim F(n,m)$. 于是, 人们只需要列出 $m \geqslant n$ 情况下 F- 分布的上侧分位数的数值表.

若 $X \sim t(n)$, 则 $Y = X^2 \sim F(1,n)$.

1.3.4 Gamma- 分布与 Beta- 分布

除正态分布和"三大分布"外, Gamma- 分布与 Beta- 分布也是比较重要的. 这两个分布的主要特点是: 它们都包含两个参数, 从而一些重要的分布是它们的特殊情况.

1. Gamma- 分布

称 X 服从参数为 (α, β) 的 Gamma- 分布, 记为 $X \sim \Gamma(\alpha, \beta)$, 如果它的密度函数为

$$f(x; \alpha, \beta) = \begin{cases} \dfrac{\beta^\alpha}{\Gamma(\alpha)} x^{\alpha-1} \mathrm{e}^{-\beta x}, & x > 0, \\ 0, & x \leqslant 0, \end{cases}$$

其中参数 $\alpha > 0$, $\beta > 0$.

Gamma- 分布的期望和方差分别为 $E(X) = \dfrac{\alpha}{\beta}$, $\mathrm{Var}(X) = \dfrac{\alpha}{\beta^2}$. Gamma- 分布有两个参数, 一些常见的分布是它的特殊情况, 如 $\Gamma(1, \beta)$ 就是前面提到的指数分布; $\Gamma(n/2, 1/2)$ 就是前面提到的 $\chi^2(n)$ 分布. Gamma- 分布关于第一个参数有可加性: 若 X 和 Y 相互独立, 且 $X \sim \Gamma(\alpha_1, \beta)$, $Y \sim \Gamma(\alpha_2, \beta)$, 则

$$Z = X + Y \sim \Gamma(\alpha_1 + \alpha_2, \beta).$$

由如上可加性可推出 χ^2- 分布的可加性.

2. Beta- 分布

称 X 服从参数为 (α, β) 的 Beta- 分布, 记为 $X \sim B(\alpha, \beta)$, 如果它的密度函数为

$$f(x; \alpha, \beta) = \begin{cases} \dfrac{\Gamma(\alpha + \beta)}{\Gamma(\alpha)\Gamma(\beta)} x^{\alpha-1}(1-x)^{\beta-1}, & 0 < x < 1, \\ 0, & \text{其他}, \end{cases}$$

其中参数 $\alpha > 0$, $\beta > 0$.

Beta- 分布的期望和方差分别为 $E(X) = \dfrac{\alpha}{\alpha + \beta}$, $\mathrm{Var}(X) = \dfrac{\alpha\beta}{(\alpha + \beta + 1)(\alpha + \beta)^2}$. Beta- 分布有两个参数, 一些常见的分布是它的特殊情况. 另外, 它有明显的直观意义, 从而有广泛的应用, 例如, 在贝叶斯统计中, 用它作为先验分布的密度函数.

1.3.5 指数型分布族

除均匀分布外, 以上介绍的分布都可以用一种统一的形式表示 —— 指数型分布族. 指数型分布族在数理统计中发挥着重要的作用, 理论上的许多重要问题只能在指数型分布族结构中才有比较彻底的解决. 指数型分布族概括了大量的常用分布的共同特征.

称 X 的分布属于指数型分布族, 如果它的密度 (或分布列) 可以表示为如下形式:

$$p(x;\theta) = c(\theta) \exp\left\{ \sum_{j=1}^{k} c_j(\theta) T_j(x) \right\} h(x), \tag{1.3.1}$$

并且其支撑 $\{x : p(x, \theta) > 0\}$ 不依赖于参数 θ.

我们考察如下例子.

例 1.3.1 正态分布 $N(\mu, \sigma^2)$ 的密度可以表示为

$$f(x; \mu, \sigma^2) = \frac{1}{\sqrt{2\pi}\,\sigma} \mathrm{e}^{-\frac{(x-\mu)^2}{2\sigma^2}} = \frac{1}{\sqrt{2\pi}\,\sigma} \exp\left\{ -\frac{\mu^2}{2\sigma^2} + \frac{\mu}{\sigma^2}x - \frac{x^2}{2\sigma^2} \right\}.$$

于是取 $c(\mu, \sigma^2) = \dfrac{1}{\sqrt{2\pi}\,\sigma}\mathrm{e}^{-\frac{\mu^2}{2\sigma^2}}$, $c_1(\mu, \sigma^2) = \dfrac{\mu}{\sigma^2}$, $c_2(\mu, \sigma^2) = -\dfrac{1}{2\sigma^2}$, $T_1(x) = x$, $T_2(x) = x^2$, $h(x) = 1$. 于是, 正态分布属于指数型分布族.

例 1.3.2 二项分布的分布列为

$$p(x; \theta) = \mathrm{C}_n^x \theta^x (1-\theta)^{n-x} = (1-\theta)^n \exp\left\{ x \ln \frac{\theta}{1-\theta} \right\} \mathrm{C}_n^x, \quad x = 0, 1, \cdots, n.$$

取 $c(\theta) = (1-\theta)^n$, $c_1(\theta) = \ln \dfrac{\theta}{1-\theta}$, $T_1(x) = x$, $h(x) = \mathrm{C}_n^x$. 从而, 二项分布属于指数型分布族.

均匀分布 $U(a, b)$ 的地位特殊, 因为当把 a 或 b 视为未知参数时, 其分布密度的支撑与未知参数有关, 从而它不属于指数型分布族.

除了均匀分布, 前几节提到的分布都属于指数型分布族.

为了研究方便, 在如上定义的指数型分布族 (1.3.1) 中, 引入新的参数 $\omega_j = c_j(\theta), j = 1, \cdots, k$. 如果能从这些方程组中唯一解出 $\theta = \theta(\omega_1, \cdots, \omega_k)$, 则得到指数型分布族的标准形式

$$p(x; \omega) = c^*(\omega) \exp\left\{ \sum_{j=1}^{k} \omega_j T_j(x) \right\} h(x), \tag{1.3.2}$$

其中 $c^*(\omega) = c(\theta(\omega_1, \cdots, \omega_k))$.

例如, 对于如上二项分布, 取 $\omega = \ln \dfrac{\theta}{1-\theta}$, 解得 $\theta = \dfrac{\mathrm{e}^{\omega}}{1+\mathrm{e}^{\omega}}$. 于是其标准形式为

$$p(x; \omega) = c^*(\omega)\mathrm{e}^{\omega x}h(x),$$

其中 $c^*(\omega) = (1+\mathrm{e}^{\omega})^{-n}$, $h(x) = \mathrm{C}_n^x$.

指数型分布族有良好的分析和统计性质 (陈希孺, 1999). 例如:

(1) 积分和求导运算可交换顺序, 即对参数空间内的点 ω_s, 有

$$\frac{\partial}{\partial \omega_s} \int_{\mathcal{X}} \exp\left\{\sum_{j=1}^k \omega_j T_j(x)\right\}h(x)\mathrm{d}x = \int_{\mathcal{X}} \frac{\partial}{\partial \omega_s} \exp\left\{\sum_{j=1}^k \omega_j T_j(x)\right\}h(x)\mathrm{d}x, \quad s = 1, \cdots, k.$$

(2) 如果 X 的分布有如上指数型分布族的标准形式 (1.3.2), $(X_1, \cdots, X_n)$ 是 X 的样本, 则 $(X_1, \cdots, X_n)$ 的密度 (分布列) 为

$$(c^*(\omega))^n \exp\left\{\sum_{i=1}^n \sum_{j=1}^k \omega_j T_j(x_i)\right\}h(x_1)\cdots h(x_n).$$

此时

$$(T_1(X), \cdots, T_k(X)) = \left(\sum_{i=1}^n T_1(X_i), \cdots, \sum_{i=1}^n T_k(X_i)\right)$$

是如上分布的充分完全统计量 (充分完全统计量的定义见 1.6 节).

(3) 如上充分完全统计量的期望和协方差可分别表示为

$$E(T_j(X)) = -\frac{\partial \ln(c^*(\omega))^n}{\partial \omega_j}, \quad \mathrm{Cov}(T_i(X), T_j(X)) = -\frac{\partial^2 \ln(c^*(\omega))^n}{\partial \omega_i \partial \omega_j}, \quad i, j = 1, \cdots, k.$$

例 1.3.3　设 X 服从对数正态, 即它的密度函数为

$$f(x) = \frac{1}{\sqrt{2\pi}\sigma x} \exp\left\{-\frac{(\ln x - \mu)^2}{2\sigma^2}\right\}.$$

它的标准形式为

$$f(x) = c^*(\omega_1, \omega_2) \exp\{\omega_1 \ln x + \omega_2(\ln x)^2\}h(x),$$

其中 $\omega_1 = \mu/\sigma^2$, $\omega_2 = -1/(2\sigma^2)$, $c^*(\omega_1, \omega_2) = \sqrt{\dfrac{-\omega_2}{\pi}}\mathrm{e}^{\frac{\omega_1^2}{4\omega_2}}$, $h(x) = 1/x$. 从而

$$(T_1(X), T_2(X)) = \left(\sum_{i=1}^n \ln X_i, \sum_{i=1}^n (\ln X_i)^2\right)$$

是充分完全统计量. 以下计算它们的期望和协方差:

$$\ln(c^*)^n = \frac{n}{2}\ln\left(-\frac{\omega_2}{\pi}\right) + \frac{n\omega_1^2}{4\omega_2},$$

$$\frac{\partial \ln(c^*)^n}{\partial \omega_1} = \frac{n\omega_1}{2\omega_2} = -n\mu,$$

于是

$$E(T_1(X)) = n\mu.$$

又

$$\frac{\partial^2 \ln(c^*)^n}{\partial \omega_1^2} = \frac{n}{2\omega_2} = -n\sigma^2,$$

于是

$$\mathrm{Var}(T_1(X)) = n\sigma^2.$$

类似地

$$\frac{\partial^2 \ln(c^*)^n}{\partial \omega_2^2} = -n(2\sigma^4 + 4\mu^2\sigma^2),$$

从而

$$\mathrm{Var}(T_2(X)) = n(2\sigma^4 + 4\mu^2\sigma^2).$$

按照同样的方法, 可以得到

$$\frac{\partial^2 \ln(c^*)^n}{\partial \omega_1 \partial \omega_2} = -2n\mu\sigma^2,$$

于是

$$\mathrm{Cov}(T_1(X), T_2(X)) = 2n\mu\sigma^2.$$

1.4 统计量与抽样分布

在 1.2 节中定义了统计量, 其目的是用统计量加工和集中样本的信息, 以便对总体或总体的某些特征进行推断. 然而, 当我们用统计量进行推断时, 需要研究评价推断的性质, 此时, 就要用到统计量的分布. 另外, 有些统计推断, 如置信区间和假设检验, 也需要知道统计量的分布. 把统计量的分布称为抽样分布, 于是, 抽样分布是统计学中的重要问题. 英国统计学家 Fisher 曾把抽样分布、参数估计和假设检验列为统计推断的三个中心内容.

1.4.1 矩统计量

矩统计量在统计量中地位特殊, 有着重要的作用, 在这里将定义矩统计量并研究它们的抽样分布. 设 k 是正整数, 称

$$m_k = \frac{1}{n} \sum_{i=1}^{n} X_i^k$$

为样本 k 阶原点矩, 它反映了总体 k 阶原点矩 $E(X^k)$ 的信息. 称

$$S_n^k = \frac{1}{n}\sum_{i=1}^{n}(X_i - \overline{X}_n)^k$$

为样本 k 阶中心矩, 它反映了总体 k 阶中心矩 $E(X - E(X))^k$ 的信息.

显然, 在 1.2 节中介绍的样本平均 $\overline{X}_n$ 和样本方差 S_n^2 分别是样本 1 阶原点矩和 2 阶中心矩.

对于正态总体 $X \sim N(\mu, \sigma^2)$, 与矩统计量有关的函数的分布有如下一些主要的结论.

(1) 根据正态分布的性质 (见 1.3.2 节), 我们知道

$$\overline{X}_n \sim N(\mu, \sigma^2/n), \quad \sum_{i=1}^{n}(X_i - \mu)^2/\sigma^2 \sim \chi^2(n).$$

(2) $\overline{X}_n$ 和 S_n^2 相互独立, 且 $\frac{n}{\sigma^2}S_n^2 \sim \chi^2(n-1)$. 此结论的证明参见相关参考文献.

(3) 由如上两点以及 t- 分布的来由 (见 1.3.3 节) 得到

$$\frac{\overline{X}_n - \mu}{\sqrt{\dfrac{S_n^2}{n-1}}} \sim t(n-1).$$

(4) 若 Y 是另一正态总体 $N(\mu_Y, \sigma^2)$(注意它与 X 等方差), 它与 X 相互独立, $(Y_1, \cdots, Y_m)$ 是来自 Y 的样本, 由如上 (2) 和 F- 分布的来由 (见 1.3.3 节) 得到

$$\frac{\dfrac{1}{n-1}\sum_{i=1}^{n}(X_i - \overline{X}_n)^2}{\dfrac{1}{m-1}\sum_{i=1}^{m}(Y_i - \overline{Y}_n)^2} \sim F(n-1, m-1).$$

1.4.2　次序统计量

次序统计量是数理统计中一类重要的且常用的统计量, 这是因为它的一些性质不依赖于总体的分布. 并且它在质量管理、可靠性分析、风险分析等方面有广泛的应用.

设 $X_1, \cdots, X_n$ 是来自总体 X 的简单样本, 用向量表示即为 $(X_1, \cdots, X_n)$. 注意, 这一容量为 n 的样本的每个分量 X_i 不仅有数值的大小, 而且有其在向量中所在的顺序位置. 如果只关心样本中各分量值的大小而不管其所在的位置, 那么这个样本就对应着一个含 n 个随机数值的集合, 记为 $\{X_1, \cdots, X_n\}$. 可以用它们值的大小不同来区别这 n 个随机数值, 从小到大记这 n 个值为

$$X_{(1)} \leqslant X_{(2)} \leqslant \cdots \leqslant X_{(n)}.$$

称 $X_{(1)}, X_{(2)}, \cdots, X_{(n)}$ 为样本 $X_1, \cdots, X_n$ 的次序统计量, 即从样本出发去掉了其分量的顺序只考虑分量大小而得到的统计量.

由于一个 iid 样本被看成向量时, 各分量值的大小是本质重要的, 而各个值出现先后位置微不足道, 因而次序统计量正好抓住了一个样本的本质内容, 使得对通常总体这个统计量具有充分完全性这一优良性质 (充分完全的概念后面即将给出).

为研究方便, 把第 i 个大小的随机变量 $X_{(i)}$ 称为次序统计量的第 i 个分量, 或简称第 i 个次序统计量. 特别地, 称 $X_{(1)}$ 为极小值统计量, 称 $X_{(n)}$ 为极大值统计量, 这两个统计量统称为极值统计量, 非常有用.

对于连续型随机变量 X, 设它的密度为 $f(x)$. 容易用 "概率元" 的方法导出次序统计量的分布. 因为 X 是连续型随机变量, 根据密度函数的定义, X 落在很小的区间 $(x, x + \mathrm{d}x]$ 内的概率为

$$P(x < X \leqslant x + \mathrm{d}x) = f(x)\mathrm{d}x + o(\mathrm{d}x), \tag{1.4.1}$$

其中 $o(\mathrm{d}x)$ 是 $\mathrm{d}x$ 的高阶无穷小, 所以 $f(x)\mathrm{d}x$ 是式 (1.4.1) 左端概率的主要部分, 称为 X 的概率元; 反之, 若存在这样的 $f(x)$ 使式 (1.4.1) 成立, 则 $f(x)$ 是 X 的密度函数.

记总体 X 的分布函数为 $F(x)$, 又记 $X_{(k)}$ 的密度为 $g_k(y)$. 对于任意给定的 y, 把实数轴分为三个区间

$$(-\infty, y), \quad [y, y + \mathrm{d}y), \quad [y + \mathrm{d}y, \infty),$$

则当 $\mathrm{d}y$ 充分小时, 可以假定 $[y, y + \mathrm{d}y)$ 内最多只有一个样本观测值. 由于次序统计量满足式 (1.4.1), 则 $X_{(k)}$ 落入 $[y, y + \mathrm{d}y)$ 内这一事件等价于样本 $X_1, \cdots, X_n$ 中有 $k-1$ 个落入 $(-\infty, y)$, 1 个分量落入 $[y, y + \mathrm{d}y)$, 而其余的 $n-k$ 个落入 $[y + \mathrm{d}y, \infty)$. 根据多项分布的概率, 得到 $X_{(k)}$ 的概率元为

$$g_k(y)\mathrm{d}y = \frac{n!}{(k-1)!1!(n-k)!}(F(y))^{k-1}f(y)\mathrm{d}y(1 - F(y + \mathrm{d}y))^{n-k}.$$

两边约去 $\mathrm{d}y$, 再让 $\mathrm{d}y \to 0$, 即可得到 $X_{(k)}$ 的密度为

$$g_k(y) = \frac{n!}{(k-1)!(n-k)!}(F(y))^{k-1}(1 - F(y))^{n-k}f(y).$$

特别地, $X_{(1)}$ 和 $X_{(n)}$ 的密度分别为

$$g_1(y) = n(1 - F(y))^{n-1}f(y), \quad g_n(y) = n(F(y))^{n-1}f(y).$$

例 1.4.1 若 X 服从 $(0,1)$ 上的均匀分布 $U(0,1)$, 由前面均匀分布的密度和分布函数表示式及如上次序统计量的密度表示式, 得到 $X_{(k)}$ 的密度为

$$g_k(y) = \begin{cases} \dfrac{n!}{(k-1)!(n-k)!} y^{k-1}(1-y)^{n-k}, & 0 < y < 1, \\ 0, & \text{其他}. \end{cases}$$

这正是 Beta- 分布 $B(k, n-k+1)$. 由 Beta- 分布的期望知

$$E(X_{(k)}) = \frac{k}{n+1}.$$

例 1.4.2 若 X 的密度函数为

$$f(x) = \begin{cases} 2x, & 0 < x < 1, \\ 0, & \text{其他}, \end{cases}$$

则它的分布函数为

$$F(x) = \begin{cases} 0, & x \leqslant 0, \\ x^2, & 0 < x < 1, \\ 1, & x \geqslant 1. \end{cases}$$

由此得到 $X_{(k)}$ 的密度函数为

$$g_k(y) = \begin{cases} \dfrac{2n!}{(k-1)!(n-k)!} x^{2(k-1)}(1-x^2)^{n-k}x, & 0 < y < 1, \\ 0, & \text{其他}. \end{cases}$$

用类似的方法可以证明, 对于次序统计量 $X_{(k)}$ 和 $X_{(j)}$, $k < j$, 它们的联合密度为

$$g_{kj}(y,z) = \begin{cases} \dfrac{n!}{(k-1)!(j-1-k)!(n-j)!} \times (F(y))^{k-1}(F(z) \\ \quad -F(y))^{j-1-k}(1-F(z))^{n-j}f(y)f(z), & y \leqslant z, \\ 0, & y > z. \end{cases}$$

在实际应用中, 有时要用到次序统计量的函数. 例如, 在质量管理中要用到极差 $D_n = X_{(n)} - X_{(1)}$. 在经济和金融中经常用到中位数, 或更一般的, p- 分位数. 对于连续型随机变量 X, 若它的分布函数和密度分别是 $F(x)$ 和 $f(x)$, 则总体 p- 分位数 a_p 满足 $F(a_p) = \int_{-\infty}^{a_p} f(x)\mathrm{d}x = p, 0 < p < 1$. 样本的中位数可以选为 $X_{(\frac{n+1}{2})}$ (若 n 是奇数) 或 $\left(X_{(\frac{n}{2})} + X_{(\frac{n+2}{2})}\right)\big/2$ (若 n 是偶数). 更一般地, 样本的 p- 分位数

可以选为 $X_{([np]+1)}$. 尽管在上面给出了用 F 和 f 表示样本的 p- 分位数密度的公式, 但是, 有时并不知道总体的分布或分布函数的表示形式很复杂, 此时, 用如下渐近方式表示 p- 分位数的分布密度: 当 $n \to \infty$ 时,

$$\sqrt{n}(X_{([np]+1)} - a_p) \xrightarrow{\mathcal{D}} N\left(0, \frac{p(1-p)}{f^2(a_p)}\right).$$

由此得到, 当 n 得到时, $X_{([np]+1)}$ 的近似分布为 $N\left(a_p, \frac{p(1-p)}{nf^2(a_p)}\right)$.

1.5 统计量的充分性和完全性

这一部分的内容有一定的理论意义, 也为今后解决参数估计问题提供了一条理想的路径.

1.5.1 充分统计量

统计量的充分性是数理统计中最重要的概念之一, 也是数理统计这一学科所特有的基本概念. 它是由 Fisher 在 1925 年提出的. 为了引入此概念, 先从实际问题开始探讨. 在统计中, 是用统计量进行推断, 而不是用样本值进行推断. 这就意味着, 经过加工后, 只需保留统计量的值, 而可以去掉样本的值. 于是, 一个问题是, 在加工过程中, 不应该损失样本中关于总体 (有关参数) 的信息. 假如一个统计量能做到这一点, 即在加工的过程中, 能把关于总体 (有关参数) 的信息毫不损失地提取出来, 这样的统计量是非常重要的, 称之为充分统计量; 反之, 如果统计量损失了总体 (有关参数) 的信息, 将给统计推断带来不利. 考察如下例子.

例 1.5.1 为考察某产品的合格率 θ, 检查了 10 件产品, 其结果是, 除前两件是不合格品 (记为 $X_1 = 0, X_2 = 0$) 外, 其他的都是合格品 (记为 $X_i = 1, i = 3, \cdots, 10$). 当人们问到检查结果时, 检验员给出如下两种回答:

(1) 10 件产品中有两件不合格, 并给出统计量 $T_1(X) = \sum_{i=1}^{10} X_i$ 的值是 8;

(2) 前两件是不合格品, 并给出统计量 $T_2(X) = (X_1, X_2)$ 的值是 $(0,0)$.
第一个回答是令人满意的, 而第二个则不然. 因为我们关心的是合格率 θ, 而不关心次品出现在第几个产品. 统计量 $T_1(X)$ 对认识 θ 是有意义的, 而 $T_2(X)$ 对认识 θ 没有大的帮助.

接下来的任务就是怎样用数学的方式表示如上充分统计量的意义. 设总体的分布函数是 $F(x; \theta)$, 则样本 $(X_1, \cdots, X_n)$ 的分布函数 $F(x_1, \cdots, x_n; \theta) = F(x_1; \theta) \cdots F(x_n; \theta)$. 记统计量 $T = T(x_1, \cdots, x_n)$ 的抽样分布为 $F^T(t; \theta)$. 在统计推断时, 若用 T 去替代 $(X_1, \cdots, X_n)$, 就等价于用分布函数 $F^T(t; \theta)$ 替代 $F(x_1, \cdots, x_n; \theta)$. 若要

求统计量 T 包含了样本 $(X_1, \cdots, X_n)$ 中关于总体 (或有关参数) 的一切有价值的信息, 则等价于要求 $F^T(t, \theta)$ 也像样本分布 $F(x_1, \cdots, x_n; \theta)$ 一样包含了总体 (或有关参数) 的一切有价值的信息. 这就是说, 在抽样分布 $F^T(t; \theta)$ 之外, 不再含有总体 (或有关参数) 的一切有价值的信息.

把上述想法转化成数学语言就是**充分统计量的定义**: 称统计量 T 是充分统计量, 如果当统计量 T 的取值 $T = t$ 给定后, 样本的条件分布

$$F(x_1, \cdots, x_n; \theta | T = t) = F(x_1, \cdots, x_n | T = t),$$

即条件分布不再依赖于总体分布 (或总体参数).

例 1.5.2 在例 1.5.1 中, 可以设 $(X_1, \cdots, X_n)$ 是来自两点分布总体 $B(1, \theta)$ 的样本, 这里 θ 为总体参数, $0 \leqslant \theta \leqslant 1$. 注意到 $(X_1, \cdots, X_n)$ 的联合概率分布为

$$P_\theta(X_1 = x_1, \cdots, X_n = x_n) = \theta^{\sum\limits_{i=1}^{n} x_i}(1 - \theta)^{n - \sum\limits_{i=1}^{n} x_i},$$

则对统计量 $T_1 = \sum\limits_{i=1}^{n} X_i$, 在给定 $T_1 = t$ 的条件下, $(X_1, \cdots, X_n)$ 条件分布为

$$
\begin{aligned}
&P_\theta(X_1 = x_1, \cdots, X_n = x_n | T_1 = t) \\
&= \frac{P_\theta(X_1 = x_1, \cdots, X_{n-1} = x_{n-1}, X_n = x_n, T_1 = t)}{P_\theta(T_1 = t)} \\
&= \frac{P_\theta\left(X_1 = x_1, \cdots, X_{n-1} = x_{n-1}, X_n = t - \sum\limits_{i=1}^{n-1} x_i\right)}{P_\theta(T_1 = t)} \\
&= \frac{\theta^t(1 - \theta)^{n-t}}{C_n^t \theta^t (1 - \theta)^{n-t}} \\
&= (C_n^t)^{-1}.
\end{aligned}
$$

如上条件分布不依赖于参数 θ. 于是, 在两点分布 $B(1, \theta)$ 中, T_1 是参数 θ 的充分统计量.

考虑统计量 $T_2 = (X_1, X_2)$. 类似地, 可以计算在给定 $T_2 = t$(即在给定 $(X_1, X_2) = (t_1, t_2)$) 的条件下 $(X_1, \cdots, X_n)$ 的分布. 其为

$$
\begin{aligned}
&P_\theta(X_1 = x_1, \cdots, X_n = x_n | (X_1, X_2) = (t_1, t_2)) \\
&= \frac{P_\theta(X_1 = x_1, \cdots, X_n = x_n, (X_1, X_2) = (t_1, t_2))}{P_\theta((X_1, X_2) = (t_1, t_2))} \\
&= \frac{P_\theta(X_1 = t_1, X_2 = t_2, X_1 = x_3, \cdots, X_n = x_n)}{P_\theta(X_1 = t_1, X_2 = t_2)} \\
&= \frac{\theta^{t_1 + t_2 + \sum\limits_{i=3}^{n} x_i}(1 - \theta)^{n - t_1 - t_2 - \sum\limits_{i=3}^{n} x_i}}{\theta^{t_1 + t_2}(1 - \theta)^{2 - t_1 - t_2}}
\end{aligned}
$$

$$= \theta^{\sum\limits_{i=3}^{n} x_i} (1-\theta)^{n-2-\sum\limits_{i=3}^{n} x_i}.$$

可见, 上面的条件分布依赖于参数 θ. 于是, 在两点分布 $B(1,\theta)$ 中, T_2 不是参数 θ 的充分统计量.

例 1.5.3 设 $(X_1,\cdots,X_n)$是取自正态分布总体 $N(\mu,1)$ $(-\infty < \mu < \infty)$ 的样本, 现在考察 $T = \sum\limits_{i=1}^{n} X_i$ 的充分性. 由正态分布的可加性知道 $T \sim N(n\mu,n)$, 则 T 的密度为

$$f_\mu^T(t) = \frac{1}{\sqrt{2\pi}\sqrt{n}} \exp\left\{ -\frac{(t-n\mu)^2}{2n} \right\}.$$

考虑变换 $x_1 = x_1, \cdots, x_{n-1} = x_{n-1}, t = \sum\limits_{i=1}^{n} x_i$. 此变换的雅可比行列式为

$$\left| \frac{\partial(x_1,\cdots,x_{n-1},x_n)}{\partial(x_1,\cdots,x_{n-1},t)} \right| = 1,$$

所以由 $(X_1,\cdots,X_n)$ 的密度得到 $(X_1,\cdots,X_{n-1},T)$ 的密度为

$$f_\mu(x_1,\cdots,x_{n-1},t) = \left(\frac{1}{\sqrt{2\pi}}\right)^n \exp\left\{ -\frac{\sum\limits_{i=1}^{n-1}(x_i-\mu)^2}{2} - \frac{\left(t - \sum\limits_{i=1}^{n-1} x_i - \mu\right)^2}{2} \right\}.$$

从而当给定 $T = t$ 时, $(X_1,\cdots,X_{n-1})$ 的条件密度为

$$f_\mu(x_1,\cdots,x_{n-1}|T=t) = f_\mu(x_1,\cdots,x_{n-1},t)/f_\mu^T(t).$$

将上面的结果代入, 可以验证该条件分布与参数 μ 无关. 于是 $T = \sum\limits_{i=1}^{n} X_i$ 是充分统计量.

1.5.2 充分性因子分解判定定理

从定义出发验证统计量的充分性, 涉及条件分布的计算, 因而往往是困难的, 有时是不可能的. Neyman 和 Halmos 在 20 世纪 40 年代证明了一个判定充分统计量的法则 —— 因子分解定理.

因子分解定理 若样本 $(X_1,\cdots,X_n)$ 的联合密度 (分布列) 为 $f(x_1,\cdots,x_n;\theta)$, 则 $T=T(X_1,\cdots,X_n)$ 是充分统计量的充分必要条件是: 存在非负函数 $h(x_1,\cdots,x_n)$ 和 $g(t;\theta)$, 使得

$$f(x_1,\cdots,x_n;\theta) = g(T(x_1,\cdots,x_n);\theta)h(x_1,\cdots,x_n).$$

　　此定理表明, 若存在充分统计量 $T = T(X_1, \cdots, X_n)$, 则样本的分布 $f(x_1, \cdots, x_n; \theta)$ 一定可以分解成两个因子的乘积, 其中一个因子与参数 θ 无关, 但与样本值 $(x_1, \cdots, x_n)$ 有关, 另一因子与 θ 有关, 但与 $(x_1, \cdots, x_n)$ 的关系是通过统计量 $T(x_1, \cdots, x_n)$ 表现出来. 先将定理的证明放在后面, 现在看看下面的例子.

　　例 1.5.4　设 $(X_1, \cdots, X_n)$ 是来自均匀分布 $U(0, \theta)$ 的样本. 由于在均匀分布 $U(0, \theta)$ 的条件下, 可以设 $X_i > 0, i = 1, \cdots, n$, 样本的分布密度为

$$f(x_1, \cdots, x_n; \theta) = \theta^{-n} I_{\{x_{(n)} < \theta\}}(x_1, \cdots, x_n),$$

其中 $I_{\{x_{(n)} < \theta\}}(x_1, \cdots, x_n)$ 是集合 $\{x_1, \cdots, x_n\}$ 的示性函数. 由因子分解定理得到, $X_{(n)}$ 是参数 θ 的充分统计量.

　　例 1.5.5　设 X 服从指数型分布族 (1.1), 即密度为

$$p(x; \omega) = c(\theta) \exp\left\{ \sum_{j=1}^{k} c_j(\theta) T_j(x) \right\} h(x).$$

设 $(X_1, \cdots, X_n)$ 是来自总体 X 的样本, 则 $(X_1, \cdots, X_n)$ 的密度 (分布列) 为

$$(c(\theta))^n \exp\left\{ \sum_{i=1}^{n} \sum_{j=1}^{k} c_j(\theta) T_j(x_i) \right\} h(x_1) \cdots h(x_n).$$

由因子分解定理得知

$$(T_1(X), \cdots, T_k(X)) = \left(\sum_{i=1}^{n} T_1(X_i), \cdots, \sum_{i=1}^{n} T_k(X_i) \right)$$

是总体分布参数 θ 的充分统计量.

　　有了如上关于指数型分布族中统计量的充分性的结论, 就可以得到与此有关的具体分布的结论. 例如, 对于正态分布 $N(\mu, \sigma^2)$, $\left(\sum_{i=1}^{n} X_i, \sum_{i=1}^{n} (X_i - \overline{X}_n)^2 \right)$ 是 (μ, σ^2) 的充分统计量; 对于泊松分布 $P(\lambda)$, $\sum_{i=1}^{n} X_i$ 是 λ 的充分统计量; 对于 Γ- 分布 $\Gamma(\alpha, \lambda)$, $\left(\prod_{i=1}^{n} X_i, \sum_{i=1}^{n} X_i \right)$ 是 (α, λ) 的充分统计量等.

　　现在给出因子分解定理在离散型随机变量情况下的证明, 对于一般的情况的证明, 参见相关参考文献.

　　充分性的证明　记集合 $A(t) = \{(x_1, \cdots, x_n) : T(x_1, \cdots, x_n) = t\}$. 当 $(x_1, \cdots, x_n) \in A(t)$ 时, 有

$$P_\theta((X_1, \cdots, X_n) = (x_1, \cdots, x_n)|T = t)$$

$$= \frac{P_\theta((X_1, \cdots, X_n) = (x_1, \cdots, x_n), T = t)}{P_\theta(T = t)}$$

$$= \frac{P_\theta((X_1, \cdots, X_n) = (x_1, \cdots, x_n))}{P_\theta(T = t)}$$

$$= \frac{f(x_1, \cdots, x_n; \theta)}{\displaystyle\sum_{(x_1, \cdots, x_n) \in A(t)} f(x_1, \cdots, x_n; \theta)}.$$

对于 $(x_1, \cdots, x_n) \in A(t)$, 有 $T(x_1, \cdots, x_n) = t$. 将因子分解定理的分解形式代入上式, 得到

$$P_\theta((X_1, \cdots, X_n) = (x_1, \cdots, x_n)|T = t)$$

$$= \frac{g(t; \theta)h(x_1, \cdots, x_n)}{\displaystyle\sum_{(x_1, \cdots, x_n) \in A(t)} g(t; \theta)h(x_1, \cdots, x_n)}$$

$$= \frac{h(x_1, \cdots, x_n)}{\displaystyle\sum_{(x_1, \cdots, x_n) \in A(t)} h(x_1, \cdots, x_n)}.$$

上式与 θ 无关. 另外, 当 $(x_1, \cdots, x_n) \notin A(t)$ 时,$T(x_1, \cdots, x_n) \neq t$. 于是事件 "$(X_1, \cdots, X_n) = (x_1, \cdots, x_n)$" 与事件 "$T(x_1, \cdots, x_n) = t$" 不可能同时出现. 在此条件下, $P_\theta((X_1, \cdots, X_n) = (x_1, \cdots, x_n)|T = t) = 0$. 此概率与 θ 无关.

必要性的证明 设 $T(X_1, \cdots, X_n)$ 是充分统计量, 则在给定 $T = t$ 下, 条件概率 $P_\theta((X_1, \cdots, X_n) = (x_1, \cdots, x_n)|T = t)$ 与 θ 无关. 不妨记

$$P_\theta((X_1, \cdots, X_n) = (x_1, \cdots, x_n)|T = t) = h(x_1, \cdots, x_n).$$

对给定的 $(x_1, \cdots, x_n) \in A(t)$, 有

$$f(x_1, \cdots, x_n; \theta)$$
$$= P_\theta((X_1, \cdots, X_n) = (x_1, \cdots, x_n))$$
$$= P_\theta((X_1, \cdots, X_n) = (x_1, \cdots, x_n)|T = t)P(T = t)$$
$$= P_\theta((X_1, \cdots, X_n) = (x_1, \cdots, x_n), T = t)P(T = t)$$
$$= P_\theta((X_1, \cdots, X_n) = (x_1, \cdots, x_n))P_\theta(T = t)$$
$$= h(x_1, \cdots, x_n)g(t; \theta),$$

其中 $g(t, \theta) = P_\theta(T = t)$, 这恰好是因子分解形式.

1.5.3 统计量的完全性

统计量的完全性又称为统计量的完备性, 它是数理统计中很重要的概念, 在参数估计 (如一致最小方差无偏估计) 中有重要的应用. 在介绍统计量的完全性前, 先

要知道随机变量分布的完全性. 分布的完全性是对分布的性质提出的一种要求, 下面只对连续型随机变量给出其定义. 对离散型随机变量, 其定义是类似的.

设 X 的密度为 $f(x;\theta)$. 对于任意函数 $\varphi(x)$, 若

$$\varphi(X) = 0 \quad (\text{a.s.}), \tag{1.5.1}$$

则显然有

$$E(\varphi(x)) = \int_{-\infty}^{\infty} \varphi(x)f(x;\theta)\mathrm{d}x = 0, \quad \forall\theta\in\Theta. \tag{1.5.2}$$

但反之并不一定成立. 如果没有学过测度论的人, 不能理解这里的记号 a.s., 它表示 $\varphi(X) = 0$ "几乎处处" 成立. 通俗地说, 就是除了一个小得可以忽略的区域外, 都有 $\varphi(X) = 0$.

但是, 要注意, 式 (1.5.2) 中要求对一切 $\theta\in\Theta$ 都成立. 如果把积分 $\int_{-\infty}^{\infty}\varphi(x)f(x;\theta)\mathrm{d}x$ 看成 $\varphi(x)$ 和 $f(x;\theta)$ 的内积

$$\langle\varphi(x), f(x;\theta)\rangle = \int_{-\infty}^{\infty}\varphi(x)f(x;\theta)\mathrm{d}x,$$

则式 (1.5.2) 表示 $\varphi(x)$ 和函数空间 $\{f(x;\theta):\theta\in\Theta\}$ 中的任意函数都正交 (垂直). 于是, 一般来说, 如果函数空间的性质 "好", 则应该有 $\varphi(x) = 0$. 如果把式 (1.5.2) 当成条件, 选择合适的函数空间 $\{f(x;\theta):\theta\in\Theta\}$, 使得式 (1.5.1) 成立, 这样的选择条件并不是苛刻的. 于是, 引出随机变量分布族完全性的概念如下.

对随机变量分布族 $\{f(x;\theta):\theta\in\Theta\}$, **如果能从式 (1.5.2) 推导出式 (1.5.1), 则称该分布族是完全的.**

例 1.5.6 设 X 服从二项分布 $B(n,p)$, 则它的分布列为

$$f(x;n,p) = \mathrm{C}_n^x p^x(1-p)^{n-x}, \quad x = 0,1,\cdots,n.$$

假设有 $\varphi(x)$ 满足

$$E(\varphi(X)) = \sum_{x=0}^{n}\varphi(x)\mathrm{C}_n^x p^x(1-p)^{n-x} = 0, \quad \forall p\in(0,1),$$

由于 $(1-p)^{n-x} = \sum_{k=0}^{n-x}(-p)^k\mathrm{C}_{n-x}^k$, 则

$$\sum_{x=0}^{n}(-1)^k C_n^x C_{n-x}^k\varphi(x)p^{x+k} = 0.$$

上式左边是 p 的多项式, 且对任意 $p\in(0,1)$, 多项式的值是零. 于是多项式的系数 (几乎处处) 为零, 从而有 $\varphi(X) = 0$ (a.s.). 所以二项分布 $B(n,p)$ 是完全的.

例 1.5.7 (1) 正态分布族 $\{N(\mu, 1) : \mu \in R\}$ 是完全的. 此证明参见相关参考文献. (2) 正态分布族 $\{N(0, \sigma^2) : \sigma > 0\}$ 不是完全的. 要证明这个分布不是完全的, 只要找到一个 $\varphi(x)$, 满足 $E(\varphi(X)) = 0$, 但 $\varphi(x)$ 不是 (几乎处处) 为零即可. 因为密度函数是偶函数, 取 $\varphi(x) = x$, 就有

$$E(\varphi(X)) = 0, \quad \forall \sigma > 0,$$

而 $\varphi(X) = X$ 不是 (几乎处处) 为零的.

下面导出统计量的完全性. **如果统计量** $T = T(X_1, \cdots, X_n)$ **的抽样分布是完全的, 称此统计量是完全的.** 于是, 统计量的完全性由它的分布决定.

例 1.5.8 例 1.5.7 已经验证了正态分布族 $\{N(0, \sigma^2) : \sigma > 0\}$ 不是完全的. 注意到 $T = \sum\limits_{i=1}^{n} X_i^2 \sim \Gamma(n/2, 1/(2\sigma^2))$, 且 Γ- 分布是完全的 (证明参见相关参考文献), 则统计量 T 是完全统计量. 又根据前面关于指数型分布族的讨论知道, T 是充分统计量, 则 T 是充分完全统计量.

例 1.5.9 如果 X 的分布有如指数型分布族的标准形式 (1.3.2), $(X_1, \cdots, X_n)$ 是 X 样本, 则 $(X_1, \cdots, X_n)$ 的密度 (分布列) 为

$$(c^*(\omega))^n \exp\left\{ \sum_{i=1}^{n} \sum_{j=1}^{k} \omega_j T_j(x_i) \right\} h(x_1) \cdots h(x_n).$$

此时,

$$(T_1(X), \cdots, T_k(X)) = \left(\sum_{i=1}^{n} T_1(X_i), \cdots, \sum_{i=1}^{n} T_k(X_i) \right)$$

是参数 $(\omega_1, \cdots, \omega_k)$ 的完全统计量 (证明参见相关参考文献). 再结合例 1.5.5, 得到 $(T_1(X), \cdots, T_k(X))$ 是参数 $(\omega_1, \cdots, \omega_k)$ 的充分完全统计量. 由于指数型分布族包含很多常用的分布, 所以如上结论可以应用到很多的分布.

1.6 习 题

1-1. 设 $X_1, \cdots, X_5$ 是取自两点分布 $b(1, p)$ 的一个样本, 其中 $0 < p < 1$.

(1) 写出样本的联合分布列.

(2) 指出下列子样函数中哪些是统计量, 哪些不是统计量, 为什么?

$T_1 = (X_1 + \cdots + X_5)/5$, $T_2 = X_5 - E(X_1)$,

$T_3 = X_5 - p$, $T_4 = \max(X_1, \cdots, X_5)$.

1-2. 在正态分布总体 $N(52, 6.3^2)$ 中随机抽取一容量为 36 的样本, 求样本均值 $\overline{X}$ 落在 50.8 和 53.8 之间的概率.

1-3. 设正态分布总体 $X \sim N(\mu, 0.5^2)$, 试问样本容量 n 应取多大时, 才能以 99.7% 的概率保证样本均值 $\overline{X}$ 与总体均值 μ 之偏差小于 0.1?

1-4. 设从正态总体 $N(20, 3^2)$ 中分别抽取容量为 10 和 15 的两个独立样本, 试求两样本均值差的绝对值大于 0.3 的概率.

1-5. 设总体 X 的期望为 μ, 方差为 σ^2, $(X_1, X_2, \cdots, X_n)$ 为来自该总体的一个简单随机样本, 样本均值 $\overline{X} = \dfrac{1}{n} \sum\limits_{i=1}^{n} x_i$, 样本方差 $S^2 = \dfrac{1}{n-1} \sum\limits_{i=1}^{n} (X_i - \overline{X})^2$. 试证明:

(1) $E(\overline{X}) = \mu, \mathrm{Var}(\overline{X}) = \sigma^2/n$;

(2) $E(S^2) = \sigma^2$.

1-6. 设 $(X_1, X_2, \cdots, X_{10})$ 为正态总体 $N(0, 0.3^2)$ 的一个样本, 求 $P\left\{ \sum\limits_{i=1}^{10} X_i^2 > 1.44 \right\}$.

1-7. 设正态分布总体 $N(\mu, \sigma^2)$ 中抽取一容量为 16 的样本, 其中 μ, σ^2 均未知, $S^2 = \dfrac{1}{n-1} \sum\limits_{i=1}^{n} (X_i - \overline{X})^2$ 为样本方差, 试求:

(1) $P\{S^2/\sigma^2 \leqslant 2.041\}$;

(2) $\mathrm{Var}(S^2)$.

1-8. 设某厂生产的电器元件的寿命服从均值为 1000h 的正态分布, 现随机抽取一容量为 16 的样本, 算得样本标准差 $S = 100$. 试求这 16 只元件的寿命总和不超过 15150h 的概率.

1-9. 设 $X_1, X_2, \cdots, X_9$ 和 $Y_1, Y_2, \cdots, Y_9$ 均为来自正态分布总体 $N(0, 0.3^2)$ 的两个独立样本, 试求统计量

$$U = \frac{X_1 + X_2 + \cdots + X_9}{\sqrt{Y_1^2 + Y_2^2 + \cdots + Y_9^2}}$$

的分布.

1-10. 设正态分布总体 $X \sim N(\mu, \sigma^2)$, $X_1, X_2, \cdots, X_n$ 为来自该总体的一个样本, $\overline{X}$ 和 $S^2 = \dfrac{1}{n-1} \sum\limits_{i=1}^{n} (X_i - \overline{X})^2$ 分别为其样本均值和样本方差, 又设 $X_{n+1} \sim N(\mu, \sigma^2)$ 且与 $X_1, X_2, \cdots, X_n$ 独立. 试求统计量

$$\frac{X_{n+1} - \overline{X}}{S} \sqrt{\frac{n}{n+1}}$$

的分布.

1-11. 已知 $X \sim t(n)$, 试证 $X^2 \sim F(1, n)$.

1-12. 检验下列分布族是否是指数型分布族:

(1) 泊松分布族;

(2) 单参数指数分布族: $\{E(\lambda) : \lambda > 0\}$;

(3) 双参数指数分布族:

$$\left\{ p(x; \lambda, \mu) = \lambda^{-1} \cdot \exp\left\{ -\frac{x-\mu}{\lambda} \right\} : \lambda > 0, -\infty < \mu < \infty \right\};$$

(4) Γ- 分布族: $\{\Gamma(\alpha, \lambda) : \alpha > 0, \lambda > 0\}$;

(5) 柯西分布族:

$$\left\{ p(x, \lambda) = \frac{\lambda}{\pi(\lambda^2 + x^2)}, \lambda > 0 \right\}.$$

1-13. 设 $X_1, \cdots, X_n$ 为取自泊松分布族的样本, 试证明在已知 $T = \sum_{i=1}^{n} X_i = t$ 时, 样本 $X_1, \cdots, X_n$ 的条件分布与参数 λ 无关.

1-14. 利用因子分解定理证明: 若 $X_1, \cdots, X_n$ 为样本, 则

(1) $\overline{X} = \frac{1}{n} \sum_{i=1}^{n} X_i$ 是正态总体 $N(\mu, 1)$ 中 μ 的充分统计量;

(2) $S = \sum_{i=1}^{n} X_i^2$ 是正态总体 $N(0, \sigma^2)$ 中 σ^2 的充分统计量.

1-15. 设 $X_1, \cdots, X_n$ 是来自均匀分布族 $\{U(\theta_1, \theta_2) : -\infty < \theta_1 < \theta_2 < \infty\}$ 的样本, 证明 $(X_{(1)}, X_{(n)})$ 是 (θ_1, θ_2) 的充分统计量.

1-16. 设 $Y_i \sim N(\alpha + \beta x_i, \sigma^2), i = 1, \cdots, m$, 诸 Y_i 相互独立, 其中 $-\infty < \alpha, \beta < \infty, \sigma^2 > 0$ 是未知参数, 而 $x_1, \cdots, x_n$ 是已知量. 试用因子分解定理证明: 向量统计量

$$\left(\sum_{i=1}^{n} Y_i, \sum_{i=1}^{n} X_i Y_i, \sum_{i=1}^{n} Y_i^2 \right)$$

是 α, β, σ^2 的充分统计量.

1-17. 设 $X_1, \cdots, X_n$ 是独立同分布的随机变量, 其分布为两参数的指数分布, 其密度函数为

$$f(x; \lambda, \mu) = \lambda^{-1} \cdot \exp\left\{ -\frac{x - \mu}{\lambda} \right\}, \quad x \geqslant \mu,$$

其中 $\mu(-\infty < \mu < \infty)$ 称为位置参数, $\lambda(0 < \lambda < \infty)$ 称为尺度参数. 设 $X_{(1)} \leqslant \cdots \leqslant X_{(n)}$ 是其次序统计量, 则 $\left(X_{(1)}, \sum_{i=2}^{n} X_{(i)} \right)$ 是 (λ, μ) 的充分统计量.

1-18. 设 $X_1, \cdots, X_n$ 是来自密度函数为

$$p(x; \theta) = \frac{\theta}{x^2}, \quad 0 < \theta < x < \infty$$

的总体的样本, 试证明 $X_{(1)}$ 是它的充分统计量.

第2章

点 估 计

　　统计学和概率论的假设前提和任务是不一样的. 概率论是在给定总体分布 (或概率空间) 的条件下进行演绎和推理, 而统计学是在给定数据和总体分布的部分信息 (有时没有分布的任何信息) 的前提下对总体分布或对其某些特征进行推断. 在本章中, 给出基本条件是分布部分信息 —— 总体的分布形式已知但含有未知参数, 我们的任务是由数据估计未知参数.

2.1 估计方法

　　本章将介绍两种点估计方法: 矩估计和极大似然估计. 这是两种常用的点估计方法, 体现了估计方法的基本统计思想, 也是其他统计方法和解决其他统计问题的基础.

2.1.1 参数估计问题

　　我们可以从如下几个方面提出参数估计问题. 首先, 如果分布类型已知, 例如, 分布密度为已知函数 $f(x;\theta)$, 但其中含有未知参数 θ, 这时任务是要利用数据估计参数 θ 以确定分布密度. 其次, 从实际应用考虑, 分布的参数有一定实际意义. 例如, 对于泊松分布 $P(\lambda)$, 参数 λ 有明确的实际意义, 它可以表示单位时间内用户对商品的平均投诉次数、平均交通事故次数等, 人们希望通过估计此参数以解决实际问题. 另外, 即使分布是非参数形式的, 例如, 总体 X 的分布密度 $f(x)$ 未知, 也不能用有限个参数确定, 但它的数学期望 $\mu = E(X)$ 和方差 $\sigma^2 = \text{Var}(X)$ 等能刻画总体某些性质. 例如, 某地区农民平均年收入是总体收入的重要特征, 人们希望通过数据估计它.

　　在实际应用中, 常用的参数估计方法有两种: 点估计和区间估计. 简单地说, 点估计就是用一个具体的样本的函数 (随机点) 去估计参数. 样本是随机变量, 所以点估计也是随机变量. 在实际应用中, 当获得样本观测值后, 就能得到点估计的观测值, 这时的观测值就是非随机的了. 区间估计就是用样本的函数确定未知参数的

上界和 (或者) 下界, 即用一个区间去估计参数. 同理, 用随机区间估计未知参数. 当观测到样本值后, 得到的区间估计就是确定的区间.

根据上面对点估计的定义, 未知参数 θ 的点估计可以用 $\hat{\theta} = \hat{\theta}(X_1, \cdots, X_n)$ 表示. 从这个定义出发, 点估计 $\hat{\theta}$ 给出的是一种估计规则, 它告诉我们, 在有了样本观测值后, 如何算出估计值来. 所以, 即使手头没有任何样本观测值, 也可以构造估计量, 一旦有了样本观测值之后就可用了.

2.1.2 矩估计方法

矩估计是最古老的估计方法之一, 是由 Person 在 19 世纪初提出来的, 其基本原理和方法如下: 根据概率论中的极限理论, 当样本容量 n 很大时, 样本的 k 阶原点矩 $m_k = \dfrac{1}{n}\sum_{i=1}^{n} X_i^k$ 很 "靠近" 总体原点矩 $\mu_k = E(X^k)$. 这里的 "靠近" 表示, 当 n 趋于无穷时, m_k 以某种方式 (如依概率) 趋于 μ_k. 于是, 就用 m_k 估计 μ_k, 这就是一种矩估计, 即若感兴趣的未知参数是 μ_k, 则 μ_k 的矩估计为 $\hat{\mu}_k = m_k$. 一般地, 若未知参数 θ 是总体原点矩 $\mu_1, \cdots, \mu_k$ 的函数, 即

$$\theta = g(\mu_1, \cdots, \mu_k),$$

就用 m_j 替代 μ_j, 从而得到 θ 的矩估计为

$$\hat{\theta} = g(m_1, \cdots, m_k).$$

例 2.1.1 总体方差

$$\sigma^2 = \mathrm{Var}(X) = E(X^2) - (E(X))^2.$$

分别用 m_1 和 m_2 替代 $E(X)$ 和 $E(X^2)$, 得到方差 σ^2 的估计量为

$$\hat{\sigma}^2 = m_2 - m_1^2 = S_n^2 = \frac{1}{n}\sum_{i=1}^{n}(X_i - \overline{X}_n)^2.$$

例 2.1.2 设 $(X_1, \cdots, X_n)$ 是来自两点分布 $B(1, \theta)$ 总体 X 的样本. 如果 θ 表示某事件成功的概率, 则成功与失败的概率之比 $g(\theta) = \theta/(1-\theta)$ 是人们感兴趣的参数. 由于 $\theta = E(X)$, 则可以得到 $g(\theta)$ 的一个矩估计为

$$\hat{g} = \overline{X}_n/(1 - \overline{X}_n).$$

另外, $\mathrm{Var}(X) = \theta(1-\theta)$, 则 $g(\theta) = \theta^2/(\theta(1-\theta))$. 由此得到 $g(\theta)$ 的另一个矩估计为

$$\tilde{g} = m_1^2/S_n^2.$$

这种矩估计不唯一的现象不是个别的. 又如, 对于泊松分布 $P(\lambda)$, 因为 $E(X) = \lambda$, $\mathrm{Var}(X) = \lambda$, 则 λ 的矩估计可以是样本平均 $\overline{X}_n$ 和样本方差 S_n^2. 在矩估计不唯

一时, 我们可以根据如下原则选择矩估计: ① 涉及的样本矩的阶尽量低. ② 所用的统计量最好是充分统计量. 在例 2.1.2 中, $\overline{X}_n$ 是 θ 的充分统计量, 从而我们应该用估计量 $\hat{g} = \overline{X}_n/(1 - \overline{X}_n)$. 对泊松分布 $P(\lambda)$, $\overline{X}_n$ 是 λ 的充分统计量并是 S_n^2 的低阶矩, 从而应该用估计量 $\overline{X}_n$.

例 2.1.3 设 $(X_1, \cdots, X_n)$ 是来自均匀分布 $U(\theta_1, \theta_2)$ 的总体 X 的样本. 此时, 不能直接看出 θ_1 和 θ_2 与总体矩的关系. 但

$$E(X) = \frac{\theta_1 + \theta_2}{2}, \quad \text{Var}(X) = \frac{(\theta_2 - \theta_1)^2}{12}.$$

根据如上替代原则, 得到方程

$$\overline{X}_n = \frac{\theta_1 + \theta_2}{2}, \quad S_n^2 = \frac{(\theta_2 - \theta_1)^2}{12}.$$

由此解得 θ_1 和 θ_2 的矩估计分别为

$$\hat{\theta}_1 = \overline{X}_n - \sqrt{3} S_n, \quad \hat{\theta}_2 = \overline{X}_n + \sqrt{3} S_n.$$

例 2.1.3 提示我们, 如果总体含有 k 个参数 $\theta_1, \cdots, \theta_k$, 而前 k 个原点矩 $\mu_1, \cdots, \mu_k$ 是 $\theta_1, \cdots, \theta_k$ 的函数, 记为

$$\mu_j = g_j(\theta_1, \cdots, \theta_k), \quad j = 1, \cdots, k.$$

再用替代原则, 得到方程

$$m_j = g_j(\theta_1, \cdots, \theta_k), \quad j = 1, \cdots, k.$$

从这 k 个方程就能解出参数的估计量, 记为

$$\hat{\theta}_j = h_j(m_1, \cdots, m_k), \quad j = 1, \cdots, k.$$

例 2.1.4 设 $(X_1, \cdots, X_n)$ 是来 Gamma 分布 $\Gamma(\alpha, \lambda)$ 的总体 X 的样本. 知道

$$E(X) = \frac{\alpha}{\lambda}, \quad \text{Var}(X) = \frac{\alpha}{\lambda^2}.$$

根据如上替代原则, 得到方程

$$\overline{X}_n = \frac{\alpha}{\lambda}, \quad S_n^2 = \frac{\alpha}{\lambda^2}.$$

由此解得 α 和 λ 的矩估计分别为

$$\hat{\alpha} = \frac{\overline{X}_n^2}{S_n^2}, \quad \hat{\lambda} = \frac{\overline{X}_n}{S_n^2}.$$

2.1.3 极大似然估计法

"似然"是一种最重要的统计思想. 在似然的观点下, 不仅产生了极大似然, 还有现在流行的经验似然和拟似然以及估计方程等. 极大似然方法最早是德国数学家 Gauss 在 1821 年提出的, 后来因为英国统计学家 Fisher 在 1922 年重新发现并研究了这一方法, 于是, 往往把这个方法归功于 Fisher.

为了引入极大似然方法, 先考察一个例子.

例 2.1.5 若知道一个盒子中有 100 个球, 其中球的颜色只有两种: 白球和黑球, 并且一种颜色的有 99 个, 另一种颜色的只有 1 个. 我们要判断盒中哪种颜色的球有 99 个, 如果用参数估计的说法就是要估计白球所占的比例 p 是 0.99 还是 0.01. 如果从盒中任取一个球, 发现是白球, 则一个自然的判断是白球有 99 个 (即 $p = 0.99$), 因为如果白球有 99 个, 则抽取到白球的概率为 0.99, 而取到黑球的概率只有 0.01, 因为这样的判断得到的条件对取得白球是十分有利的.

上述例子体现了似然方法的基本条件和似然思想. 极大似然方法的基本前提条件是: 已知总体 X 的分布形式 (如例 2.1.5 中的是两点分布), 但含有未知参数 (如例 2.1.5 中的白球所占的比例 p). 极大似然方法的基本思想是: 用"最像" θ 的统计量去估计 θ. 这一统计思想在日常生活中经常用到.

现在把上述思想用数学方式表示出来. 设 $(X_1, \cdots, X_n)$ 是总体 X 的样本, 它的联合分布密度 (分布列) 为 $f(x_1, \cdots, x_n; \theta)$. 以前, 只把 $f(x_1, \cdots, x_n; \theta)$ 当成密度 (分布列), 从而 $(x_1, \cdots, x_n)$ 是自变量. 现在用另一种观点看待它. 当样本观测到 $(x_1, \cdots, x_n)$ 时, 可以把 $f(x_1, \cdots, x_n; \theta)$ 看成 $\theta \in \Theta$ 的函数. 对于 $\theta_1, \theta_2 \in \Theta$, 若

$$f(x_1, \cdots, x_n; \theta_1) > f(x_1, \cdots, x_n; \theta_2),$$

那么该观测值 $(x_1, \cdots, x_n)$ 来自总体 $f(x_1, \cdots, x_n; \theta_1)$ 比来自总体 $f(x_1, \cdots, x_n; \theta_2)$ 的可能性大. 所以, 在给定观测值时, $f(x_1, \cdots, x_n; \theta)$ 又可作为参数 θ 对产生观测值 $(x_1, \cdots, x_n)$ 的可能性的一种度量. 于是对同一个函数 $f(x_1, \cdots, x_n; \theta)$ 有两个不同的看法, 后一种观点把它当成 θ 的函数, 这样的函数就是似然函数. 也就是给定观测值后, 称

$$L(\theta; x_1, \cdots, x_n) = f(x_1, \cdots, x_n; \theta), \quad \theta \in \Theta$$

为**似然函数**. 有时将它简记为 $L(\theta)$, 而称 $l(\theta) = \ln L(\theta)$ 为对数似然函数.

在给定观测值的条件下, 似然函数作为 θ 的函数, 它描述 θ 出现可能性的大小. 于是, 若存在样本的函数 $\hat{\theta}(X_1, \cdots, X_n)$, 使得

$$L(\hat{\theta}(x_1, \cdots, x_n); x_1, \cdots, x_n) = \sup_{\theta \in \Theta} L(\theta; x_1, \cdots, x_n),$$

称 $\hat{\theta}(X_1, \cdots, X_n)$ 是 θ 的**极大似然估计**, 记为 MLE.

例 2.1.6 设 $(X_1, \cdots, X_n)$ 是取自两点分布 $B(1,\theta)$ 的样本, 要求 θ 的极大似然估计量. 似然函数为

$$L(\theta) = \theta^{\sum\limits_{i=1}^{n} x_i}(1-\theta)^{n-\sum\limits_{i=1}^{n} x_i}.$$

对数似然函数为

$$l(\theta) = \sum_{i=1}^{n} x_i \ln\theta + \left(n - \sum_{i=1}^{n} x_i\right)\ln(1-\theta).$$

为求关于 θ 的最大值, 对 θ 求导, 得到似然方程

$$\frac{\partial l}{\partial \theta} = \frac{1}{\theta}\sum_{i=1}^{n} x_i - \frac{1}{1-\theta}\left(n - \sum_{i=1}^{n} x_i\right) = 0.$$

由此得到方程的解 $\hat{\theta} = \dfrac{1}{n}\sum\limits_{i=1}^{n} X_i$. 可以验证如上解使似然函数达到最大, 故它是 θ 的极大似然估计.

例 2.1.7 设 $(X_1, \cdots, X_n)$ 是取自 $N(\mu,\sigma^2)$ 的样本. 要求 (μ,σ^2) 的极大似然估计量. 似然函数为

$$L(\mu,\sigma^2) = (2\pi\sigma^2)^{-n/2}\exp\left\{-\frac{1}{2\sigma^2}\sum_{i=1}^{n}(x_i-\mu)^2\right\}.$$

对数似然函数为

$$l(\mu,\sigma^2) = -\frac{n}{2}\ln(2\pi) - \frac{n}{2}\ln\sigma^2 - \frac{1}{2\sigma^2}\sum_{i=1}^{n}(x_i-\mu)^2.$$

为求关于 (μ,σ^2) 的最大值, 分别对 μ 和 σ^2 求偏导, 得到似然方程

$$\frac{\partial l}{\partial \mu} = \frac{1}{\sigma^2}\sum_{i=1}^{n}(x_i-\mu) = 0,$$

$$\frac{\partial l}{\partial \sigma^2} = -\frac{n}{2\sigma^2} + \frac{1}{2\sigma^4}\sum_{i=1}^{n}(x_i-\mu)^2 = 0,$$

由此得到方程的解

$$\hat{\mu} = \frac{1}{n}\sum_{i=1}^{n} X_i,$$

$$\hat{\sigma}^2 = \frac{1}{n}\sum_{i=1}^{n}(X_i - \overline{X_n})^2.$$

可以验证如上解使似然函数达到最大, 故它们分别是 μ 和 σ^2 的极大似然估计.

从极大似然估计的定义和例 2.1.7 看到, 把参数估计问题转化为求极值问题, 而求极值问题往往转化成解方程的问题:

$$\frac{\partial l(\theta)}{\partial \theta} = 0. \tag{2.1.1}$$

称上述方程为对数似然方程. 对于某些具体的问题, 如果似然方程的解唯一, 它就是极大似然估计, 而往往不需要验证它使得似然函数达到最大. 另外, 将在 2.2 节中证明, 在一般条件下, 对数似然方程的期望是零, 即对数似然方程满足

$$E\left(\frac{\partial l(\theta)}{\partial \theta}\right) = 0. \tag{2.1.2}$$

如上讨论的直接结果是, 既然真的参数满足式 (2.1.2), 就有理由直接通过对数似然方程 (2.1.1) 求参数的估计量. 由此就可以看到统计学中估计方程理论的基本思想, 即通过合适的方程求参数估计.

但是, 并不是所有的极大似然估计都是通过似然方程得到的. 请看如下例题.

例 2.1.8 设 $X_1, \cdots, X_n$ 是来自均匀分布 $U(0, \theta)$ 的样本, 其中 $\theta > 0$. 于是似然函数为

$$L(\theta) = \begin{cases} \theta^{-n}, & 0 < x_{(1)} \leqslant x_{(n)} < \theta, \\ 0, & \text{其他.} \end{cases}$$

如果按照如上似然方程的求解方法, 是不能解决问题的. 但是, 注意到, 要使得似然函数 $L(\theta)$ 达到最大, θ 就应该尽可能小. 而 θ 不能小于 $X_{(n)}$, 则它的极大似然估计为 $\hat{\theta} = X_{(n)}$.

2.1.4 估计量的比较

在例 2.1.8 中, 最大似然估计是 $\hat{\theta} = X_{(n)}$. 另外, 容易得到, 均匀分布 $U(0, \theta)$ 中参数的矩估计是 $\tilde{\theta} = 2\overline{X}_n$. 于是, 一个自然问题是, 对于同一个参数, 要比较这样两个不同的估计.

第一个问题是, 怎样比较矩估计和极大似然估计. 为此, 先考察这两种方法的前提条件. 矩估计只要求总体存在相应的矩, 而极大似然估计要求知道总体的分布形式. 于是, 如果人们对总体的分布形式假定是错误的或有较大的偏差, 则极大似然估计就没有意义或有很大的偏差. 从这个观点看, 极大似然估计是不稳健的, 即容易受到前提假设条件的影响, 而矩估计稳健性比极大似然估计好. 但是, 2.3 节将讲到, 极大似然估计是"渐近有效"的, 即若前提假设正确, 则当 n 充分大时, 它是最有效的估计 (将在后面章节介绍什么是估计的有效性).

如果不考虑前提假设条件, 则评价参数 θ 的估计 $\hat{\theta}$ 好坏的一个自然的标准是它们之间的距离 $|\theta - \hat{\theta}|$. 但估计量是随机的, 直接使用这种度量在实际中是不可行

的. 为了排除随机性的影响, 经过取期望, 用如下估计量的**均方误差**来评价估计量
的好坏, 即

$$\mathrm{MSE}(\hat{\theta}) = E(\hat{\theta} - \theta)^2. \tag{2.1.3}$$

如上标准是纯粹数学上对估计量的评价, 并没有考虑估计量的实际意义. 例如, 如
果从实际意义出发, 当高估和低估参数造成的损失 (如经济上的损失) 不一样时, 就
要把损失加进去一并考察估计的好坏. 这里并不打算考虑这些实际意义对评价估计
量带来的影响, 但读者应该注意这个问题.

自然, 均方误差越小越好. 于是, 如果能找到一个估计 $\hat{\theta}^*$, 使得对任意估计 $\hat{\theta}$ 有

$$\mathrm{MSE}(\hat{\theta}^*) \leqslant \mathrm{MSE}(\hat{\theta}), \quad \forall \theta \in \Theta,$$

这样的估计就是最好的. 遗憾的是, 这样估计并不存在 (陈希孺, 1999).

为了找到既合理又可行的评价方法, 先看一个例子: 在测试产品质量时, 观测
了 n 件产品, 记其中次品的件数为 X, 人们往往用频率 X/n 估计次品率 (取到次
品的概率)p. 虽然 X/n 是随机的, 但根据实际意义,X/n 在 p 附近摆动, 并且容易
证明频率的期望就是概率 p, 即 $E(X/n) = p$. 基于这种想法, 称估计量 $\hat{\theta}$ 是参数 θ
的**无偏估计**, 如果

$$E(\hat{\theta}) = \theta. \tag{2.1.4}$$

直观上看, 这个标准是合理的, 并从今后的研究中可以看到, 有时可以从无偏的要
求出发, 找到一条可行的路径, 以求得 "最好" 的估计.

例 2.1.9　设 $(X_1, \cdots, X_n)$ 是来自总体 X 的样本, 则 $\overline{X}_n = \dfrac{1}{n}\sum\limits_{i=1}^{n} X_n$ 和

$S_n^{*2} = \dfrac{1}{n-1}\sum\limits_{i=1}^{n}(X_i - \overline{X}_n)^2$分别是总体期望 $\mu = E(X)$ 和方差 $\sigma^2 = \mathrm{Var}(X)$ 的无偏

估计, 即 $E(\overline{X}_n) = \mu$ 且

$$E(S_n^{*2}) = \sigma^2. \tag{2.1.5}$$

第一个结论的正确性是显然的, 把第二个结论的证明放到后面. 如上结论说明, 样

本均值是总体期望的无偏估计, 本书中定义的样本方差 $S_n^2 = \dfrac{1}{n}\sum\limits_{i=1}^{n}(X_i - \overline{X}_n)^2$ 是

有偏的, 但当样本容量很大时, 它的偏很小.

例 2.1.10　上面已经提到, 均匀分布 $U(0,\theta)$ 总体 X 中 θ 的矩估计为 $2\overline{X}_n$.
我们知道 $E(X) = \theta/2$, 于是

$$E(2\overline{X}_n) = 2E(\overline{X}_n) = 2E(X) = \theta,$$

即矩估计 $2\overline{X}_n$ 是 θ 的无偏估计. 但是极大似然估计 $X_{(n)}$ 不是 θ 的无偏估计, 它的期望为

$$E(X_{(n)}) = \frac{n}{n+1}\theta. \tag{2.1.6}$$

把此结论的证明放到后面. 虽然 $X_{(n)}$ 是有偏的, 但可以将它修正成无偏估计

$$\hat{\theta}^* = \frac{n+1}{n}X_{(n)}. \tag{2.1.7}$$

例 2.1.10 给出一个参数的两个无偏估计, 那么, 怎样比较无偏估计呢? 从均方误差的定义 (2.1.3) 可以看到

$$\mathrm{MSE}(\hat{\theta}) = \mathrm{Var}(\hat{\theta}) + (E(\hat{\theta}) - \theta)^2,$$

即均方误差可以被分解成两部分, 一部分是方差, 另外一部分是偏差的平方. 特别地, 如果 $\hat{\theta}$ 是无偏估计, 则

$$\mathrm{MSE}(\hat{\theta}) = \mathrm{Var}(\hat{\theta}).$$

于是, 在无偏估计类中, 比较它们的方差. 对于参数 θ 的两个无偏估计估计 $\hat{\theta}_1$ 和 $\hat{\theta}_2$, 若

$$\mathrm{Var}(\hat{\theta}_1) \leqslant \mathrm{Var}(\hat{\theta}_2), \quad \forall \theta \in \Theta,$$

则称 $\hat{\theta}_1$ 比 $\hat{\theta}_2$ 有效.

例 2.1.11 接着讨论例 2.1.10. 对于均匀分布 $U(0,\theta)$, 知道 $\mathrm{Var}(X) = \theta^2/12$, 则无偏估计 $2\overline{X}_n$ 的方差为

$$\mathrm{Var}(2\overline{X}_n) = 4\,\mathrm{Var}(\overline{X}_n) = \frac{4}{n}\,\mathrm{Var}(X) = \frac{\theta^2}{3n}.$$

而对于式 (2.1.7) 定义的修正无偏估计, 有

$$\mathrm{Var}(\hat{\theta}^*) = \frac{\theta^2}{n(n+2)}. \tag{2.1.8}$$

于是, 当 $n \geqslant 2$ 时, $\hat{\theta}^*$ 比 $2\overline{X}_n$ 有效.

接下来的问题是, 是否有比 $\hat{\theta}^*$ 更有效的估计, 或更一般的问题是, 在无偏估计类中, 怎样找方差最小的估计. 这将在 2.2 节中讨论.

式 (2.1.5) 的证明 先进行平方和分解

$$\sum_{i=1}^{n}(X_i - \overline{X}_n)^2 = \sum_{i=1}^{n}X_i^2 - n(\overline{X}_n)^2.$$

则

$$E(S_n^{*2})$$

$$= \frac{1}{n-1} \sum_{i=1}^{n} E(X_i^2) - \frac{n}{n-1} E((\overline{X}_n)^2)$$

$$= \frac{n}{n-1} [E(X^2) - E((\overline{X}_n)^2)]$$

$$= \frac{n}{n-1} [\text{Var}(X) + (E(X))^2 - \text{Var}(\overline{X}_n) - (E(\overline{X}_n))^2]$$

$$= \frac{n}{n-1} [\sigma^2 + \mu^2 - \sigma^2/n - \mu^2]$$

$$= \sigma^2.$$

式 (2.1.7) 和式 (2.1.8) 的证明   由 1.5.2 节知道, 对于均匀分布 $U(0, \theta)$, $X_{(n)}$ 的分布密度为

$$g_n(y) = n \left(\frac{y}{\theta}\right)^{n-1} \frac{1}{\theta}, \quad 0 < y < \theta,$$

于是

$$E(X_{(n)}) = \int_0^\theta y \, n \left(\frac{y}{\theta}\right)^{n-1} \frac{1}{\theta} \, \mathrm{d}y = \frac{n}{n+1} \theta.$$

这就得到式 (2.1.7) 的证明. 同样

$$\text{Var}(X_{(n)}) = E(X_{(n)}^2) - (E(X_{(n)}))^2 = \int_0^\theta y^2 \, n \left(\frac{y}{\theta}\right)^{n-1} \frac{1}{\theta} \, \mathrm{d}y - \frac{n^2 \theta^2}{(n+1)^2} = \frac{n\theta^2}{(n+1)^2(n+2)},$$

于是

$$\text{Var}(\hat{\theta}^*) = \frac{(n+1)^2}{n^2} \text{Var}(X_{(n)}) = \frac{\theta^2}{n(n+2)}.$$

这就得到式 (2.1.8) 的证明.

2.2 无 偏 估 计

参数的无偏估计可能不存在. 但在很多模型中, 参数的无偏估计是存在的. 在今后的研究中, 假定参数的无偏估计存在, 此时, 称这样的参数是可估的. 另外, 例 2.1.11 表明, 一个参数的无偏估计可能有多个. 更一般的结论是, 如果 θ 有两个无偏估计 $\hat{\theta}_1$ 和 $\hat{\theta}_2$, 则对任意的 $0 \leqslant \lambda \leqslant 1$, $\lambda \hat{\theta}_1 + (1-\lambda)\hat{\theta}_2$ 是 θ 的无偏估计. 现在讨论在无偏估计类中寻求 "最好" 的估计的方法. 在无偏估计类中, 称方差最小的估计为**一致最小方差无偏估计**, 即对于 θ 的一个无偏估计 $\hat{\theta}^*$, 称它为一致最小方差无偏估计, 如果对 θ 的任意无偏估计 $\hat{\theta}$, 有

$$\text{Var}(\hat{\theta}^*) \leqslant \text{Var}(\hat{\theta}), \quad \forall \theta \in \Theta.$$

一致最小方差无偏估计简记为 UMVUE. 将可以找到一些可行的路径达到此目的.

2.2.1 有效估计

根据上面的讨论, 在无偏估计类中, 比较它们的方差, 即希望方差越小越好. 于是, 首先要在理论上弄明白, 对于无偏估计, 它的方差的下界是什么.

瑞典统计学家 Gramér 和印度统计学家 Rao 分别在 1945 年和 1946 年给出了无偏估计方差的下界, 除了其他理论上的意义, 这个下界在评价无偏估计好坏上起着至关重要的作用.

Cramér-Rao(克拉默–罗) 不等式　如果随机变量的分布密度 (分布列) $f(x;\theta)$ 满足正则条件 (i)~(v), $\hat{\theta}$ 是 θ 的无偏估计, 则

$$\mathrm{Var}(\hat{\theta}) \geqslant \frac{1}{nI(\theta)}, \tag{2.2.1}$$

其中

$$I(\theta) = E\Big(\frac{\partial \ln f(X;\theta)}{\partial \theta}\Big)^2,$$

而条件 (i)~(v) 列在后面. 有时, 要考察参数 θ 的某个函数 $g(\theta)$ 无偏估计 $\hat{g}(\theta)$ 的方差的下界. 于是如上不等式可以写成

$$D(\hat{g}(\theta)) \geqslant \frac{(g'(\theta))^2}{nI(\theta)}. \tag{2.2.2}$$

另外, 如果 $\boldsymbol{\theta} = (\theta_1,\cdots,\theta_p)^{\mathrm{T}}$ 是 p 维列向量, $\boldsymbol{g}(\boldsymbol{\theta}) = (g_1,\cdots,g_q)^{\mathrm{T}}$ 是 q 维函数列向量, 则式 (2.2.2) 应该写成

$$\mathrm{Var}(\hat{\boldsymbol{g}}(\boldsymbol{\theta})) \geqslant \boldsymbol{g}'(\boldsymbol{\theta})(nI(\boldsymbol{\theta}))^{-1}(\boldsymbol{g}'(\boldsymbol{\theta}))^{\mathrm{T}},$$

其中

$$I(\boldsymbol{\theta}) = [I_{ij}(\boldsymbol{\theta})] = \Big[E\Big(\frac{\partial \ln f(X;\boldsymbol{\theta})}{\partial \theta_i}\frac{\partial \ln f(X;\boldsymbol{\theta})}{\partial \theta_j}\Big)\Big]$$

是 $p \times p$ 阶矩阵, 导数

$$\boldsymbol{g}'(\boldsymbol{\theta}) = \Big(\frac{\partial g_i}{\partial \theta_j}\Big)$$

是 $q \times p$ 矩阵, T 表示转置.

简称 Cramér-Rao 不等式为 C-R 不等式, 把此不等式的证明也放到后面, 而称条件 (i)~(v) 为 (C-R) 正则条件. 虽然正则条件看起来复杂, 但要指出的是, 见到的大多数分布, 如指数型分布族, 都满足这些条件. 不过也有的分布不满足这些条件, 如均匀分布就不满足这些条件. 另外, 此不等式与 $I(\boldsymbol{\theta})$ 有关: 若 $I(\boldsymbol{\theta})$ 较大, 则方差下界较小; 反之则方差下界较大. 于是, $I(\boldsymbol{\theta})$ 决定了此分布中参数估计的下界. 称 $I(\boldsymbol{\theta})$ 为该分布的 **Fisher 信息 (矩阵)**. 在此信息的观点下, 有时称 C-R 不等式为信息不等式. Fisher 信息 $I(\boldsymbol{\theta})$ 完全由分布决定, 所以方差的下界完全由分布决定.

如果 $\boldsymbol{\theta}$ 的无偏估计 $\hat{\boldsymbol{\theta}}$ 达到 C-R 不等式的下界, 即它的方差

$$\mathrm{Var}(\hat{\boldsymbol{\theta}}) = \frac{1}{nI(\boldsymbol{\theta})},$$

称此无偏估计为**有效估计**. 当然有效估计一定是一致最小方差无偏估计, 但一致最小方差无偏估计不一定是有效估计, 将有例子验证这一点.

在计算方差下界的时候, 首先要计算 Fisher 信息. 为了方便, 给出如下公式: 在正则条件下, 有

$$I(\boldsymbol{\theta}) = -E\Big(\frac{\partial^2 \ln f(X;\boldsymbol{\theta})}{\partial \boldsymbol{\theta}^2}\Big). \tag{2.2.3}$$

此等式的证明也放在后面, 可以根据需要用式 (2.2.1) 或式 (2.2.3) 计算 Fisher 信息.

例 2.2.1 对于泊松分布 $P(\lambda)$, 有

$$\ln f(x;\lambda) = x\ln\lambda - \ln(x!) - \lambda,$$

则

$$\frac{\partial^2 \ln f(X;\lambda)}{\partial \lambda^2} = -\frac{x}{\lambda^2}.$$

由此得到 Fisher 信息为

$$I(\lambda) = E\Big(\frac{x}{\lambda^2}\Big) = \frac{1}{\lambda},$$

从而参数 λ 的无偏估计的方差下界为 λ/n. 可以验证, 样本平均 $\overline{X}_n$ 是无偏的, 且它的方差为 λ/n, 于是 $\overline{X}_n$ 是 λ 的有效估计.

例 2.2.2 在正态分布 $N(\mu, \sigma^2)$ 中, 有两个未知参数. 可以得到

$$I_{11} = -E\Big(\frac{\partial^2 f(x;\mu,\sigma^2)}{\partial \mu^2}\Big) = \frac{1}{\sigma^2},$$

$$I_{22} = -E\Big(\frac{\partial^2 f(x;\mu,\sigma^2)}{\partial (\sigma^2)^2}\Big) = E\Big(\frac{(X-\mu)^2}{\sigma^6}\Big) - \frac{1}{2\sigma^4} = \frac{1}{2\sigma^4},$$

$$I_{12} = -E\Big(\frac{\partial^2 f(x;\mu,\sigma^2)}{\partial \mu \partial \sigma^2}\Big) = E\Big(\frac{X-\mu}{\sigma^4}\Big) = 0,$$

于是信息不等式的下界为

$$\begin{pmatrix} \sigma^2/n & 0 \\ 0 & 2\sigma^4/n \end{pmatrix}.$$

已经知道样本平均 $\overline{X}_n$ 是 μ 的无偏估计, 并且 $\mathrm{Var}(\overline{X}_n) = \sigma^2/n$. 另外, $S_n^{*2} = \sum_{i=1}^{n}(X_i - \overline{X}_n)^2/(n-1)$ 是 σ^2 的无偏估计, 以下计算 S_n^{*2} 的方差. 从 1.4.1 节知

道

$$\frac{n-1}{\sigma^2} S_n^{*2} \sim \chi^2(n-1).$$

根据 χ^2- 分布的方差公式知道

$$\mathrm{Var}\left(\frac{n-1}{\sigma^2} S_n^{*2}\right) = 2(n-1),$$

故

$$\mathrm{Var}(S_n^{*2}) = \frac{2\sigma^4}{n-1}.$$

又由 1.4.1 节知道, $\overline{X}_n$ 和 S_n^{*2} 独立, 则

$$\mathrm{Cov}(\overline{X}_n, S_n^{*2}) = 0,$$

以上结果说明

$$\mathrm{Cov}((\overline{X}_n, S_n^{*2})') = \begin{pmatrix} \sigma^2/n & 0 \\ 0 & 2\sigma^4/(n-1) \end{pmatrix},$$

于是 $(\overline{X}_n, S_n^{*2})$ 不是 (μ, σ^2) 的有效估计. 但是如果假设 σ^2 已知, 只估计 μ, 从上面的结论看到, $\overline{X}_n$ 是 μ 的有效估计. 另外, 如果 μ 已知, 只要估计 σ^2, 上面结论还是表明 S_n^{*2} 不是有效估计. 注意到 μ 已知, 此时可以构造一个新的估计

$$\hat{\sigma^*}^2 = \frac{1}{n} \sum_{i=1}^{n} (X_i - \mu)^2.$$

显然此估计是无偏的, 即 $E(\hat{\sigma^*}^2) = \sigma^2$. 另外,

$$\frac{n\hat{\sigma^*}^2}{\sigma^2} \sim \chi^2(n),$$

则

$$\mathrm{Var}\left(\frac{n\hat{\sigma^*}^2}{\sigma^2}\right) = 2n,$$

从而

$$\mathrm{Var}(\hat{\sigma^*}^2) = \frac{2\sigma^4}{n},$$

此时 $\hat{\sigma^*}^2$ 是 σ^2 的有效估计.

在上述例子中 S_n^{*2} 虽然不是有效估计, 但当 n 很大时, 它的方差接近信息不等式下界. 于是定义, 如果参数 θ 的无偏估计 $\hat{\theta}$ 满足

$$\frac{1/nI(\theta)}{\mathrm{Var}(\hat{\theta})} \to 1 \quad (n \to \infty),$$

则称 $\hat{\theta}$ 是 **渐近有效的**.

在例 2.2.2 中, $(\overline{X}_n, S_n^{*2})$ 是 (μ, σ^2) 的渐近有效估计.

C-R 正则条件:

(i) 参数空间 Θ 是直线上的某个开区间;

(ii) 导数 $\dfrac{\partial f(x; \theta)}{\partial \theta}$ 在 Θ 上存在;

(iii) 支撑 $\{x : f(x; \theta) > 0\}$ 不依赖于 θ;

(iv) 对密度函数 $f(x; \theta)$ 的积分与微分运算可以交换, 即

$$\frac{\partial}{\partial \theta} \int_{-\infty}^{\infty} f(x; \theta) \mathrm{d}x = \int_{-\infty}^{\infty} \frac{\partial}{\partial \theta} f(x; \theta) \mathrm{d}x.$$

如果是分布列, 上述条件可改为无穷和与微分可以交换;

(v) 下列数学期望存在, 且

$$0 < I(\theta) = E\left(\frac{\partial}{\partial \theta} \ln f(x; \theta)\right)^2 < \infty.$$

C-R 不等式 (2.2.1) 的证明　样本的密度 $p(x_1, \cdots, x_n; \theta) = \prod\limits_{i=1}^{n} f(x; \theta)$. 记

$$S(\theta) = \frac{\partial}{\partial \theta} \ln p(x_1, \cdots, x_n; \theta),$$

则

$$S(\theta) = \sum_{i=1}^{n} \frac{\partial}{\partial \theta} \ln f(x_i; \theta).$$

由于

$$E\left(\frac{\partial}{\partial \theta} \ln f(X_i, \theta)\right) = \int f(x, \theta) \frac{\partial}{\partial \theta} \ln f(x, \theta) \mathrm{d}x = \frac{\partial}{\partial \theta} \int f(x, \theta) \mathrm{d}x = 0,$$

故

$$E(S(\theta)) = \sum_{i=1}^{n} E\left(\frac{\partial}{\partial \theta} \ln f(X_i, \theta)\right) = 0,$$

由此得到

$$\mathrm{Var}(S(\theta)) = \sum_{i=1}^{n} \mathrm{Var}\left(\frac{\partial}{\partial \theta} \ln f(X_i, \theta)\right) = \sum_{i=1}^{n} E\left(\frac{\partial}{\partial \theta} \ln f(X_i, \theta)\right)^2 = nI(\theta).$$

利用 Schwarz 不等式, 有

$$(\mathrm{Cov}(S(\theta), \hat{g}))^2 \leqslant \mathrm{Var}(S(\theta)) \mathrm{Var}(\hat{g}) = nI(\theta)D(\hat{g}).$$

而

$$\text{Cov}(S(\theta), \hat{g}) = E[(S(\theta))(\hat{g} - g)] = E(S(\theta)\hat{g}) = \int \hat{g} \frac{\partial p}{\partial \theta} \mathrm{d}x_1 \cdots \mathrm{d}x_n = \frac{\partial}{\partial \theta} \int \hat{g} p \, \mathrm{d}x_1 \cdots \mathrm{d}x_n.$$

注意到估计的无偏性, 有 $\int \hat{g} p \, \mathrm{d}x_1 \cdots \mathrm{d}x_n = g$. 将这些结果代入到上述 Schwarz 不等式, 就得到证明.

Fisher 信息式 (2.2.3) 的证明   利用 (2.2.1) 的证明中的结论, 由 $E\left(\dfrac{\partial}{\partial \theta} \ln f(X; \theta)\right) = 0$, 得到

$$\begin{aligned}
0 &= \frac{\partial}{\partial \theta} E\left(\frac{\partial}{\partial \theta} \ln f(X; \theta)\right) = \int \frac{\partial}{\partial \theta} \left(f(x; \theta) \frac{\partial}{\partial \theta} \ln f(x; \theta)\right) \mathrm{d}x \\
&= \int \left(\frac{\partial}{\partial \theta} \ln f(x; \theta)\right)^2 f(x; \theta) \mathrm{d}x + \int \left(\frac{\partial^2}{\partial \theta^2} \ln f(x; \theta)\right) f(x; \theta) \mathrm{d}x \\
&= I(\theta) + E\left(\frac{\partial^2}{\partial \theta^2} \ln f(X; \theta)\right),
\end{aligned}$$

这就完成了证明.

2.2.2 一致最小方差无偏估计

由于一致最小方差无偏估计不一定是有效估计, 从而在有些模型中, 去寻求有效估计是不现实的. 下面利用以前提到过的充分和完全统计量给出一个构造一致最小方差无偏估计的方法.

在前面已经提到, 构造的估计量应该尽量是充分统计量. 于是, 假设已经得到一个充分统计量 $S = S(X_1, \cdots, X_n)$ 和参数 θ 的一个无偏估计 $\varphi = \varphi(X_1, \cdots, X_n)$. 考虑条件期望

$$T(S) = E(\varphi | S).$$

由于 S 是充分统计量, 则条件期望 $T(S) = E(\varphi | S)$ 与参数 θ 无关, 即 $T(S)$ 也是一个统计量. 另外, 根据条件期望的性质, 有

$$E(T(S)) = E[E(\varphi | S)] = E(\varphi) = \theta, \tag{2.2.4}$$

即 $T(S)$ 也是 θ 的无偏估计. 更进一步, 将在后面证明如下不等式:

$$\text{Var}(T(S)) \leqslant \text{Var}(\varphi). \tag{2.2.5}$$

于是, 经过如上的程序, 得到一个比 φ 更有效的估计 $T(S)$. 最后, 如果统计量 S 还是完全的, 则 $T(S)$ 是一致最小方差无偏估计. 事实上, 对于任意一个无偏估计 $g = g(X_1, \cdots, X_n)$, 令 $T^*(S) = E(g | S)$. 根据式 (2.2.5)

$$\text{Var}(T^*(S)) \leqslant \text{Var}(g). \tag{2.2.6}$$

类似于 (2.2.4), 有 $E(T^*(S)) = \theta$. 利用此结论和 (2.2.4), 得到

$$E(T(S) - T^*(S)) = 0, \quad \forall \theta \in \Theta.$$

由于 S 是完全统计量, 故

$$T(S) = T^*(S), \quad \text{(a.s.)}.$$

此式和 (2.2.5) 说明, $T(S)$ 比任意无偏估计 g 的方差小, $T(S)$ 是一致最小方差无偏估计. 另外, 上面的证明过程还说明, $T(S)$ 是 (几乎处处) 唯一的一致最小方差无偏估计.

上面的讨论给出一条寻求一致最小方差无偏估计的路径:

(1) 构造一个无偏估计 φ 和一个充分完全统计量 S.

(2) 计算条件期望 $T(S) = E(\varphi|S)$.

这样的 $T(S)$ 就是一致最小方差无偏估计. 再根据唯一性知道, 如果一个无偏估计是充分完全统计量的函数, 它就是一致最小方差无偏估计.

例 2.2.3　考虑两点分布 $B(1,\theta)$. 已知 $S = \sum_{i=1}^{n} X_i$ 是充分完全统计量, 且样本平均 $\overline{X}_n = S/n$ 是 θ 的无偏估计, 则 $\overline{X}_n$ 是 θ 的一致最小方差无偏估计.

例 2.2.4　接着讨论例 2.1.10. 对于均匀分布 $U(0,\theta)$, 在例 1.5.4 中证明了 $X_{(n)}$ 是充分统计量. 又由于 $X_{(n)}$ 的密度为

$$f(y;\theta) = \frac{ny^{n-1}}{\theta^n}, \quad 0 < y < \theta,$$

则可用例 1.5.6 的方法证明 $X_{(n)}$ 是完全统计量. 因此 $X_{(n)}$ 是充分完全统计量. 由于在例 2.1.10 中证明了

$$\hat{\theta}^* = \frac{n+1}{n} X_{(n)}$$

是无偏的, 又是 $X_{(n)}$ 的函数, 则 $\hat{\theta}^*$ 是 θ 的一致最小方差无偏估计.

例 2.2.5　设某种产品的废品率为 θ. 为检验产品, 将包装成盒的产品每盒抽取 n 个逐个检验, 测得废品数 X. 假设盒中的产品个数远远大于 n, 则可以认为 X 服从二项分布 $B(n,\theta)$. 如果 $X \leqslant 2$, 商家接受该产品, 若 $X \geqslant 3$ 则拒收. 记

$$g(\theta) = (1-\theta)^n + n\theta(1-\theta)^{n-1} + n(n-1)/2\theta^2(1-\theta)^{n-2},$$

则 $g(\theta)$ 是产品通过检验的概率. 人们关心怎样估计 $g(\theta)$. 现抽取了 r 盒产品进行检验, 第 i 盒的废品数 $X_i \sim B(n,\theta)$. 知道 $S = \sum_{i=1}^{n} X_i$ 是充分完全统计量, 且

$S \sim B(rn, \theta)$. 令

$$\varphi(X_1) = \begin{cases} 1, & X_1 \leqslant 2, \\ 0, & X_1 \geqslant 3. \end{cases}$$

显然 $E(\varphi(X_1)) = P(\varphi(X_1) = 1) = g(\theta)$, 即 $\varphi(X_1)$ 是 $g(\theta)$ 的无偏估计. 令 B_i 表示事件 "从第 1 盒抽取的产品中有且只有 i 个废品", $B = B_0 + B_1 + B_2$. 于是

$$T(S) = E(\varphi|S) = P(B|S) = \sum_{i=0}^{2} P(B_i|S)$$
$$= \frac{P(X_1 = 0, S = s) + P(X_1 = 1, S = s) + P(X_1 = 2, S = s)}{P(S = s)}$$
$$= \frac{C_{rn-n}^s + nC_{rn-n}^{s-1} + n(n-1)/2C_{rn-n}^{s-2}}{C_{rn}^s}.$$

于是 $T(S)$ 是 $g(\theta)$ 的一致最小方差无偏估计.

但是, 在有的情况下求条件期望很复杂或不可能, 还要寻求其他的办法解决此问题.

有效性判定不等式 (2.2.5) 的证明

$$\mathrm{Var}(\varphi) = E(\varphi - g)^2 = E(\varphi - T(S) + T(S) - g)^2 = E(\varphi - T(S))^2 + E(T(S) - g)^2 \geqslant \mathrm{Var}(T(S)),$$

因为其中交叉项为零, 即

$$E[(\varphi - T(S))(T(S) - g)] = E\{E[(\varphi - T(S))(T(S) - g)]|S\}$$
$$= E\{(T(S) - g)E[(\varphi - T(S))]|S\} = 0.$$

证毕.

2.2.3 U- 统计量

U- 统计量是 Hoeffding 在 1948 年引入的. 几十年来, 它不仅得到统计学家的重视, 还是纯粹概率学者的一个热门研究课题. 在介绍 U- 统计量前, 先要考察一下次序统计量的充分性和完全性. 设 $(X_1, \cdots, X_n)$ 是从密度函数 (分布列) 为 $f(x)$ 的总体中抽取的样本, 则样本的 (联合) 密度 (分布列) 为

$$f(x_1) \cdots f(x_n) = f(x_{(1)}) \cdots f(x_{(n)}).$$

回顾因子分解定理, 如果把 f 视为 (无穷维) 参数, 则可以看到, 次序统计量 $S = (X_{(1)} \cdots X_{(n)})$ 是充分统计量. 由于这里把函数 f 视为 (无穷维) 参数, 所以在非参数的范围内应用因子分解定理. 另外, 次序统计量 S 是否是完全统计量, 取决于总

体的分布. 幸运的是, 对于见到的大多数分布, 次序统计量 S 是完全的, 具体条件参见相关参考文献. 所以, 在以下的讨论中, 我们总是假定次序统计量 S 是充分完全统计量.

为了引入 U- 统计量, 先看看如下两个例题.

例 2.2.6　设 $(X_1, \cdots, X_n)$ 是从总体 X 抽取的样本, 为估计总体的 k 阶原点矩 $\mu_k = E(X^k)$, 先找到一个无偏估计 X_1^k, 即 $E(X_1^k) = \mu_k$. 根据在 2.2.2 节中提到的方法和次序统计量 S 的充分完全性, 我们知道条件期望

$$T = E(X_1^k|S) = \frac{1}{n}\sum_{i=1}^n X_{(i)}^k = \frac{1}{n}\sum_{i=1}^n X_i^k$$

是 μ 的一致最小方差无偏估计.

例 2.2.7　设 $(X_1, \cdots, X_n)$ 是从总体 X 抽取的样本. 由于 $X_1, \cdots, X_n$ 是独立同分布的, 则可以用 $\theta = E(|X_1 - X_2|)$ 表示总体的散度. 显然 $|X_1 - X_2|$ 是 θ 的一个无偏估计, 于是条件期望

$$T = E(|X_1 - X_2||S) = \frac{1}{n(n-1)}\sum_{1\leqslant i\neq j\leqslant n}|X_{(i)} - X_{(j)}| = \frac{1}{n(n-1)}\sum_{1\leqslant i\neq j\leqslant n}|X_i - X_j|$$

是 θ 的一致最小方差无偏估计.

将如例 2.2.7 推广到一般的模式. 设 $(X_1, \cdots, X_n)$ 是从总体 X 抽取的样本, $g(X_1, \cdots, X_k)$ 是总体某个特征 θ 的无偏估计, 则

$$\begin{aligned}
T &= E(g(X_1, \cdots, X_k)|S) \\
&= \frac{1}{n(n-1)\cdots(n-k+1)}\sum_{1\leqslant i_1, \cdots, i_k\leqslant n, i_j\neq i_s} g(X_{(i_1)}, \cdots, X_{(i_k)}) \\
&= \frac{1}{n(n-1)\cdots(n-k+1)}\sum_{1\leqslant i_1, \cdots, i_k\leqslant n, i_j\neq i_s} g(X_{i_1}, \cdots, X_{i_k})
\end{aligned}$$

是 θ 的一致最小方差无偏估计. 我们称如上最后等式右边的项为 $(X_1, \cdots, X_n)$ 的以 g 为核的 U- 统计量. 如果核函数 g 是 k 元对称函数, 则如上 U- 统计量可以表示为

$$T = \frac{1}{C_n^k}\sum_{1\leqslant i_1 < \cdots < i_k\leqslant n} g(X_{i_1}, \cdots, X_{i_k}).$$

例 2.2.8　要考察两个地区的经济水平, 这两地区的经济质量指标分别用 X 和 Y 表示. 于是, 关心的是 $\theta = P(Y > X)$. 设 $X_1, \cdots, X_m$ 和 $Y_1, \cdots, Y_n$ 分别是 X 和 Y 的样本. 显然 $I(Y_1 > X_1)$ 是 θ 的无偏估计, 此时的核函数为 $g(x_1, y_1) = I(y_1 > x_1)$, 它不是对称函数, 则 U- 统计量

$$T = \frac{1}{mn} \sum_{i=1}^{m} \sum_{j=1}^{n} I(Y_j > X_i)$$

是 θ 的一致最小方差无偏估计.

例 2.2.9 要估计总体 X 和 Y 的协方差 $\mathrm{Cov}(X, Y)$. 设 $X_1, \cdots, X_n$ 和 $Y_1, \cdots, Y_n$ 分别是 X 和 Y 的样本. 核函数为 $g(x_1, y_1, y_2) = x_1 y_1 - x_1 y_2$, 它不是对称函数, 则 U-统计量

$$T = \frac{1}{n(n-1)} \sum_{1 \leqslant i_1, i_2 \leqslant n, i_1 \neq i_2} (X_{i_1} Y_{i_1} - X_{i_1} Y_{i_2})$$

是 $\mathrm{Cov}(X, Y)$ 的一致最小方差无偏估计. 可以验证, 上面的 U-统计量就是通常的样本协方差, 即

$$T = \frac{1}{n-1} \sum_{i=1}^{n} (X_i - \overline{X}_n)(Y_i - \overline{Y}_n).$$

2.3　估计量的渐近性质

研究估计量的渐近性质就是研究当样本容量 $n \to \infty$ 时估计量的性质. 当然, 在应用问题中, 样本容量是有限的, 但研究估计的渐近性质至少有两个作用. 第一, 渐近性质是评价估计的标准, 也应该是基本的标准. 例如, 人们总是希望, 通过增加试验次数来增加参数估计的"精度". 若做不到这一点, 这样的参数估计是值得怀疑的. 第二, 在统计推断中, 有时得不到小样结果 (n 是有限值条件下的结论), 如得不到抽样分布. 这时, 大样本理论 ($n \to \infty$ 时的结论) 可以发挥作用, 这样的结论为人们提供了近似计算或近似推断方法.

2.3.1　相合性

相合性表示, 当样本容量 n 无限增加时, 参数 θ 的估计 $\hat{\theta}$ 在某种意义下收敛于 θ. 相合性可以说是估计量的一个起码而合理的要求. 正像前面提到的那样, 若不论做多少次试验也不能使估计量达到指定的精确程度, 这样的估计当然是不能用的. 相合的定义主要有如下几种.

(1) **弱相合 (依概率收敛).** 称 $\hat{\theta}$ 是 θ 的弱相合估计, 若对任意的 $\theta \in \Theta$ 和 $\varepsilon > 0$, 有

$$\lim_{n \to \infty} P(|\hat{\theta} - \theta| \geqslant \varepsilon) = 0,$$

记为

$$\hat{\theta} \xrightarrow{P} \theta \quad (n \to \infty).$$

(2) **强相合 (几乎处处收敛).** 称 $\hat{\theta}$ 是 θ 的强相合估计, 若

$$P\left(\lim_{n\to\infty}\hat{\theta}=\theta\right)=1, \quad \forall\theta\in\Theta.$$

记为

$$\hat{\theta}\to\theta \ (\text{a.s.}) \quad (n\to\infty).$$

(3) **p 阶矩相合 (p 阶矩收敛).** 称 $\hat{\theta}$ 是 θ 的 p 阶矩相合估计, 若对于 $p>0$, 有

$$\lim_{n\to\infty}E(|\hat{\theta}-\theta|^p)=0, \quad \forall\theta\in\Theta,$$

记为

$$\hat{\theta}\xrightarrow{L_p}\theta \ (n\to\infty).$$

特别地, 当 $p=2$ 时, 称为均方相合.

由概率论的理论知道, 从强相合可以得到弱相合, 从矩相合也可以得到弱相合.

例 2.3.1 若 $\hat{\theta}$ 是 θ 的渐近无偏估计, 即 $E(\hat{\theta})\to\theta \ (n\to\infty)$, 且 $D(\hat{\theta})\to 0 \ (n\to\infty)$, 则 $\hat{\theta}$ 是 θ 的弱相合估计. 把证明放在后面.

例 2.3.2 看起来例 2.3.1 是很普通的, 但有了此例的结论, 就可以断定, 前面提到的所有的估计 (矩估计和极大似然估计以及经过修正的估计) 都是弱相合的, 因为前面提到的估计都是无偏的或渐近无偏估计的, 且方差都趋于零.

下面证明例 2.3.1. 因为 $E(\hat{\theta})\to\theta \ (n\to\infty)$, 则对任意的 $\varepsilon>0$, 当 n 充分大时,$|E(\hat{\theta})-\theta|<\varepsilon/2$, 于是

$$P(|\hat{\theta}-\theta|\geqslant\varepsilon)\leqslant P(|\hat{\theta}-E(\hat{\theta})|+|E(\hat{\theta})-\theta|\geqslant\varepsilon)$$
$$\leqslant P(|\hat{\theta}-E(\hat{\theta})|+\varepsilon/2\geqslant\varepsilon)$$
$$= P(|\hat{\theta}-E(\hat{\theta})|\geqslant\varepsilon/2)$$
$$\leqslant \frac{4\,\text{Var}(\hat{\theta})}{\varepsilon^2}\to 0.$$

故证明了例题的结论.

2.3.2 渐近正态性

渐近正态性无论在理论上还是在应用上都很重要. 在理论上, 渐近正态性一度成为概率论和数理统计学极限理论的 "中心" 内容, 并把相关的定理称之为 "中心极限定理". 另外, 正如在第 1 章提到的那样, 由于多数统计量的分布是未知的, 而正态分布有良好的性质并具有普遍性, 特别是可以作为很多随机变量和的分布的近似, 所以在应用上渐近正态性也非常重要.

在介绍渐近正态性前, 先回顾什么是随机变量依分布收敛. 记随机变量序列 $\eta_n(n = 1, 2, \cdots)$ 的分布函数为 $F_n(x)$, η 的分布函数为 $F(x)$, 如果对函数 $F(x)$ 的每个连续点 x, 都有

$$\lim_{n \to \infty} F_n(x) = F(x),$$

则称 η_n 依分布收敛于 η, 记为

$$\eta_n \xrightarrow{D} \eta.$$

在概率论中已经证明了如下结论:

(1) 若随机变量序列 η_n 依概率收敛于 η, 则 η_n 依分布收敛于 η.

(2) 若随机变量序列 $\eta_n \xrightarrow{D} \eta$ 且 $\xi_n \xrightarrow{P} c$, 其中 c 是常数, 则

$$\eta_n \pm \xi_n \xrightarrow{D} \eta \pm c;$$

$$\xi_n \eta_n \xrightarrow{D} c\eta;$$

$$\eta_n / \xi_n \xrightarrow{D} \eta/c, \quad c \neq 0, \xi_n \neq 0.$$

(3) 设常数数列 $a_n \to \infty$ 且 μ 是常数, 随机变量序列 η_n 满足

$$a_n(\eta_n - \mu) \xrightarrow{D} \eta,$$

$g(x)$ 是可微函数且导数 $g'(x)$ 在 μ 处连续, 则

$$a_n(g(\eta_n) - g(\mu)) \xrightarrow{D} g'(\mu)\eta.$$

如上结论中, 特别感兴趣的分别是 $c = 0$ 和 $c = 1$ 时的对应结论. 在 $c = 0$ 时, 说明加上 (减去) 一个依概率趋于零的随机变量并不影响渐近分布. 在 $c = 1$ 时, 说明乘以 (除以) 一个依概率趋于 1 的随机变量并不影响渐近分布. 另外, 第 (3) 条在计算渐近分布时也是很重要的.

下面考察渐近正态问题. 设 $(X_1, \cdots, X_n)$ 是来自总体 X 的样本, 记 $\mu = D(X)$. 由于 $X_1, \cdots, X_n$ 独立同分布, 根据概率论中的中心极限定理, 只要 $D(X) = \sigma^2$ 存在, 则

$$\lim_{n \to \infty} P \left(\frac{\sum_{i=1}^{n} X_i - n\mu}{\sigma\sqrt{n}} < x \right) = \frac{1}{\sqrt{2\pi}} \int_{-\infty}^{x} \mathrm{e}^{-\frac{u^2}{2}} \mathrm{d}u.$$

如上结论说明, 标准化的和 $\dfrac{\sum_{i=1}^{n} X_i - n\mu}{\sigma\sqrt{n}}$ 依分布收敛于标准正态的随机变量. 于是当 n 充分大时, 可以用标准正态近似表示 $\dfrac{\sum_{i=1}^{n} X_i - n\mu}{\sigma\sqrt{n}}$ 的分布.

例 2.3.3 回顾 1.3.2 节中关于正态总体样本和的可加性的结论. 现在去掉正态总体的假设条件, 而只要求总体存在方差并且 n 充分大, 那么关于可加性的结论仍然近似地成立.

例 2.3.4 设 $(X_1, \cdots, X_n)$ 是来自二项总体 $B(1, \theta)$ 的样本, 由于总体期望为 θ, 方差为 $\theta(1-\theta)$, 则

$$\frac{\sqrt{n}(\overline{X}_n - \theta)}{\sqrt{\theta(1-\theta)}} \xrightarrow{D} N(0,1),$$

即近似地有

$$\overline{X}_n \sim N\Big(\theta, \frac{\theta(1-\theta)}{n}\Big).$$

而 $\overline{X}_n$ 是 θ 的点估计 (矩估计), 上式给出了点估计 (矩估计) 的渐近分布.

例 2.3.5 继续讨论点估计. 我们关心的是估计量的分布 (抽样分布). 在矩估计中, 人们用样本原点矩 $m_k = \frac{1}{n}\sum_{i=1}^{n} X_i^k$ 估计总体原点矩 $\mu_k = E(X^k)$. 根据上面提到的中心极限定理, 只要 $\sigma_k^2 = \mathrm{Var}(X^k)$ 存在且 n 充分大, 则近似地有

$$\frac{\sqrt{n}(m_k - \mu_k)}{\sigma_k} \sim N(0,1),$$

即近似地有

$$m_k \sim N\Big(\mu_k, \frac{\sigma_k^2}{n}\Big).$$

于是得到矩估计的渐近分布.

例 2.3.6 继续讨论例 2.3.5. 若函数 $g(x)$ 连续可微, 根据概率论中第 (3) 条中的结论, 有

$$\frac{\sqrt{n}(g(m_k) - g(\mu_k))}{\sigma_k} \xrightarrow{D} N(0, (g'(\mu_k))^2),$$

即近似地有

$$g(m_k) \sim N\Big(g(\mu_k), \frac{\sigma_k^2(g'(\mu_k))^2}{n}\Big).$$

一般地, 若参数 $\theta = g(\mu_1, \cdots, \mu_k)$ 是总体原点矩的函数, 则它的矩估计 $\hat{\theta} = g(m_1, \cdots, m_k)$ 是样本原点矩的函数. 利用上面的证明方法可以得到矩估计 $\hat{\theta}$ 的渐近正态性, 即

$$\sqrt{n}(\hat{\theta} - \theta) \xrightarrow{D} N(0, \boldsymbol{G}\boldsymbol{\Sigma}\boldsymbol{G}^{\mathrm{T}}),$$

其中向量 $\boldsymbol{G} = (\partial g/\partial \mu_j)_{k \times 1}$, 矩阵 $\boldsymbol{\Sigma} = (\mu_{i+j} - \mu_i\mu_j)_{k \times k}$, 即近似地有

$$\hat{\theta} \sim N\Big(\theta, \frac{\boldsymbol{G}\boldsymbol{\Sigma}\boldsymbol{G}^{\mathrm{T}}}{n}\Big).$$

详细证明参见相关参考文献, 此例说明一般的矩估计都是渐近正态的.

2.3.3 极大似然估计的渐近性质

极大似然估计是重要的估计方法之一, 但不像矩估计那样, 不能容易地得到极大似然估计的渐近性质. 另外, 将会看到, 从极大似然估计的渐近性质可以得到极大似然估计的渐近有效性. 所以, 这一部分的研究既有理论意义又有实际意义.

极大似然估计的渐近性质 设总体密度 (分布列)$f(x;\theta)$ 的真值 θ^0 为参数空间 Θ 的内点, 正则条件 (i)~(iii) 成立, 则似然方程 (2.1.1) 有一个解 $\hat\theta$ 存在, 此解依概率收敛到 θ^0, 并且具有渐近正态性, 即

$$\sqrt{n}(\hat\theta - \theta^0) \xrightarrow{D} N\left(0, \frac{1}{I(\theta^0)}\right), \tag{2.3.1}$$

其中 $I(\theta)$ 是 Fisher 信息量.

此结论说明, 极大似然估计 $\hat\theta$ 是渐近无偏的, 它的渐近方差是 $1/(nI(\theta))$, 根据 C-R 不等式, 知道渐近方差达到下界, 于是, 极大似然估计是渐近有效的.

例 2.3.7 对于正态总体 $N(\mu, \sigma^2)$, 知道 μ 和 σ^2 的极大似然估计分别是

$$\hat\mu = \overline{X}_n = \frac{1}{n}\sum_{i=1}^n X_i, \quad \hat\sigma^2 = S_n^2 = \frac{1}{n}\sum_{i=1}^n (X_i - \overline{X}_n)^2.$$

已经在例 2.2.2 中得到, 关于参数 μ 和 σ^2 的 Fisher 信息分别是 $1/\sigma^2$ 和 $1/(2\sigma^4)$. 于是 $\hat\mu$ 渐近地服从 $N(\mu, \sigma^2/n)$, 这与 $\overline{X}_n$ 的精确分布是一致的, 而 $\hat\sigma^2$ 渐近地服从 $N(\sigma^2, 2\sigma^4/n)$.

正则条件

(i) 对任意 $\theta \in \Theta$, 偏导数 $\dfrac{\partial^3 f(x;\theta)}{\partial\theta^3}$ 存在;

(ii) 对一切 $\theta \in \Theta$, 有

$$\left|\frac{\partial f(x;\theta)}{\partial\theta}\right| < F_1(x), \quad \left|\frac{\partial^2 f(x;\theta)}{\partial\theta^2}\right| < F_2(x), \quad \left|\frac{\partial^3 f(x;\theta)}{\partial\theta^3}\right| < H(x),$$

其中函数 $F_1(x)$ 和 $F_2(x)$ 在实轴上可积, 而 $H(x)$ 满足

$$\int_{-\infty}^{\infty} H(x)f(x;\theta)\mathrm{d}x < M,$$

这里的 M 与 θ 无关;

(iii) 对一切 $\theta \in \Theta$, 有 $I(\theta) < \infty$.

可以验证, 如上条件是很普通的.

渐近正态式 (2.3.1) 的证明 证明分两步. 第一步先证明似然方程有一个解 $\hat\theta$ 依概率收敛于 θ. 记似然函数 $L(\theta) = \prod_{i=1}^n f(X_i; \theta)$,

$$\left(\frac{\partial^k \ln f_i}{\partial\theta^k}\right)_0 = \frac{\partial^k \ln f(X_i;\theta)}{\partial\theta^k}\bigg|_{\theta=\theta^0}.$$

根据条件 (i), 对 $\dfrac{\partial \ln L(\theta)}{\partial \theta}$ 在 $\theta = \theta^0$ 处泰勒展开, 得到

$$\frac{1}{n}\frac{\partial \ln L(\theta)}{\partial \theta} = \frac{1}{n}\sum_{i=1}^{n}\left(\frac{\partial \ln f_i}{\partial \theta}\right)_0 + (\theta - \theta^0)\frac{1}{n}\sum_{i=1}^{n}\left(\frac{\partial^2 \ln f_i}{\partial \theta^2}\right)_0$$

$$+ \frac{(\theta - \theta^0)^2}{2}\frac{1}{n}\sum_{i=1}^{n}\left(\frac{\partial^3 \ln f_i}{\partial \theta^3}\right)_{\theta = \theta^0 + \lambda(\theta - \theta^0)}$$

$$= B_0 + (\theta - \theta^0)B_1 + \frac{\alpha}{2}(\theta - \theta^0)^2 B_2,$$

其中 $0 \leqslant \lambda, \alpha \leqslant 1$,

$$B_0 = \frac{1}{n}\sum_{i=1}^{n}\left(\frac{\partial \ln f_i}{\partial \theta}\right)_0, \quad B_1 = \frac{1}{n}\sum_{i=1}^{n}\left(\frac{\partial^2 \ln f_i}{\partial \theta^2}\right)_0, \quad B_2 = \frac{1}{n}\sum_{i=1}^{n}H(x_i).$$

由于 $X_1, \cdots, X_n$ 独立同分布, 根据概率论中的大数定律和式 (2.2.3), 有

$$B_0 \xrightarrow{P} E\left(\frac{\partial \ln f}{\partial \theta}\right)_0 = 0, \quad B_1 \xrightarrow{P} E\left(\frac{\partial^2 \ln f}{\partial \theta^2}\right)_0 = -I(\theta^0), \quad B_2 \xrightarrow{P} E(H(X)) < M.$$

于是, 根据概率收敛的定义, 任给正数 ε 和 δ, 总可以找到 $n_0 = n(\varepsilon, \delta)$, 使得当 $n > n_0$ 时,

$$P_1 = P(|B_0| \geqslant \delta^2) < \frac{\varepsilon}{3}, \quad P_2 = P(B_1 \geqslant -I(\theta^0)/2) < \frac{\varepsilon}{3}, \quad P_3 = P(|B_2| \geqslant 2M) < \frac{\varepsilon}{3}.$$

记

$$A = \{(x_1, \cdots, x_n) : |B_0| < \delta^2, B_1 < -I(\theta^0)/2, |B_2| < 2M\},$$

则 $\overline{A}$ 表示一切使得三个不等式至少一个不满足的点 $(x_1, \cdots, x_n)$ 组成的集合. 按照概率加法公式, 可得

$$P(\overline{A}) \leqslant P_1 + P_2 + P_3 < \varepsilon,$$

故

$$P(A) > 1 - \varepsilon.$$

任取 $(x_1, \cdots, x_n) \in A$, 有

$$\left|B_0 + \frac{\alpha}{2}B_2\delta^2\right| \leqslant |B_0| + \frac{|\alpha|}{2}|B_2|\delta^2 < (M+1)\delta^2.$$

下面考察 $\dfrac{1}{n}\partial \ln L(\theta)/\partial \theta$ 的符号变化. 由于 θ^0 是 Θ 的内点, 则总可以找到充分小的 $\delta > 0$ 使 $\delta < I(\theta^0)/[2(M+1)]$, 且 $[\theta^0 - \delta, \theta^0 + \delta] \subset \Theta$. 这时, 在 $\theta = \theta^0 + \delta$ 处, 有

$$\frac{1}{n}\frac{\partial \ln L(\theta)}{\partial \theta} = B_0 + \delta B_1 + \frac{\alpha}{2}\delta^2 B_2 < (M+1)\delta^2 - I(\theta^0)\delta/2 < 0.$$

而在 $\theta = \theta^0 - \delta$ 处, 有

$$\frac{1}{n}\frac{\partial \ln L(\theta)}{\partial \theta} > -(M+1)\delta^2 + I(\theta^0)\delta/2 > 0.$$

由于 $\dfrac{\partial \ln L(\theta)}{\partial \theta}$ 在 $[\theta^0 - \delta, \theta^0 + \delta]$ 上连续, 故在 $[\theta^0 - \delta, \theta^0 + \delta]$ 上一定存在一个 $\hat{\theta}$, 使得

$$\frac{\partial \ln L(\theta)}{\partial \theta}\bigg|_{\theta = \hat{\theta}} = 0, \quad (x_1, \cdots, x_n) \in A.$$

这说明似然方程 $\dfrac{\partial \ln L(\theta)}{\partial \theta} = 0$ 在 $n \geqslant n_0$ 时以超过 $1 - \varepsilon$ 的概率有一个根在 $[\theta^0 - \delta, \theta^0 + \delta]$ 之间, 即 $n \geqslant n_0$ 时,

$$P(|\hat{\theta} - \theta^0| < \delta) > 1 - \varepsilon,$$

这就证明了 $\hat{\theta}$ 依概率收敛.

下面证明渐近正态性. 因为 $\hat{\theta}$ 是似然方程的解, 则

$$B_0 + B_1(\hat{\theta} - \theta^0) + \frac{\alpha}{2}B_2(\hat{\theta} - \theta^0)^2 = 0,$$

由此解得

$$\sqrt{nI(\theta^0)}(\hat{\theta} - \theta^0) = \frac{\dfrac{1}{I(\theta^0)\sqrt{n}}\sum_{i=1}^{n}\left(\dfrac{\partial \ln f_i}{\partial \theta}\right)_0}{-\dfrac{B_1}{I(\theta^0)} - \dfrac{\alpha}{2}B_2(\hat{\theta} - \theta^0)/I(\theta^0)}.$$

由于 B_1 依概率收敛于 $-I(\theta^0)$, $-B_1/I(\theta^0)$ 依概率收敛于 1, $\hat{\theta}$ 依概率收敛于 θ^0, B_2 依概率收敛于 $E(H(X)) < \infty$. 所以上式分母依概率收敛于 1, 而在分子中

$$E\left(\frac{\partial \ln f_i}{\partial \theta}\right)_0 = 0, \quad \text{Var}\left(\frac{\partial \ln f_i}{\partial \theta}\right)_0 = I(\theta^0).$$

根据概率论中的 Lindeberg-Levy 中心极限定理得到, 分子依分布收敛于标准正态 $N(0,1)$. 证毕.

2.4 习　题

2-1. 设 $X_1, \cdots, X_n$ 是来自总体 $X \sim b(1,p)$ 的样本, 求 p 的矩法估计量.

2-2. 设总体

$$X \sim f(x;\theta,c) = \begin{cases} \theta c^\theta x^{-(\theta+1)}, & x > c, \\ 0, & \text{其他}, \end{cases}$$

其中 $c > 0, \theta > 2$ 为未知参数, $(X_1, \cdots, X_n)$ 为来自该总体的一个样本. 试求未知参数 θ 和 c 的矩估计量.

2-3. 设总体 X 的均值 μ 及方差 σ^2 都存在, 且有 $\sigma^2 > 0$, 但 μ, σ^2 均未知,$(X_1, \cdots, X_n)$ 为来自该总体的一个样本. 试求:

(1) μ, σ^2 的矩估计量;

(2) μ, σ^2 的极大似然估计量.

2-4. 设总体 $X \sim U(a, b)$, 其中 $a < b$ 且为未知参数,$(X_1, \cdots, X_n)$ 为其样本, 试求 a, b 的矩估计量.

2-5. 设总体 X 具有概率密度

$$f(x) = \begin{cases} (\theta + 1)x^\theta, & 0 < x < 1; \\ 0, & \text{其他}, \end{cases}$$

其中 $\theta > -1$ 是未知参数,$(X_1, \cdots, X_n)$ 为该总体的一个样本. 试求未知参数 θ 的矩估计量和极大似然估计量.

2-6. 设总体 $X \sim \pi(\lambda)$, 其中 $\lambda > 0$ 未知,$(X_1, \cdots, X_n)$ 为该总体的一个样本. 试求 $P\{X = 0\}$ 的极大似然估计.

2-7. 设 $(X_1, \cdots, X_n)$ 是来自总体 X 的一个样本, $E(X) = \mu, D(X) = \sigma^2$.

(1) 确定常数 c, 使 $c \sum_{i=1}^{n-1} (X_{i+1} - X_i)^2$ 为 σ^2 的无偏估计;

(2) 确定常数 c, 使 $(\overline{X})^2 - cS^2$ 是 μ^2 的无偏估计.

2-8. 设 $(X_1, \cdots, X_n)$ 是来自均匀分布 $U(0, \theta)$ 的样本, 其中 $0 < \theta < \infty$. 求 θ 的 MLE, 它是 θ 的无偏估计吗? 如果不是, 试对它略作修改, 得到 θ 的无偏估计.

2-9. 设 (X_1, X_2, X_3, X_4) 是来自均值为 θ 的指数分布总体的一个样本, 其中 $\theta > 0$ 未知. 设有估计量

$$T_1 = \frac{1}{6}(X_1 + X_2) + \frac{1}{3}(X_3 + X_4);$$
$$T_2 = (X_1 + 2X_2 + 3X_3 + 4X_4)/5;$$
$$T_3 = (X_1 + X_2 + X_3 + X_4)/4.$$

(1) 指出 T_1, T_2, T_3 中哪几个是 θ 的无偏估计量;

(2) 指出上述 θ 的无偏估计量中哪一个较为有效.

2-10. 设 $\overline{\theta}_1 = \hat{\theta}_1(X_1, \cdots, X_n)$ 和 $\overline{\theta}_2 = \hat{\theta}_2(X_1, \cdots, X_n)$ 是参数 θ 的两个相互独立的无偏估计, 且方差 $\mathrm{Var}(\overline{\theta}_1) = 2\mathrm{Var}(\overline{\theta}_2)$. 试求常数 c_1, c_2, 使得 $c_1\overline{\theta}_1 + c_2\overline{\theta}_2$ 是 θ 的无偏估计, 且在一切这样的线性估计类中方差最小.

2-11. 从某批产品中, 有放回地随机抽取 n 件进行检验, 其中有 k 件不合格品. 试求该批产品中合格品与不合格品之比 R 的极大似然估计.

2-12. 设 $X_1, \cdots, X_n$ 是来自指数分布

$$p(x; \mu) = \mathrm{e}^{-(x-\mu)}, \quad x \geqslant \mu, -\infty < \mu < \infty$$

的样本.

(1) 试求 μ 的极大似然估计量 $\hat{\mu}_1$. $\hat{\mu}_1$ 是 μ 的无偏估计吗? 如果不是, 试对它略作修改, 以得到 μ 的无偏估计 $\hat{\mu}_1^*$.

(2) 试证明 μ 的矩法估计量 $\hat{\mu}_2$ 是 μ 的无偏估计.

(3) 试问无偏估计 $\hat{\mu}_1^*$ 与 $\hat{\mu}_2$ 哪一个有效?

2-13. 设 $X_1, \cdots, X_n$ 是来自泊松分布 $P(\lambda)(\lambda > 0)$ 的样本.

(1) 试求 λ, λ^2 的 UMVUE;

(2) 证明

$$\phi(X_1) = \begin{cases} 1, & X_1 \text{ 取偶数}, \\ -1, & X_1 \text{ 取奇数} \end{cases}$$

是 $e^{-2\lambda}$ 的无偏估计;

(3) 计算 $E_\lambda\{\phi(X_1)|T = t\}$, 并由此得到 $2^{-2\lambda}$ 的 UMVUE, 其中 $T = \sum_{i=1}^{n} X_i$.

2-14. 设 $X_1, \cdots, X_n$ 是来自二点分布族 $\{b(1, \theta) : 0 < \theta < 1\}$ 的样本, 证明 θ 的 UMVUE

$\overline{X} = \sum_{i=1}^{n} X_i/n$ 是 θ 的有效 (无偏) 估计.

2-15. 设 $X_1, \cdots, X_n$ 是来自正态分布族 $\{N(\mu, 1), -\infty < \mu < \infty\}$ 的样本, 证明 μ^2 的 UMVUE $\tilde{\mu}^2 = (\overline{X})^2 - 1/n$ 不是 μ^2 的有效无偏估计, 而是 μ^2 的渐近有效无偏估计.

第 3 章

假 设 检 验

3.1 基 本 概 念

统计学的目的之一是基于样本所包含的信息对总体的未知参数作出统计推断. 作统计推断的方式有两种, 即有关参数的估计或者关于参数值的假设检验. 假设检验按照总体分布函数形式是否已知划分为两类: 参数假设检验和非参数假设检验.

若对总体有一定的了解, 知道总体 X 的分布函数 $F(x; \theta)$ 的形式, 其中参数 θ 是未知的, 想知道 "数值 θ_0 是否为未知参数 θ 的真值". 此时, θ 的真值是未知的, 只能利用从该总体抽取的样本 $X_1, X_2, \cdots, X_n$ 的数量信息来判断假设命题 "数值 θ_0 为未知参数 θ 的真值" 是否可接受, 并说明判断方法的好坏, 这类问题统称为参数假设检验.

除了总体 X 分布函数 $F(x; \theta)$ 形式已知的情况之外, 在某些情况下, 总体 X 的分布函数形式是未知的, 甚至总体 X 的其他统计性质也是未知的. 这时, 可能猜测总体的分布类型或者具体的分布函数, 对假设命题 "总体的分布函数为某一特定函数 $F_0(x)$" 作出判断, 给出有关这个假设命题是否合理的结论. 所作决策的依据也是从该总体抽取的样本 $X_1, X_2, \cdots, X_n$ 的信息. 这类问题是非参数假设检验, 除了类似于上面的问题之外, 判断总体不同属性之间的独立性问题, 也属于非参数假设检验.

3.1.1 假设检验问题

先看一个具体例子.

例 3.1.1 某生产车间用包装机包装化肥, 每袋化肥的净重作为随机变量 X. 根据长期的生产经验知每袋化肥的净重服从正态分布, 为了能够保证其信誉, 其标准差为 $\sigma = 0.25(\text{kg})$. 由于该类化肥的包装袋上所示的质量为 $50(\text{kg})$. 根据行业规范的要求, 每袋化肥的质量不能少于 $50(\text{kg})$, 同时生产厂家还希望每袋化肥的质量不多于 $50(\text{kg})$. 为了检验出所包装好的每袋化肥质量是否满足要求, 随机抽取 100

袋已经包装好的化肥, 称得其质量的平均值为 49.94(kg), 问根据该样本数据, 能否判断每袋化肥的质量是否合格.

在这个例子中, 首先知道, 总体 X 是所有包装成袋的化肥. 根据经验对这个总体 X 的分布函数作了约定, X 服从正态分布, 其方差为 $\sigma = 0.25(\text{kg})$, 但另一个分布参数 —— 总体均值是未知的. 该例子的问题是判断总体 X 的数学期望 $E(X)$ 是否等于 50. 由于已经知道了总体 X 服从正态分布, 故该问题属于参数假设检验.

其次, 为了对命题 "总体均值为 50(kg)" 进行检验, 从该总体中抽取样观察值 $x_1, x_2, \cdots, x_n$, 算出样本均值为 $\bar{x} = 49.94(\text{kg})$.

再次, 命题 "$E(X) = 50$" 是否可接受, 其接受与否完全取决于未知参数 —— 总体均值 $\mu = E(X)$. 这个命题把参数 μ 的所有可能取值 $-\infty < \mu < +\infty$ 分为两个部分, 一部分是 $H_0 : \{\mu : \mu = 50\}$, 一部分是 $H_1 : \{\mu : \mu \neq 50\}$. H_0 内的 μ 值使得 "$E(X) = 50$" 成立, 而 H_1 内的 μ 值使得 "$E(X) = 50$" 不成立. 为了简化, 命题也可以描述为 $\mu \in H_0$.

最后, 利用所抽取的样本 $X_1, X_2, \cdots, X_n$ 判断命题 "$\mu \in H_0$" 是否可接受. 判断的依据是样本所包含的总体分布信息, 也就是 "$\mu \in H_0$" 是否可接受的信息.

这里把类似于 "$\mu \in H_0$" 的命题称为一个 "统计假设" 或 "假设". 在数学上, 常说的 "假设什么样的条件成立" 之类的 "假设" 是所讨论的问题已被承认的前提或条件. 而这里 "假设" 的含义是一个陈述, 其可否被接受需要通过样本去判断. 检验的含义是指判断规则. 本例的一个合理判断规则是: "当 $|\bar{x} - \mu| \leqslant C$ 时, 认为假设 $\mu \in H_0$ 可接受, 否则认为它不可接受". "认为假设 $\mu \in H_0$ 可接受" 意味着在统计上接受该假设, 并不意味数学地证明这个假设就是正确的; "认为假设 $\mu \in H_0$ 不可接受" 意味着在统计上否定或拒绝该假设, 并不意味数学地证明这个假设不可能是正确的.

在统计假设检验问题中, 常把一个被检验的假设称为原假设, 而把其对立面称为对立假设. 原假设又常称为 "零假设", 对立假设又常称为 "备择假设", 表示原假设不成立时可供选择的假设. 本例的原假设为 $\mu \in H_0$, 对立假设为 $\mu \in H_1$.

对原假设进行判断, 需要利用样本 $X_1, X_2, \cdots, X_n$ 所包含总体 X 的信息. 可以把这些能够对原假设作出判断的总体信息描述为样本 $X_1, X_2, \cdots, X_n$ 的函数. 这里, 称其为检验统计量, 因为其用途是作为检验原假设的依据. 这个例子的检验统计量是样本均值 $\bar{X}$, 观察值为 $\bar{x}$. 直观上合理的判断, 当 $|\bar{x} - \mu| \leqslant C$ 时, 接受原假设; 反之否定原假设.

使原假设被接受的那些样本 $(X_1, X_2, \cdots, X_n)$ 所在的区域 A, 称为该检验的接受域, 而使原假设被否定的那些样本所在的区域 R, 被称为该检验的拒绝域. 拒绝域有时也称为否定域、临界域. 接受域 A 与拒绝域 R 是互补的, 它们的并集包含了所有可能的样本. 在例 3.1.1 中, 检验原假设 $\mu \in H_0$ 的接受域为

$$A = \{(x_1, x_2, \cdots, x_n) : C_1 \leqslant x_1 + \cdots + x_n \leqslant C_2\}, \tag{3.1.1}$$

拒绝域为

$$R = \{(x_1, \cdots, x_n) : x_1 + \cdots + x_n < C_1 或 x_1 + \cdots + x_n > C_2\}. \tag{3.1.2}$$

确定了该假设检验的接受域或拒绝域等价于给出一个检验方法或检验准则.

在这个检验方法中, C_1, C_2 这两个数值很特殊, $X_1 + \cdots + X_n$ 的数值一旦超过界限 $[C_1, C_2]$, 就会作出否定原假设的推断. 把这两个数值 C_1, C_2 称为检验统计量 $X_1 + \cdots + X_n$ 的临界值. 临界值与所使用的检验统计量有关. 例如, 另一个检验统计量 $\overline{X}$ 的临界值为 $C_1/n, C_2/n$.

在例 3.1.1 中, 对于消费者来说更关心每袋化肥的质量不少于 50(kg). 假设检验的原假设变为 $H_0 : \{\mu : \mu \geqslant 50\}$, 相应的检验方法为: 当 $\overline{x} \geqslant C$ 时, 接受原假设, 否则拒绝原假设. 此时, C 是适当选定的常数, 也是临界值.

不论是原假设还是备择假设, 若其中只含一个参数值, 则称为简单假设, 否则称为复合假设. 在例 3.1.1 中, 原假设只包含参数 μ 的一个值 50, 它是简单假设; 备择假设 $\mu \neq 50$ 包含所有不等于 50 的 μ 值, 它是复合假设. 决定一个假设是简单的还是复合的, 要考虑总体分布的一切参数, 而不只是直接出现在假设陈述中的那部分参数. 如例 3.1.1 的总体方差是未知的, 此时原假设包含了所有形如

$$H_0 : \{(50, \sigma^2) : \sigma^2 为任意的正数\} \tag{3.1.3}$$

的参数值, 所以原假设也是复合的. 类似于 σ^2 的参数被称为赘余参数.

为了说明具体的检验过程, 还是继续分析例 3.1.1. 从抽取的样本来看, 样本均值 $\overline{X}$ 的观测值为 $\overline{x} = 49.94(kg)$, $\overline{x}$ 比 50 小了一些, 差值为 0.06(kg). 这个差值对判断检验的意义在于其是纯粹由随机因素引起的还是由总体均值 $\mu \neq 50(kg)$ 所造成的. 当这个差值完全是由纯粹的随机因素引起的, 应当接受原假设, 认为总体的均值为 50(kg). 然而, 如果这个差值不完全是由纯粹的随机因素引起的, 那么它一定受到总体均值 μ 不等于 50(kg) 影响, 认为总体均值为 50(kg) 就是不合理的. 这里排除了抽样方法、数据收集等的可能错误.

于是, 假设检验的基本思路是: 假设所抽取的样本是从均值为 50(kg) 的总体中抽取出来的, 每袋化肥的质量 $X \sim N(50, 0.0625)$, 总体方差是已知的, 检验统计量

$$U = \frac{\overline{X} - 50}{0.25/\sqrt{n}} \tag{3.1.4}$$

服从标准正态分布 $N(0,1)$. 由于 $P(|U| \leqslant 1.96) = 0.95$, 所以

$$P\left(50 - 1.96\frac{0.25}{\sqrt{n}} \leqslant \overline{X} \leqslant 50 + 1.96\frac{0.25}{\sqrt{n}}\right) = 0.95. \tag{3.1.5}$$

若假设 "$\mu = 50(\text{kg})$" 是对的, 或者 "所抽取的样本是从均值为 50(kg) 的总体中抽取出来的", 则容量为 n 的样本均值 $\overline{X}$ 观测值落在区间 $\left[50 - 1.96\dfrac{0.25}{\sqrt{n}}, 50 + 1.96\dfrac{0.25}{\sqrt{n}}\right]$ 之外的概率为 0.05. 它的统计含义是: "在总体不变的情况下, 从总体中抽取 100 个样本, 每个样本的容量都为 n, 计算每个样本的样本均值, 这 100 个样本均值中大约只有 5 次落在这个区间之外." 如果一次实际抽取容量为 n 的样本均值落在这个区间外面, 就认为 "样本不是来自均值为 50(kg) 的总体", 也就是, "$\mu \neq 50(\text{kg})$", 原假设应当被否定或者被拒绝.

在上面的讨论中, 应该接受原假设还是拒绝原假设的统计思想是所谓的小概率事件的原理. 小概率事件的原理是: "小概率事件 (或概率很小的事件) 在一次试验 (或观测) 中是几乎不可能发生的." 例 3.1.1 中, 假设 $H_0 : \mu = 50$ 是要进行的检验, 先假定 $H_0 : \mu = 50$ 是对的, 在此 "假定" 条件之下, 构造了一个集合 $R = \left\{\overline{x} < 50 - 1.96\dfrac{0.25}{\sqrt{n}}\right\} \cup \left\{\overline{x} > 50 - 1.96\dfrac{0.25}{\sqrt{n}}\right\}$. 样本均值 $\overline{X}$ 观察值在区域 R 中的随机事件在 $H_0 : \mu = 50$ 是对的条件之下发生的概率很小, 可以验证 $P(\overline{X} \in R | H_0) = 0.05$. 进行了一次观测, $\overline{X}$ 观察值在区域 R 中, 这不能不使人怀疑 H_0 的正确性, 而更倾向于否定 H_0. 对于例 3.1.1, 由于 $n = 100, 50 - 1.96\dfrac{0.25}{\sqrt{100}} = 49.95$, $50 + 1.96\dfrac{0.25}{\sqrt{100}} = 50.05$, 于是 $\overline{x} = 49.94 < 49.95$ 且 $\overline{x} \in R$, 原假设 $H_0 : \mu = 50$ 被拒绝, 认为 $\mu = 50$ 是不对的, 也就是, 平均每袋化肥的质量不是 50kg.

3.1.2　两类错误和功效函数

针对同一个假设检验问题, 可以构造很多检验准则, 得到不同的检验方法. 为了区分不同检验方法的优劣, 需要说明检验的两类错误和功效函数.

还是看例 3.1.1, 我们设定检验法 $\varPhi$ 为

$$\varPhi : \text{当 } |\overline{x} - 50| \leqslant C \text{ 时, 接受原假设, 否则拒绝原假设.} \tag{3.1.6}$$

对于这个检验, 由于所抽取的样本 $X_1, X_2, \cdots, X_n$ 是随机的, 检验统计量也是随机的, $|\overline{X} - 50| \leqslant C$ 也是一个随机事件. 该随机事件发生与否决定着原假设 $H_0 : \mu = 50$ 被接受还是被拒绝, 后者也可以看成随机事件. 原假设被否定的概率为

$$M_{\varPhi}(\mu) = P_{\mu}(|\overline{X} - 50| > C), \tag{3.1.7}$$

其中 $P_{\mu}(|\overline{X} - 50| > C)$ 表示总体均值为 μ 时随机事件 $|\overline{X} - 50| > C$ 发生的概率. $M_{\varPhi}(\mu)$ 是参数 μ 的函数, 被称为检验法 (3.1.6) 的功效函数.

功效函数的一般定义为: 设总体的分布函数包含若干个未知参数 $\theta_1, \cdots, \theta_k$. H_0 是关于这些参数的一个原假设, 对于给定的样本 $X_1, \cdots, X_n$, Φ 是基于该样本对 H_0 所作的一个检验. 称检验 Φ 的功效函数为

$$M_\Phi(\theta_1, \cdots, \theta_k) = P_{\theta_1, \cdots, \theta_k}(\text{在检验 } \Phi \text{ 之下, } H_0 \text{ 被否定}). \tag{3.1.8}$$

容易验证: 当某一特定参数取值 $\theta_1^0, \cdots, \theta_k^0$ 使 H_0 成立时, 我们希望否定原假设的概率尽可能小, 功效函数 $M_\Phi(\theta_1^0, \cdots, \theta_k^0)$ 的值也尽可能小. 然而, 若 $\theta_1^0, \cdots, \theta_k^0$ 使 H_0 不成立, 则希望否定原假设的概率尽可能大, 功效函数 $M_\Phi(\theta_1^0, \cdots, \theta_k^0)$ 的值也尽可能大.

由于样本的随机性, 我们不免会作出错误的决策. 当原假设 H_0 成立时, 检验统计量的观测值可能落到接受域里, 此时接受原假设的决策是正确的; 检验统计量也有可能落到拒绝域里, 此时根据检验准则否定原假设的决策是错误的. 同样地, 当备则假设 H_1 成立时, 检验统计量的观测值也有落到接受域或者拒绝域的两种可能性, 则拒绝原假设的决策是正确的, 而接受原假设的决策是错误的. 总之, 最终作出的决策只有一个, 或者是接受原假设, 或者是拒绝原假设, 因而无论如何决策都存在犯错误的可能性.

当原假设 H_0 是对的, 检验统计量观测值落在拒绝域, 否定了原假设 H_0, 这种 "弃真" 的错误, 称之为犯第一类错误. 此时, 对原假设 H_0 作出否定或不否定的判断, 故称假设检验为对 H_0 的显著性检验. 称犯第一类错误的概率为显著性水平, 通常记为 α, 而 $1 - \alpha$ 为置信水平.

显著性水平的一般定义为: 设总体的分布函数包含若干个未知参数 $\theta_1, \cdots, \theta_k$. H_0 是关于这些参数的一个原假设, 对于给定的样本 $X_1, \cdots, X_n$, Φ 是基于该样本对 H_0 所作的一个检验, $M_\Phi(\theta_1, \cdots, \theta_k)$ 为其功效函数, α 为常数, $0 \leqslant \alpha \leqslant 1$. 如果

$$M_\Phi(\theta_1, \cdots, \theta_k) \leqslant \alpha, \quad \text{对任何 } (\theta_1, \cdots, \theta_k) \in H_0, \tag{3.1.9}$$

则称 Φ 为原假设 H_0 的一个水平为 α 的检验, 或检验 Φ 的水平为 α.

在例 3.1.1 中, 犯第一类错误的概率为

$$P(R|H_0) = P(\overline{X} < 49.95 \text{ 或 } \overline{X} > 50.05|\mu = 50) = 0.05. \tag{3.1.10}$$

这个检验的显著性水平为 0.05, 置信水平为 0.95. 需要注意的是, 对原假设 H_0 作出判断, 是要承担犯第一类错误的风险. 对于 H_0, 选定不同的显著性水平 α, 对应有不同的临界值, 相应地有不同的拒绝域, 同一个样本就可能作出不同的判断. 当显著性水平 $\alpha = 0.01$ 时, $P(|U| \leqslant 2.58) = 0.99$, $P(49.936 \leqslant \overline{X} \leqslant 50.064) = 0.99$. 此时, 原假设 H_0 的拒绝域为 $\{\overline{x} > 50.064\} \cup \{\overline{x} < 49.936\}$. 由于 49.94 > 49.936, 按

照新的检验规则, 应当接受原假设. 两个不同的检验规则对应的显著性水平是不同的. 在显著性水平 0.05 下, 拒绝原假设; 而在显著性水平 0.01 下的检验, 却接受原假设. 显著性水平的确定是根据实际问题的研究经验. 另外, 接受原假设希望检验的显著性水平 α 或者 $M_{\Phi}(\theta_1, \cdots, \theta_k)$ 越大越好.

一个检验方法除了具有第一类错误之外, 还可能具有另一类错误. 当原假设 H_0 是不成立的, 检验统计量观察值落在接受域中, 则接受原假设 H_0, 这种 "取伪" 的错误, 称之为犯第二类错误, 常用 β 来表示. 表 3.1 给出了对原假设 H_0 的判断情况.

表 3.1　对原假设 H_0 的判断情况

		假设	
		H_0 为真	H_0 不真
判	拒绝 H_0	第一类错误	正确
断	接受 H_0	正确	第二类错误

一般情况下, 设总体的分布函数包含若干个未知参数 $\theta_1, \cdots, \theta_k$. H_0 是关于这些参数的一个原假设, 对于给定的样本 $X_1, \cdots, X_n$, Φ 是基于这些样本对 H_0 所作的一个检验, $M_{\Phi}(\theta_1, \cdots, \theta_k)$ 为其功效函数. 由于功效函数为 $M_{\Phi}(\theta_1, \cdots, \theta_k) = P_{\theta_1, \cdots, \theta_k}$(在检验 Φ 之下, H_0被拒绝) $= 1 - P_{\theta_1, \cdots, \theta_k}$(在检验 Φ 之下, H_0被接受) $= 1 - \beta$, 于是

$$\alpha = \begin{cases} M_{\Phi}(\theta_1, \cdots, \theta_k), & (\theta_1, \cdots, \theta_k) \in H_0, \\ 0, & (\theta_1, \cdots, \theta_k) \in H_1, \end{cases} \tag{3.1.11}$$

$$\beta = \begin{cases} 0, & (\theta_1, \cdots, \theta_k) \in H_0, \\ 1 - M_{\Phi}(\theta_1, \cdots, \theta_k), & (\theta_1, \cdots, \theta_k) \in H_1. \end{cases} \tag{3.1.12}$$

对于一个检验, 我们希望犯两种错误的概率尽可能小. 在例 3.1.1 中, 对于检验 Φ, 犯第一类错误的概率由 0.05 减小到 0.01, 相应的拒绝域由 $\{\bar{x} < 49.95\} \cup \{\bar{x} > 50.05\}$ 变为 $\{\bar{x} < 49.936\} \cup \{\bar{x} > 50.064\}$, 拒绝域的范围减小了, 功效函数也随之减小, 根据式 (3.1.12), 检验 Φ 犯第二类错误的概率增大了. 对于给定的样本, 同时减小犯两种错误的概率是相互矛盾的. 在实际应用中, 先保证犯第一类错误的概率不超过某指定值 α, 在这个限制之下, 使犯第二类错误的概率尽可能小. α 通常比较小, 最常用的是 $\alpha = 0.05$ 和 0.01, 有时也用到 0.001、0.10 以及 0.20 等值.

概括前面的讨论, 总结假设检验的步骤:

第一步, 提出原假设 H_0. 根据所研究的题目, 提出假设检验所要解决的问题. 问题提出的过程也是把实际问题转化为统计问题的过程. 问题的提出一定要正确, 否则对结论会产生重要的影响.

第二步, 建立检验统计量. 建立检验统计量是假设检验的关键环节. 建立检验统计量就是寻找一个样本的函数, 这个函数并不包含其他的未知数. 检验统计量应当能够完全包含原假设是否成立的信息.

第三步, 确定原假设 H_0 的拒绝域. 根据事前给定的显著水平, 确定与检验统计量的分布相对应的临界值, 得到拒绝域, 从而对原假设 H_0 作出接受或否定的判断.

3.2 一致最大功效检验

针对原假设 H_0, 可能会找出很多检验统计量, 进而构造出原假设 H_0 的不同检验准则. 为了实际的应用, 限制每个检验准则犯第一类错误的概率不超过某指定值 α. 于是, 比较不同检验准则优劣的方法就是看哪个检验准则犯第二类错误概率更小. 我们总是希望能够找到最好的检验, 为此, 有如下的定义.

设总体的分布函数包含若干个未知参数 $\theta_1, \cdots, \theta_k$. H_0 是关于这些参数的一个原假设, H_1 为其对立假设. 对于给定的样本 $X_1, \cdots, X_n$, Φ 是显著性水平为 α 的检验. 若对于其他任何显著性水平为 α 的检验 g, 有

$$M_\Phi(\theta_1, \cdots, \theta_k) \geqslant M_g(\theta_1, \cdots, \theta_k), \quad 对任何 \ (\theta_1, \cdots, \theta_k) \in H_1, \tag{3.2.1}$$

称 Φ 是假设检验问题 $H_0 : H_1$ 的显著性水平为 α 的一致最大功效检验.

在该定义中, 一致最大功效检验是针对复合备择假设的情况. 当定义中的备择假设是简单的, 称 Φ 是显著性水平为 α 的最大功效检验. 根据功效函数的定义, 显著性水平 α 的一致最大功效检验是指在所有显著性水平 α 的检验中, 其功效函数在对立假设 H_1 上处处达到最大的, 也是犯第二类错误达到最小的检验.

3.2.1 Neyman-Pearson(奈曼–皮尔逊) 引理

下面的检验给出了简单原假设与简单备择假设的最大功效检验.

Neyman-Pearson 引理 设总体的分布函数包含若干个未知参数, 记为 $\theta = (\theta_1, \cdots, \theta_k)$. 分布的参数只取 $\theta^0 = (\theta_1^0, \cdots, \theta_k^0)$ 或者 $\theta^1 = (\theta_1^1, \cdots, \theta_k^1)$. 给定数值 $\alpha, 0 < \alpha < 1$, 针对假设检验问题:

$$H_0 : \theta = \theta^0, \quad H_1 : \theta = \theta^1, \tag{3.2.2}$$

必存在显著水平 α 的最大功效检验.

这里省略该定理的证明. 最大功效检验的拒绝域可以使用似然比法来确定. 当备择假设是复合的, 一致最大功效检验不一定存在. 对于连续型分布和离散型分布, Neyman-Pearson 引理都是成立的. 直接给出连续型分布的最优否定域. 对于离散型

分布的讨论也是类似的, 只要用分布率代替概率密度函数, 用求和号代替积分符号即可.

设总体的概率密度为 $f(x;\theta)$, 样本为 $X = (X_1, \cdots, X_n)$. 样本的观测值为 $x = (x_1, \cdots, x_n)$, θ 为未知参数, 其似然函数为

$$L(x,\theta) = \prod_{i=1}^{n} f(x_i;\theta), \tag{3.2.3}$$

则

$$\frac{L(x,\theta^1)}{L(x,\theta^0)} = \frac{\prod\limits_{i=1}^{n} f(x_i;\theta^1)}{\prod\limits_{i=1}^{n} f(x_i;\theta^0)} \tag{3.2.4}$$

为似然比. 根据似然比的取值, 把样本空间分为两个部分, 分别为 A 和 R.

$$R = \{x : L(x,\theta^1) \geqslant cL(x,\theta^0)\}, \tag{3.2.5}$$

$$A = \{x : L(x,\theta^1) < cL(x,\theta^0)\}, \tag{3.2.6}$$

其中 c 为非负的实数. 定义函数

$$\phi(c) = P_{\theta=\theta^0}(X \in R). \tag{3.2.7}$$

对应于 $\phi(c)$ 取值的情况, 常数 c 的确定可以分为下面的三种情况:

(1) 若存在常数 c_α, 使得 $\phi(c_\alpha) = \alpha$, 则显著性水平为 α 检验的最佳否定域为

$$R = \{x : L(x,\theta^1) \geqslant c_\alpha L(x,\theta^0)\}. \tag{3.2.8}$$

(2) 若存在常数 c_α, 使得 $\phi(c_\alpha + 0) = \alpha \leqslant \phi(c_\alpha)$, 则检验水平为 α 的最佳否定域为

$$R = \{x : L(x,\theta^1) > c_\alpha L(x,\theta^0)\}. \tag{3.2.9}$$

(3) 若存在常数 c_α, 使得 $\phi(c_\alpha + 0) < \alpha < \phi(c_\alpha)$, 则检验水平为 α 的最佳否定域为

$$R = \{x : L(x,\theta^1) > c_\alpha L(x,\theta^0)\} \cup R_0, \tag{3.2.10}$$

其中 R_0 满足 $R_0 \subseteq R_0^r \subseteq R_0^*$, 且

$$P_{\theta=\theta^0}(X \in R_0) = \sup_r \{P_{\theta=\theta^0}(X \in R_0^r) < \alpha - \phi(c_\alpha + 0)\} \tag{3.2.11}$$

$$\leqslant \alpha - \phi(c_\alpha + 0),$$

$$R_0^* = \{x : L(x,\theta^1) = c_\alpha L(x,\theta^0)\}, \tag{3.2.12}$$

$$R_0^r = \{(-\infty, r_1) * \cdots * (-\infty, r_n)\} \cap R_0^*. \tag{3.2.13}$$

例 3.2.1　设总体服从正态分布 $N(\mu, \sigma_0^2)$, 其中 μ 是未知参数, σ_0^2 为已知. 给定显著水平 α, $0 < \alpha < 1$, 试求下面假设检验问题的最佳拒绝域:

$$H_0 : \mu = 0, \quad H_1 : \mu = \mu_1(> 0). \tag{3.2.14}$$

解　设 $X = (X_1, \cdots, X_n)$ 是抽自该总体的一个简单随机样本, 在 H_0 和 H_1 成立时, 联合密度函数分别为

$$f(x, 0) = \prod_{i=1}^{n} \frac{1}{\sqrt{2\pi}\sigma_0} \exp\left\{ -\frac{x_i^2}{2\sigma_0^2} \right\}$$

$$= \frac{1}{(\sqrt{2\pi}\sigma_0)^n} \exp\left\{ -\frac{\sum\limits_{i=1}^{n} x_i^2}{2\sigma_0^2} \right\},$$

$$f(x, \mu_1) = \prod_{i=1}^{n} \frac{1}{\sqrt{2\pi}\sigma_0} \exp\left\{ -\frac{(x_i - \mu_1)^2}{2\sigma_0^2} \right\}$$

$$= \frac{1}{(\sqrt{2\pi}\sigma_0)^n} \exp\left\{ -\frac{\sum\limits_{i=1}^{n} (x_i - \mu_1)^2}{2\sigma_0^2} \right\}.$$

构造似然比统计量

$$\lambda(x) = \frac{f(x, \mu_1)}{f(x, 0)} = \frac{\dfrac{1}{(\sqrt{2\pi}\sigma_0)^n} \exp\left\{ -\dfrac{\sum\limits_{i=1}^{n} (x_i - \mu_1)^2}{2\sigma_0^2} \right\}}{\dfrac{1}{(\sqrt{2\pi}\sigma_0)^n} \exp\left\{ -\dfrac{\sum\limits_{i=1}^{n} x_i^2}{2\sigma_0^2} \right\}}$$

$$= \exp\left\{ \frac{n\overline{x}\mu_1}{\sigma_0^2} - \frac{n\mu_1^2}{2\sigma_0^2} \right\}.$$

根据 Neyman-Pearson 引理, 最大功效检验的拒绝域具有形式

$$R = \{x : \lambda(x) \geqslant k\} = \{x : \overline{x} \geqslant k'\},$$

其中

$$k' = \frac{2\sigma_0^2 \ln(k) + n\mu_1^2}{2n\mu_1}.$$

当 H_0 成立时, 样本均值 $\overline{X}$ 是连续型随机变量, 且服从正态分布 $N(0, \sigma_0^2/n)$. 对于给定的水平 α, 常数 k' 可由下式确定:

$$\int_{k'}^{+\infty} \frac{1}{\sqrt{2\pi\sigma_0^2/n}} \exp\left\{ -\frac{t^2}{2\sigma_0^2/n} \right\} \mathrm{d}t = \alpha. \tag{3.2.15}$$

于是, 拒绝域 $R = \{x : \overline{x} \geqslant k'\}$ 是显著性水平 α 的最大功效检验.

在例 3.2.1, 拒绝域 $R = \{x : \overline{x} \geqslant k'\}$ 仅与显著性水平 α 有关, 而与 μ_1 的具体数值无关, 只要 $\mu_1 > 0$, 该检验法就是最大功效的. 因此, 上述的检验法也是假设检验问题

$$H_0 : \mu = 0, \quad H_1 : \mu > 0 \tag{3.2.16}$$

的给定显著水平为 α 的一致最大功效检验法.

例 3.2.2 设总体服从伯努利分布 $b(1, p)$, 其中 p 是未知参数. 欲检验假设检验问题

$$H_0 : p = p_0, \quad H_1 : p = p_1, \quad p_1 > p_0. \tag{3.2.17}$$

利用简单随机样本构造水平 α 的最大功效检验.

解 设 $X = (X_1, \cdots, X_n)$ 是抽自该总体的一个简单随机样本. 在 H_0 和 H_1 成立时, 其概率分布率分别为

$$p(x, p_0) = \prod_{i=1}^{n} p_0^{x_i} (1 - p_0)^{1 - x_i} = p_0^{\sum\limits_{i=1}^{n} x_i} (1 - p_0)^{n - \sum\limits_{i=1}^{n} x_i}, \tag{3.2.18}$$

$$p(x, p_1) = \prod_{i=1}^{n} p_1^{x_i} (1 - p_1)^{1 - x_i} = p_1^{\sum\limits_{i=1}^{n} x_i} (1 - p_1)^{n - \sum\limits_{i=1}^{n} x_i}. \tag{3.2.19}$$

记 $v = \sum\limits_{i=1}^{n} x_i$, 构造似然比统计量

$$\lambda(x) = \frac{p(x, p_1)}{p(x, p_0)} = \frac{p_1^{\sum\limits_{i=1}^{n} x_i} (1 - p_1)^{n - \sum\limits_{i=1}^{n} x_i}}{p_0^{\sum\limits_{i=1}^{n} x_i} (1 - p_0)^{n - \sum\limits_{i=1}^{n} x_i}} = \left[\frac{p_1(1 - p_0)}{p_0(1 - p_1)} \right]^v \left(\frac{1 - p_1}{1 - p_0} \right)^n.$$

根据 Neyman-Pearson 引理, 最大功效检验的拒绝域具有形式

$$R = \{x : \lambda(x) \geqslant k\} = \{x : \overline{x} \geqslant k'\},$$

其中

$$k' = \frac{\ln(k) - n \ln\left(\dfrac{1 - p_1}{1 - p_0} \right)}{\ln\left(\dfrac{p_1(1 - p_0)}{p_0(1 - p_1)} \right)}.$$

当 H_0 成立时, 样本均值 $V = \sum\limits_{i=1}^{n} X_i$ 是离散型随机变量, 且服从二项分布 $b(n, p_0)$. 对于给定的水平 α, 常数 k' 应满足

$$P_{p=p_0}(V \geqslant k') = \sum_{i \geqslant k'}^{n} C_n^i p_0^i (1 - p_0)^{n-i} = \alpha. \tag{3.2.20}$$

于是, 拒绝域 $R = \left\{ x : \sum_{i=1}^{n} x_i \geqslant k' \right\}$ 是水平 α 的最大功效检验. 由于 $\sum_{i=1}^{n} X_i$ 服从离散型分布, 通常满足上式的 k' 是不存在的, 只能找到 k' 满足

$$P_{p=p_0}(V \geqslant k') = \sum_{i \geqslant k'} C_n^i p_0^i (1-p_0)^{n-i} > \alpha > \sum_{i \geqslant k'+1} C_n^i p_0^i (1-p_0)^{n-i}. \quad (3.2.21)$$

例如, $n = 4$, $\alpha = 0.10$, $p_0 = 0.5$, $p_1 = 0.8$, 则有

$$P_{p=0.5}(V = 4) = \frac{1}{16}, \quad P_{p=0.5}(V = 3) = \frac{4}{16}.$$

于是

$$P_{p=0.5}(V \geqslant 4) = \frac{1}{16} < 0.10,$$
$$P_{p=0.5}(V \geqslant 3) = \frac{5}{16} > 0.10.$$

取 $k' = 4$, 由于

$$\alpha - P_{p=0.5}(V \geqslant 4) = 0.1 - \frac{1}{16} = \frac{3}{80} < \frac{1}{16},$$

则水平 $\alpha = 0.1$ 的最优拒绝域为 $R = \left\{ x : \sum_{i=1}^{4} x_i \geqslant 4 \right\}$.

在例 3.2.3, 由于拒绝域 $R = \{x : \bar{x} \geqslant k'\}$ 仅与水平 α 有关, 而与 p_1 的具体数值无关, 只要 $p_1 > 0$ 就成立. 因此, 上述的检验法也是一致最大功效检验.

3.2.2 单调似然比分布族与单侧检验

在前面一节的例子中, 关于 $H_0 : \theta = \theta_0$ 对 $H_1 : \theta > \theta_0$(或 $\theta < \theta_0$) 的单边假设检验的问题, 存在一致最大功效检验. 然而, 并不是所有单边假设检验问题的一致最大功效检验都存在. 为了能够判断一致最大功效检验的存在情况, 有下面的定义.

对于分布密度族 $\{f(x, \theta)\}$, 其中 θ 为实值的未知参数. 如果存在实值函数 $T(x)$, 使得对于任意的 $\theta_1 < \theta_2$, 满足

(1) 事件 $\{f(X, \theta_1) \neq f(X, \theta_2)\}$ 的概率不为零;

(2) 概率比 $\lambda = f(x, \theta_2)/f(x, \theta_1)$ 是关于 $T(x)$ 的非降函数 (或非增函数).
则称分布密度族 $\{f(x, \theta)\}$ 关于 $T(x)$ 具有单调似然比.

当 X 是离散型随机变量, 若其概率分布族 $\{P(x, \theta)\}$ 具有定义所述性质, 同样称概率分布族 $\{P(x, \theta)\}$ 关于 $T(x)$ 具有单调似然比.

例 3.2.3 考虑超几何概率分布族 $\{P(x,m)\}$

$$P(x,m) = \frac{C_m^x C_{N-m}^{n-x}}{C_n^N},$$

其中 m 是仅取正整数的实参数.

因为

$$\frac{p(x,m+1)}{p(x,m)} = \frac{C_{m+1}^x C_{N-m-1}^{n-x}}{C_N^n} \frac{C_N^n}{C_m^x C_{N-m}^{n-x}}$$

$$= \frac{(m+1)(N-m-n+x)}{(N-m)(m+1-x)},$$

它是 x 的单调增加函数, 所以, 二项概率分布族 $\{P(x,m)\}$ 关于 $T(x)=x$ 具有单调似然比.

具有单调似然比的分布族, 关于单边假设存在一致最大功效检验. 具体的细节见下面的定理.

定理 3.2.1 假设样本 $X = (X_1, \cdots, X_n)$ 具有连续型分布, 其分布密度族为 $\{f(x,\theta)\}$, 其中 θ 为实值的未知参数, 且假设分布族 $\{f(x,\theta)\}$ 关于统计量 $T(x)$ 具有单调似然比, 则

(1) 对于单边假设 $H_0: \theta \leqslant \theta_0$ 对 $H_1: \theta > \theta_0$, 存在一致最大功效检验, 其检验函数是

$$\phi(x) = \begin{cases} 1, & \text{当 } T(x) > c, \\ \delta, & \text{当 } T(x) = c, \\ 0, & \text{当 } T(x) < c, \end{cases} \tag{3.2.22}$$

其中 $0 \leqslant \delta \leqslant 1$ 和 c 由下式决定:

$$P_{\theta_0}(T(x) > c) + \delta P_{\theta_0}(T(x) = c) = \alpha. \tag{3.2.23}$$

(2) 对任一 θ^*, 由式 (3.2.23) 所决定的检验法也是检验问题 $H_0: \theta \leqslant \theta^*$ 对 $H_1: \theta > \theta^*$ 的水平为 $\alpha^* = M(\theta^*)$ 的一致最大功效检验.

(3) 对任一 $\theta < \theta_0$, 在一切使显著水平为 α 的检验法中由式 (3.2.22) 所决定的检验法 $\phi(x)$ 使函数 $M_\phi(\theta)$ 达到最小.

(4) 当似然比关于 $T(x)$ 是单调不增的, 该检验依然成立, 但式 (3.2.22) 中的不等号需改变方向.

(5) 对于单边假设 $H_0: \theta \geqslant \theta_0$ 对 $H_1: \theta < \theta_0$ 的检验问题, 存在一致最大功效检验. 只要改变式 (3.2.22) 的不等号方向, 就可以得到其检验函数.

(6) 如果 X 是离散型变量, 其概率分布关于 $T(x)$ 具有单调似然比, 此时上述结论全部成立.

例 3.2.4　若一批 N 件产品, 其中含有 m 件次品, 从中随机地抽取 n 件产品进行检查, 记其次品数为 X, 则 X 服从超几何分布, 即

$$P(x,m) = \frac{C_m^x C_{N-m}^{n-x}}{C_N^n}. \tag{3.2.24}$$

要求构造原假设 $H_0 : m \leqslant m_0$ 对 $H_1 : m > m_0$ 的一致最大功效检验.

例 3.2.3 已经证明了 $P(x,m)$ 关于 $T(x) = x$ 具有单调似然比. 由上面定理可知, 对此假设检验问题存在一致最大功效检验. 对于水平 α, 其检验函数是

$$\phi(x) = \begin{cases} 1, & \text{当 } T(x) > c, \\ (\alpha - \alpha_1) \dfrac{C_N^n}{C_{m_0}^c C_{N-m_0}^{n-c}}, & \text{当 } T(x) = c, \\ 0, & \text{当 } T(x) < c, \end{cases} \tag{3.2.25}$$

其中 c 满足条件

$$\sum_{x \geqslant c} \frac{C_{m_0}^x C_{N-m_0}^{n-x}}{C_N^n} > \alpha > \alpha_1 = \sum_{x \geqslant c+1} \frac{C_{m_0}^x C_{N-m_0}^{n-x}}{C_N^n}. \tag{3.2.26}$$

为了能够识别具有单调似然比的分布函数族, 有下面的定理.

定理 3.2.2　设样本 $X = (X_1, \cdots, X_n)$ 服从单参数指数族分布, 其分布函数为

$$f(x,\theta) = a(\theta) \exp\{Q(\theta)T(X)\}h(x), \tag{3.2.27}$$

其中 θ 是一个实值参数, $Q(\theta)$ 是关于 θ 的严格单调函数, 则对于单边假设 $H_0 : \theta \leqslant \theta_0$ 对 $H_1 : \theta > \theta_0$ 的检验问题, 存在一致最大功效检验. 如果 $Q(\theta)$ 是关于 θ 的单调增加函数, 其一致最大功效检验法为

$$\phi(x) = \begin{cases} 1, & \text{当 } T(x) > c, \\ \delta, & \text{当 } T(x) = c, \\ 0, & \text{当 } T(x) < c, \end{cases} \tag{3.2.28}$$

其中 $0 \leqslant \delta \leqslant 1$ 和 c 由下式决定:

$$P_{\theta_0}(T(x) > c) + \delta P_{\theta_0}(T(x) = c) = \alpha. \tag{3.2.29}$$

如果 $Q(\theta)$ 是关于 θ 的单调下降函数, 其一致最大功效检验法与式 (3.2.29) 类似, 仅仅需要改变不等号方向.

如果 X 是离散型变量, 它的概率分布 $P(x, \theta)$ 具有性质 (3.2.27), 且满足定理所述条件, 则定理的结论依然成立.

对于许多常用分布, 如二项分布、负二项分布、泊松分布和正态分布 (均值未知方差已知或均值已知方差未知的情形), 它们都是单参数指数族分布. 对于这些分布的单边假设检验问题, 都可以找到一致最大功效检验.

3.3 正态分布参数的假设检验

正态分布是最常用的分布. 本节给出有关正态分布参数假设检验问题的有关结果. 我们直接给出检验问题的一致最大功效检验, 相关结论可以根据前面一节的方法进行验证. 为了叙述简单, 每一个检验问题, 着重给出检验统计量和拒绝域, 并举例说明其应用.

3.3.1 一个正态总体的参数检验

假设总体服从正态分布 $N(\mu, \sigma^2)$, $X = (X_1, \cdots, X_n)$ 为该总体的一个样本. 关于正态总体的参数检验主要是指总体的均值 μ 或者方差 σ^2 的检验. 常见总体均值的检验问题如下.

1. 当 σ^2 已知, 总体均值 μ 的单侧检验问题

$$H_0 : \mu = \mu_0, \quad H_1 : \mu > \mu_0. \tag{3.3.1}$$

样本均值 $\overline{X}$ 是正态分布参数 μ 的一个估计, 则所构造的检验统计量为

$$U = \frac{\overline{X} - \mu_0}{\sigma/\sqrt{n}}. \tag{3.3.2}$$

当原假设 $H_0 : \mu = \mu_0$ 成立时, U 服从标准正态分布 $N(0, 1)$. 于是, 该检验法称为 U 检验法. 记 $u_{1-\alpha}$ 满足 $P(U \leqslant u_{1-\alpha}) = 1 - \alpha$, u 为检验统计量 U 的观察值. 检验问题 (3.3.1) 的拒绝域为

$$\{u : u > u_{1-\alpha}\}. \tag{3.3.3}$$

当所要检验的问题为

$$H_0 : \mu = \mu_0, \quad H_1 : \mu < \mu_0, \tag{3.3.4}$$

则检验统计量依然是

$$U = \frac{\overline{X} - \mu_0}{\sigma/\sqrt{n}}. \tag{3.3.5}$$

记 u_α 满足 $P(U \leqslant u_\alpha) = \alpha$, 则检验问题 (3.3.4) 的拒绝域为

$$\{u : u \leqslant u_\alpha\}. \tag{3.3.6}$$

例 3.3.1 某工厂生产的电灯泡使用时数用 X 表示, 假定服从正态分布 $N(\mu, \sigma^2)$, 其中 μ 为未知参数, $\sigma = 510$. 现在随机观测 $n = 20$ 个灯泡, 测得 20 个灯泡使

用时数为 $x_1, x_2, \cdots, x_{20}$, 由此算得 $\overline{x} = 1810(\mathrm{h})$. 试问 "该厂电灯泡的平均使用时间 μ 大于 2000(h)" 这个结论是否成立?

解　所要检验的问题如下:

$$H_0 : \mu = 2000, \quad H_1 : \mu < 2000. \tag{3.3.7}$$

由于总体方差是已知的, 所以检验统计量是

$$U = \frac{\overline{X} - 2000}{510/\sqrt{20}}. \tag{3.3.8}$$

当原假设 $H_0 : \mu = 2000$ 成立时, U 服从标准正态分布 $N(0,1)$. 由于 $P(U \leqslant -1.645) = 0.05$, 则拒绝域为 $\{u : u \leqslant -1.645\}$. 检验统计量的样本观测值为 $u = (1810 - 2000)/(510/\sqrt{20}) = -1.666$, 落到拒绝域中. 因此, 认为 "$\mu$ 大于 2000(h)" 的结论不成立.

2. 当 σ^2 已知, 总体均值 μ 的双侧检验问题

$$H_0 : \mu = \mu_0, \quad H_1 : \mu \neq \mu_0. \tag{3.3.9}$$

此时, 依然可以利用正态分布样本均值 $\overline{X}$ 来构造检验统计量, 结果为

$$U = \frac{\overline{X} - \mu_0}{\sigma/\sqrt{n}}. \tag{3.3.10}$$

当原假设 $H_0 : \mu = \mu_0$ 成立时, U 服从标准正态分布 $N(0,1)$. 记 $u_{1-\alpha/2}$ 满足 $P(|U| \leqslant u_{1-\alpha/2}) = 1 - \alpha$, 则检验问题 (3.3.9) 的拒绝域为

$$\{u : |u| \geqslant u_{1-\alpha/2}\}. \tag{3.3.11}$$

例 3.3.2　某地早稻据长势估计平均亩产 300kg. 收割时, 随机抽取了 10 块, 测出每块的实际亩产量 $x_1, \cdots, x_{10}$, 计算得 $\overline{x} = 310(\mathrm{kg})$. 如果已知早稻亩产量 X 服从正态分布 $N(\mu, 100)$, 试问所估计的亩产量是否正确.

解　所要检验的问题如下:

$$H_0 : \mu = 300, \quad H_1 : \mu \neq 300. \tag{3.3.12}$$

由于总体方差是已知的, 所以检验统计量是

$$U = \frac{\overline{X} - 300}{10/\sqrt{10}}. \tag{3.3.13}$$

当原假设 $H_0 : \mu = 300$ 成立时, U 服从标准正态分布 $N(0,1)$. 由于 $P(|U| \leqslant 1.96) = 0.05$, 拒绝域为 $\{u : |u| > 1.96\}$. 检验统计量的样本观测值为 $u = (310 - 300)/(10/\sqrt{10}) = 3.1623$, 落到拒绝域中. 因此, 拒绝原假设, 认为 "μ 为 300(kg)" 的结论不成立.

3. 当 σ^2 未知, 总体均值 μ 的单侧检验问题

$$H_0: \mu = \mu_0, \quad H_1: \mu > \mu_0 \tag{3.3.14}$$

所构造的检验统计量为

$$T = \frac{\overline{X} - \mu_0}{S/\sqrt{n}}, \tag{3.3.15}$$

其中 $S = \sqrt{\sum_{i=1}^{n}(X_i - \overline{X})^2/(n-1)}$ 代表样本的标准差. 当原假设 $H_0: \mu = \mu_0$ 成立时, 有 $T \sim t(n-1)$. 该检验法也被称为 T 检验法. 记 $t_{1-\alpha}$ 满足 $P(T \leqslant t_{1-\alpha}) = 1-\alpha$, t 为检验统计量 T 的观察值. 检验问题 (3.3.14) 的拒绝域为

$$\{t : t > t_{1-\alpha}\}. \tag{3.3.16}$$

当所要检验的问题为 $H_0: \mu = \mu_0$, $H_1: \mu < \mu_0$ 时, 相应的拒绝域为 $\{t : t < t_\alpha\}$, 其中检验统计量 T 由式 (3.3.15) 给出, 且 t_α 满足 $P(T \leqslant t_\alpha) = \alpha$.

例 3.3.3 例 3.3.1 续. 在例 3.3.1 中, 如果总体的方差未知且样本标准差为 510, 试问 "该厂电灯泡的平均使用时间为 μ 大于 2000(h)" 的结论是否成立?

解 所要检验的问题见式 (3.3.7). 由于总体方差是未知的, 所以检验统计量是

$$T = \frac{\overline{X} - 2000}{510/\sqrt{20}}. \tag{3.3.17}$$

当原假设 $H_0: \mu = 2000$ 成立时, T 服从 19 个自由度的 t- 分布. 由于 $P(T \leqslant -1.7291) = 0.05$, 拒绝域为 $\{t : t < -1.7291\}$. 在本例中, 检验统计量的样本观测值 $t = (1810 - 2000)/(510/\sqrt{20}) = -1.666$, 落到接受域中. 因此, 不能拒绝原假设, 应认为 "μ 大于 2000(h)" 的结论成立.

这两个例子所要检验的问题相同, 但是由于对总体方差知道与否的差别, 得到了相反的结论.

4. 当 σ^2 未知, 总体均值 μ 的双侧检验问题

$$H_0: \mu = \mu_0, \quad H_1: \mu \neq \mu_0. \tag{3.3.18}$$

检验统计量 T 由式 (3.3.15) 给出. 记 $t_{1-\alpha/2}$ 满足 $P(|T| \leqslant t_{1-\alpha/2}) = 1-\alpha$, 则检验问题 (3.3.18) 的拒绝域为

$$\{t : |t| > t_{1-\alpha/2}\}. \tag{3.3.19}$$

5. 总体均值 σ^2 的单侧检验问题

$$H_0 : \sigma^2 = \sigma_0^2, \quad H_1 : \sigma^2 > \sigma_0^2. \tag{3.3.20}$$

由于总体服从正态分布 $N(\mu, \sigma^2)$, 其中 μ 和 σ^2 都是未知的, 所构造的检验统计量为

$$\chi^2 = \frac{nS^2}{\sigma_0^2}. \tag{3.3.21}$$

当原假设 $H_0 : \sigma^2 = \sigma_0^2$ 成立时, χ^2 服从 $n-1$ 个自由度的 χ^2- 分布. 记 $\chi_{1-\alpha}^2$ 满足 $P(\chi^2 \leqslant \chi_{1-\alpha}^2) = 1 - \alpha$, 记 s^2 为检验统计量 S^2 的观察值, 则检验问题 (3.3.20) 的拒绝域为

$$\left\{ \frac{ns^2}{\sigma_0^2} : \frac{ns^2}{\sigma_0^2} > \chi_{1-\alpha}^2 \right\}. \tag{3.3.22}$$

6. 总体均值 σ^2 的双侧检验问题

$$H_0 : \sigma^2 = \sigma_0^2, \quad H_1 : \sigma^2 \neq \sigma_0^2. \tag{3.3.23}$$

选择式 (3.3.21) 中的检验统计量, 当原假设 $H_0 : \sigma^2 = \sigma_0^2$ 成立时, χ^2 服从 $n-1$ 个自由度的 χ^2- 分布. 记 $\chi_{\alpha/2}^2$ 和 $\chi_{1-\alpha/2}^2$ 满足 $P(\chi_{\alpha/2}^2 \leqslant \chi^2 \leqslant \chi_{1-\alpha/2}^2) = 1 - \alpha$, 记 s^2 为检验统计量 S^2 的观察值, 则检验问题 (3.3.23) 的拒绝域为

$$\left\{ \frac{ns^2}{\sigma_0^2} : \frac{ns^2}{\sigma_0^2} < \chi_{\alpha/2}^2 \text{ 或者 } \frac{ns^2}{\sigma_0^2} > \chi_{1-\alpha/2}^2 \right\}. \tag{3.3.24}$$

例 3.3.4 用包装机包装洗衣粉. 在正常的情况下, 每袋洗衣粉的质量为 500g, 标准差不超过 10g. 假设每袋洗衣粉质量服从正态分布. 某天为检查包装机工作情况, 随机选取 10 袋已包装好的洗衣粉, 测其质量样本均值为 498g, 样本标准差为 14.6g. 试问按标准差来衡量, 这天机器工作是否正常 $(\alpha = 0.05)$.

解 所要检验的问题如下:

$$H_0 : \sigma^2 = 100, \quad H_1 : \sigma^2 > 100. \tag{3.3.25}$$

所选择的检验统计量为

$$\chi^2 = \frac{10S^2}{100} \tag{3.3.26}$$

当原假设 $H_0 : \sigma^2 = 100$ 成立时, χ^2 服从 $n-1$ 个自由度的 χ^2- 分布. 记 s^2 为样本方差 S^2 的观察值, $P(\chi^2 \leqslant 16.919) = 0.05$, 则拒绝域为 $\left\{ s^2 : \frac{ns^2}{\sigma_0^2} > 16.919 \right\}$. 检验统计量的样本观测值为 $10 \times 14.6^2 / 100 = 21.316$, 落到拒绝域中. 因此, 认为该包装机工作异常.

3.3.2 两个正态总体的参数检验

假设总体 X 服从正态分布 $N(\mu_1, \sigma_1^2)$, 总体 Y 服从正态分布 $N(\mu_2, \sigma_2^2)$, 其中 μ_1, μ_2 和 σ_1^2, σ_2^2 都是未知的. 现独立地分别从总体 X 和 Y 中抽取样本 $X_1, \cdots, X_{n_1}$ 和 $Y_1, \cdots, Y_{n_2}$. 记

$$\overline{X} = \frac{1}{n_1}\sum_{i=1}^{n_1} X_i, \quad S_1^2 = \frac{1}{n_1 - 1}\sum_{i=1}^{n_1}(X_i - \overline{X})^2, \tag{3.3.27}$$

$$\overline{Y} = \frac{1}{n_2}\sum_{j=1}^{n_2} Y_j, \quad S_2^2 = \frac{1}{n_2 - 1}\sum_{j=1}^{n_2}(Y_j - \overline{Y})^2. \tag{3.3.28}$$

当 $\sigma_1^2 = \sigma_2^2 = \sigma^2$ 时, 考虑下面的检验问题:

$$H_0: \mu_1 = \mu_2, \quad H_1: \mu_1 \neq \mu_2. \tag{3.3.29}$$

$\overline{X} - \overline{Y}$ 是两个总体均值之差 $\mu_1 - \mu_2$ 的一个估计, 所构造的检验统计量为

$$T = \frac{(\overline{X} - \overline{Y}) - (\mu_1 - \mu_2)}{\sqrt{(n_1 - 1)S_1^2 + (n_2 - 1)S_2^2}}\sqrt{\frac{n_1 n_2(n_1 + n_2 - 2)}{n_1 + n_2}}. \tag{3.3.30}$$

当原假设 $H_0: \mu_1 = \mu_2$ 成立时, T 服从自由度为 $n_1 + n_2 - 2$ 的 t- 分布. 于是, 拒绝域为

$$\{t : |t| > t_{1-\alpha/2}(n_1 + n_2 - 2)\}, \tag{3.3.31}$$

其中 $t_{1-\alpha/2}(n_1 + n_2 - 2)$ 是自由度为 $n_1 + n_2 - 2$ 的 t- 分布的 $1 - \alpha/2$ 分位数.

对于两个总体, 另一个常用的检验问题是验证两个总体的方差是否相等, 即

$$H_0: \sigma_1^2 = \sigma_2^2, \quad H_1: \sigma_1^2 \neq \sigma_2^2. \tag{3.3.32}$$

所使用的检验统计量为

$$F = \frac{S_1^2}{S_2^2}. \tag{3.3.33}$$

当原假设 $H_0: \sigma_1^2 = \sigma_2^2$ 成立时, $(n_1 - 1)S_1^2/\sigma_1^2 \sim \chi^2(n_1 - 1)$ 且 $(n_2 - 1)S_2^2/\sigma_2^2 \sim \chi^2(n_2 - 1)$. 于是, 检验统计量 F 服从 $n_1 - 1$ 与 $n_2 - 1$ 个自由度的 F- 分布. 记 $F_{\alpha/2}(n_1 - 1, n_2 - 1)$ 和 $F_{1-\alpha/2}(n_1 - 1, n_2 - 1)$ 满足 $P(F \leqslant F_{1-\alpha/2}(n_1 - 1, n_2 - 1)) = 1 - \alpha/2$ 和 $P(F < F_{\alpha/2}(n_1 - 1, n_2 - 1)) = \alpha/2$, 则检验问题 (3.3.32) 的拒绝域为

$$\{f : f < F_{\alpha/2}(n_1 - 1, n_2 - 1) \text{ 或者 } f > F_{1-\alpha/2}(n_1 - 1, n_2 - 1)\}. \tag{3.3.34}$$

例 3.3.5 A、B 两台机床分别加工某种轴, 轴的直径分别服从正态分布 $N(\mu_1, \sigma_1^2)$ 和 $N(\mu_2, \sigma_2^2)$, 为比较两台机床的加工精度有无显著差异, 从加工的轴中分别抽取若干根轴测其直径, 所抽取两种轴的个数分别为 $n_1 = 10$ 和 $n_2 = 10$, 测量结果为 $s_1^2 = 0.2512$, $s_2^2 = 0.2839$, $\overline{x}_1 = 20.295$ 和 $\overline{x}_2 = 19.143$. 问两台机床加工的轴的平均直径是否一致 $(\alpha = 0.05)$?

解 首先检验两个机床加工的轴的方差是否相等, 所要检验的问题为

$$H_0 : \sigma_1^2 = \sigma_2^2, \quad H_1 : \sigma_1^2 \neq \sigma_2^2. \tag{3.3.35}$$

所选择的检验统计量为

$$F = \frac{S_1^2}{S_2^2}, \tag{3.3.36}$$

当原假设 $H_0 : \sigma_1^2 = \sigma_2^2$ 成立时, F 服从 9 与 9 个自由度的 F- 分布. 由于 $P(F \leqslant 0.2326) = 0.025$, $P(F \leqslant 4.30) = 0.975$, 拒绝域为 $\{f : f < 0.2326 \text{ 或者 } f > 4.30\}$. 检验统计量的样本观测值为 $f = 0.2512/0.2839 = 0.8848$, 落到接受域中. 不能拒绝原假设, 应当认为两台机床所加工轴的直径的方差是相等的. 进一步, 为了判断两个机床加工出轴的平均直径是否相等, 需要检验下面的假设问题:

$$H_0 : \mu_1 = \mu_2, \quad H_1 : \mu_1 \neq \mu_2, \tag{3.3.37}$$

所选择的检验统计量为

$$T = \frac{(\overline{X} - \overline{Y}) - (\mu_1 - \mu_2)}{\sqrt{(n_1 - 1)S_1^2 + (n_2 - 1)S_2^2}} \sqrt{\frac{n_1 n_2 (n_1 + n_2 - 2)}{n_1 + n_2}}. \tag{3.3.38}$$

当原假设 $H_0 : \mu_1 = \mu_2$ 成立时, 有 T 服从自由度为 $n_1 + n_2 - 2$ 的 t- 分布. 于是, $n_1 = n_2 = 10$, $P(T < 2.1009) = 0.975$, 拒绝域为

$$\{t : |t| > 2.1009)\}. \tag{3.3.39}$$

检验统计量 T 的样本观测值为 $t = 4.9801$, 落到拒绝域中, 拒绝原假设, 认为两台机床加工的轴的平均直径不一致.

3.4 几种常用的非参数检验

前面介绍的各种假设检验方法都是在总体分布函数类型已知或者假定总体分布函数类型的前提下所使用的. 但有些实际问题中, 并不知道或者不能确定分布函数的类型, 需要利用样本来检验有关总体的统计特征. 这种假设检验的方法称为非参数假设检验, 或简称为非参数检验.

非参数检验是与参数检验方法对立而言的. 参数检验和非参数检验都是针对有关总体的某数量关系或数量特征所作出的假设, 包括原假设和备选假设, 把实际的样本统计量与检验临界值进行比较, 用以作出接受或拒绝原假设的决策. 然而, 参数检验需要知道总体分布函数的类型, 其中分布函数的某参数可以是未知的. 如果对总体分布函数不知道或是知道很少, 或者使用不正确的总体分布函数都会使检验的结论不可靠甚至不正确. 非参数检验不要求事先具备总体分布函数或参数的知识.

与参数检验相比较, 非参数检验对总体分布函数的约束更少, 避免了由于增加过多的约束而引入的有关误差, 提高了方法的稳健性; 对于容量较小的样本, 也能给出合理的检验结果, 避免了其他统计方法由于实际样本资料的不足而无法使用的缺陷. 常用的非参数检验方法主要用于检验总体分布函数 $F(x)$ 的拟合优度, 以及总体之间的独立性和相关性的问题.

3.4.1   符号检验

符号检验是最简单最常用的一种非参数检验方法, 既适用于一个总体的检验问题, 又适用于涉及两个总体的检验问题.

1. 一个总体的符号检验

符号检验适用于检验总体的中位数是否在某一指定的位置. 假设总体的分布函数为 $F(x)$, 如果 $x_{0.5}$ 满足条件

$$F(x_{0.5}) = 1 - F(x_{0.5}) = 0.5, \tag{3.4.1}$$

则称 $x_{0.5}$ 为总体的中位数, 也称总体的中位点. 与均值一样, 中位数也是总体分布的重要位置特征数. 总体的中位数一定存在, 但有些总体的均值并不存在. 对于存在均值的总体, 当总体的分布对称时, 均值与中位数的位置是一致的; 当总体的分布不对称时, 均值与中位数的位置是不一致的.

把所收集的样本, 按照大小次序排序后处于中间位置上的统计量称为样本中位数, 常用 $m_{\rm d}$ 表示. 假设 $x_1, \cdots, x_n$ 是来自某总体的一个样本, 其次序统计量记为 $x_{(1)} \leqslant \cdots \leqslant x_{(n)}$, 则

$$m_{\rm d} = \begin{cases} x_{(\frac{n+1}{2})}, & n \text{ 为奇数}, \\[2mm] \dfrac{1}{2}[x_{(\frac{n}{2})} + x_{(\frac{n}{2}+1)}], & n \text{ 为偶数}. \end{cases} \tag{3.4.2}$$

例如, 一个容量为 7 样本的观测值为 $1, 3, 4, 5, 6, 7, 19$, 则样本中位数 $m_{\rm d} = 5$. 如果增加一个观测值 100, 则样本中位数 $m_{\rm d} = (5 + 6)/2 = 5.5$. 样本中位数 $m_{\rm d}$ 表示在样本中有一半数据小于 $m_{\rm d}$, 另一半数据大于 $m_{\rm d}$. 相对于样本均值来说, 中位数受异常值的影响较小, 更稳健地反映总体的位置特征.

中位数检验的基本过程是, 假设总体中位数的真值 $x_{0.5} = A$, 把容量为 n 样本的每个观测值 $x_i (1 \leqslant i \leqslant n)$ 均减去 A, 记录每个差值的符号, 即

$$\text{sign}(x_i - A) = \begin{cases} +, & \text{当 } x_i > A, \\ -, & \text{当 } x_i < A. \end{cases} \tag{3.4.3}$$

若 $x_i = A$, 就忽略不计. 分别计算 "+" 的个数, 用 n^+ 表示, "–" 的个数, 用 n^- 表示. 理论上, 当中位数 $x_{0.5} = A$ 为真时, 得到的正号和负号个数应该相等或接近, 即 $n^+ \approx n^-$. 若样本的 n^+ 和 n^- 相差较大, 那么就倾向于拒绝 "$x_{0.5} = A$ 为真" 的假设. 下面用例子来说明检验的具体过程.

例 3.4.1　从某中学的男女学生中, 随机抽取 20 名学生, 测得身高数据如下 (cm):

153	160	147	161	157	145	155	151	158	148
148	164	153	158	151	156	149	160	162	152

给定显著性水平 $\alpha = 0.10$, 用符号检验判定该中位数是否与 155(cm) 有显著性差异.

(1) 根据题意, 建立相应的假设为

$$H_0 : x_{0.5} = 155, \quad H_1 : x_{0.5} \neq 155.$$

(2) 将每个观测值均减去原假设所设定的中位数 $x_{0.5} = 155\text{cm}$, 可以得到:

-2	$+5$	-8	$+6$	$+2$	-10	0	-4	$+3$	-7
-7	$+9$	-2	$+3$	-4	$+1$	-6	$+5$	$+7$	-3

观测值与中位数相等, 则忽略. 计算差值正号和负号的个数, 得到 $n^+ = 9$ 和 $n^- = 10$, 并且 $n = 19$.

(3) 计算临界值. 由于该问题是双边假设检验, 检验的水平为 0.10. 查二项分布临界值表, 当 $n = 19$ 时, 临界值为 13.

(4) 给出检验的结果. 由于 $\max(n^+, n^-) = 10 < 13$, 故不拒绝原假设, 认为该校学生身高的中位数为 155cm.

2. 两个总体分布相同的符号检验

前面的检验是针对一个总体的情况, 符号检验还能判断两个总体分布函数是否相等.

不失一般性, 假设两个容量相等的样本, $X_1, \cdots, X_n$ 是取自总体 $F_1(x)$ 的一个样本, $Y_1, \cdots, Y_n$ 是取自总体 $F_2(y)$ 的一个样本, 且设这两个样本相互独立. 为了判

断两个总体分布函数是否相同, 相应的原假设和备选假设分别为

$$H_0 : F_1(x) = F_2(x), \quad H_1 : F_1(x) \neq F_2(x).$$

在原假设 H_0 成立时, 对于 $i = 1, \cdots, n$, X_i 和 Y_i 相当于来自同一个总体, 由对称性, $P(X_i - Y_i > 0)$ 与 $P(X_i - Y_i < 0)$ 应当相等. 因此, 可以使用 $X_i - Y_i > 0$ 的个数与 $X_i - Y_i < 0$ 的个数作为一个标准. 当原假设成立时, X_i 大于 Y_i 的个数应该与 X_i 小于 Y_i 的个数近似相等. 记 X_i 大于 Y_i 的个数为 S^+, X_i 小于 Y_i 的个数为 S^-, 当 $X_i = Y_i$ 时, 忽略不计.

我们来考虑 $|S^+ - S^-|$, 值越大说明两个总体的差异越大, 而 $|S^+ - S^-|$ 越大, 则 $\min(S^+, S^-)$ 越小 (等价的 $\max(S^+, S^-)$ 越大), 于是取 $S = \min(S^+, S^-)$ 为检验统计量. 在给定的显著水平 α 下, 当 $S = \min(S^+, S^-)$ 小于临界值 $S_{m,\alpha}$ 时, 拒绝原假设, 其中 $m = S^+ + S^-$, 临界值 $S_{m,\alpha}$ 可根据 m 和 α 在符号检验表查到.

如果 $S \leqslant S_{m,\alpha}$, 就拒绝原假设, 认为两个分布函数是不同的; 否则, 倾向于接受原假设, 认为两个分布函数是相同的.

例 3.4.2 假定在某项比赛中, 两位裁判甲和乙分别对参加该项比赛的 10 位选手在场上综合表现进行评分, 分数为 $0 \sim 20$ 分, 数据如表 3.2 所示.

表 3.2 两名裁判给出的分数

序号	1	2	3	4	5	6	7	8	9	10
裁判甲	18.2	19.0	18.8	19.3	17.9	19.1	18.6	18.8	18.4	19.0
裁判乙	17.9	18.8	18.6	19.4	18.4	19.0	18.9	18.7	18.0	19.3
差值的符号	+	+	+	−	−	+	−	+	+	−

试用符号检验法判断这两位裁判的判定成绩是否有显著性差异 $(\alpha = 0.05)$.

解 由已知条件确定相应的原假设和备选假设分别为

H_0: 两位裁判的判定成绩无显著性差异, H_1: 两位裁判的判定成绩有显著性差异.

表 3.2 的最后一行给出了裁判甲与裁判乙判定的成绩之差值符号. 于是, $S^+ = 6$, $S^- = 4$, $m = S^+ + S^- = 4 + 6 = 10$, 检验统计量为 $S = \min(S^+, S^-) = 4$.

查符号检验临界值 $S_{10,0.05} = 1$. 由于 $S = 4 > S_{10,0.05} = 1$, 不拒绝原假设, 即认为两位裁判裁定的成绩无显著性差异.

上述的检验过程适用于样本容量相等的情况. 在很多实际问题中两个总体的样本并不一定相同, 在这样的条件下, 仍然可以进行符号检验. 假设 $X_1, \cdots, X_{n_1}$ 是取自总体 $F_1(x)$ 的一个样本, $Y_1, \cdots, Y_{n_2}$ 是取自总体 $F_2(y)$ 的一个样本, 且设这两个样本相互独立. 原假设和备选假设依然为

$$H_0 : F_1(x) = F_2(x), \quad H_1 : F_1(x) \neq F_2(x).$$

具体的检验过程为, 先将两个样本观测值混合在一起, 共计 $n_1 + n_2$ 个. 将 $n_1 + n_2$ 个观测值按照递增或递减顺序进行排列, 计算样本中位数 m_d. 分别计算两个样本观测值大于和小于中位数 m_d 的个数, 并完成列联表. 上面例子的列联表见表 3.3. 检验统计量为

$$\chi^2 = \sum_{i=1}^{2} \sum_{j=1}^{2} \frac{(n_{ij} - n_i n_{.j}/n)^2}{n_i n_{.j}/n}. \tag{3.4.4}$$

当原假设为真时, $\chi^2 \sim \chi_1^2$, 其中 χ_1^2 表示 1 个自由度的 χ^2- 分布. 对于给定的显著水平 α, 检验的临界值为 $\chi_{1,\alpha}^2$, 满足 $P(\chi^2 > \chi_{1,1-\alpha}^2) = \alpha$. 当 $\chi^2 < \chi_{1,1-\alpha}^2$ 时, 不拒绝原假设, 认为两个样本来源于同一个总体.

表 3.3　两位裁判判定成绩的列联表

	$> m_d$	$< m_d$	合计
样本 1	n_{11}	n_{12}	n_1
样本 2	n_{21}	n_{22}	n_2
合计	$n_{.1} = n_{11} + n_{21}$	$n_{.2} = n_{12} + n_{2,2}$	$n = n_1 + n_2$

例 3.4.3　某家用电器销售员甲和乙的月销售额数据如表 3.4 所示 (单位: 万元). 销售员甲有 10 个观测值, 销售员乙只有 8 个观测值, 这个样本的容量并不相等. 现使用符号检验法对这两位销售人员销售额的分布是否一致进行检验.

表 3.4　商品销售人员的月销售数据

序号	1	2	3	4	5	6	7	8	9	10
销售员甲	2.563	2.600	2.230	1.986	3.000	2.800	3.130	2.023	1.869	1.896
销售员乙	1.999	2.980	3.404	2.567	2.479	2.581	3.022	1.880		

解　由于题目没有给出两个总体分布函数的类型, 故只能使用非参数检验方法. 按照题目的要求, 原假设和备选假设分别为

$$H_0: \text{两位销售员的月销售额无显著性差异},$$

$$H_1: \text{两位销售员的月销售额有显著性差异}.$$

将两个样本合并到一起, 算出的中位数为 2.565 万元. 并计算每个样本大于和小于中位数的个数, 写到下面的列联表中 (表 3.5).

表 3.5　商品销售人员的月销售数据的列联表

	> 2.565	< 2.565	合计
销售员甲	4	6	10
销售员乙	5	3	8
合计	9	9	18

检验统计量 χ^2 的观测值为

$$\frac{(4 - 10 \times 9/18)^2}{(10 \times 9/18)} + \frac{(6 - 10 \times 9/18)^2}{(10 \times 9/18)} + \frac{(5 - 8 \times 9/18)^2}{(8 \times 9/18)} + \frac{(3 - 8 \times 9/18)^2}{(8 \times 9/18)} = 0.9.$$

对于给定的显著水平 $\alpha = 0.05$, 检验的临界值为 $\chi^2_{1,1-\alpha} = \chi^2_{1,1-0.05} = 3.841$. 由于 $0.9 < 3.841$, 故不拒绝原假设, 应当认为两个样本来源于同一个总体, 即两位销售员销售额的分布是一致的.

3.4.2 秩和检验

秩和检验是利用样本观测值的秩进行的一种非参数检验方法. 假设 $X_1, \cdots, X_{n_1}$ 是取自总体 $F_1(x)$ 的一个样本, $Y_1, \cdots, Y_{n_2}$ 是取自总体 $F_2(y)$ 的一个样本, 且设这两个样本相互独立. 不失一般性约定 $n_1 \leqslant n_2$. 把两个样本的观测数据合在一起并按从小到大的次序排列, 用 $1, 2, \cdots, n_1 + n_2$ 统一编号, 规定每个数据在排列中所对应的编号称为该数的秩. 对于相同的观察值, 用它们编号的平均值作为秩. 把容量较小样本的各观测值的秩之和记为 T, 作为检验统计量, 用于检验两个总体分布函数是否相等的问题. T 的最小可能值是当总体 $F_1(x)$ 的样本观测值都排列在总体 $F_2(x)$ 的样本观测值之前, 即 $T_{\min} = 1 + 2 + \cdots + n_1 = n_1(n_1 + 1)/2$. T 的最大可能值是当总体 $F_1(x)$ 的样本观测值都排列在总体 $F_2(x)$ 的样本观测值的后面, 此时 $T_{\max} = (n_2 + 1) + (n_2 + 2) + \cdots + (n_2 + n_1) = n_2 n_1 + n_1(n_1 + 1)/2$. 如果两个总体的分布函数相同, 则 T 的数值不能太大或太小, 而是靠近最大值 $T_{\max}$ 和 $T_{\min}$ 之间的中间位置 $(T_{\max} + T_{\min})/2$.

两个总体分布函数是否相等的检验过程如下.

(1) 确定原假设和备选假设分别为

$$H_0 : F_1(x) = F_2(x), \quad H_1 : F_1(x) \neq F_2(x).$$

(2) 计算检验统计量秩和 T. 当样本容量小于 10 时, 查询秩和检验表, 得到统计量 T 的临界值 T_1 和 T_2, 满足 $P(T_1 < T < T_2) = 1 - \alpha$.

当检验统计量观察值落在 $[T_1, T_2]$ 中, 则接受原假设, 认为两个总体的分布函数是相同的; 否则, 拒绝原假设, 认为两个总体的分布函数存在显著差异.

(3) 当样本容量大于 10 时, 统计量 T 近似服从正态分布, 均值为 $n_1(n_1 + n_2 + 1)/2$, 方差为 $n_1 n_2 (n_1 + n_2 + 1)/12$. 检验统计量

$$U = \frac{T - \dfrac{n_1(n_1 + n_2 + 1)}{2}}{\sqrt{\dfrac{n_1 n_2 (n_1 + n_2 + 1)}{12}}}, \tag{3.4.5}$$

近似服从正态分布. 令 $\Phi(u_{1-\alpha/2}) = 1 - \alpha/2$, 当检验统计量观察值不大于 $u_{1-\alpha/2}$ 时, 接受原假设, 认为两个总体的分布函数是相同的. 当检验统计量观察值大于 $u_{1-\alpha/2}$ 时, 拒绝原假设, 认为两个总体的分布函数存在显著差异.

例 3.4.4 假设样本一为 161, 170, 168, 165, 175, 180, 172, 样本二为 170, 164, 158, 164, 160. 试用秩和检验法判断两个样本是否来自同一总体 $(\alpha = 0.20)$.

解 根据题意, 有

(1) 原假设和备选假设为

$$H_0: \text{两个样本来自同一总体}, \quad H_1: \text{两个样本来自不同总体}.$$

(2) 计算检验统计量秩和 T. 将两个样本数据混合在一起, 按照由小到大的顺序排序, 每个观测值和相应的秩见表 3.6.

表 3.6

秩	1	2	3	4	5	6	7	8.5	10	11	12
样本一			161			165	168	170	172	175	180
样本二	158	160		164	164			170			

由于样本二的容量 $n_2 = 5$ 小于样本一的容量 $n_1 = 7$, 因此, $T = 1 + 2 + 4 + 5 + 8.5 = 20.5$. 对于 $\alpha = 0.20$, 查询秩和检验表, 得到 $T_1 = 22$ 和 $T_2 = 43$, 满足 $P(T_1 < T < T_2) = 1 - \alpha$. 因为 $20.5 < 22$, 拒绝原假设, 认为两个样本来自不同的总体.

3.5 χ^2 拟合优度检验

χ^2 拟合优度检验是通过构造服从或者渐进服从 χ^2- 分布的检验统计量, 判断总体统计特征的非参数检验方法. 在前文对总体方差检验的问题中, 总体分布类型已知并服从正态分布, 分布参数可能是已知的也可能是未知的, 这是一种参数检验的方法. 本节将介绍 χ^2 检验包括总体分布函数的拟合优度检验和独立性检验.

3.5.1 分布函数的拟和优度检验

在实际问题中, 有时不能事先知道总体分布函数的类型, 这时需要根据样本来检验关于总体分布的假设. 设 $F(x)$ 是总体的未知分布函数, 分布函数的拟和优度检验的原假设和备选假设分别为

$$H_0: F(x) = F_0(x), \quad H_1: F(x) \neq F_0(x), \tag{3.5.1}$$

其中 $F_0(x)$ 是某个已知的分布函数, 该函数可以包含未知参数. 例如, $F_0(x)$ 可以是正态分布的分布函数, 参数 μ 和 σ 可以是已知的, 也可以是未知的. 当 μ 和 σ 是

未知的, 分布函数通常表示为 $F_0(x, \mu, \sigma)$. 有关 $F_0(x)$ 的确定通常是根据经验来决定的. 如果对该总体的一无所知, $F_0(x)$ 也可以基于样本的经验分布函数来确定.

假设 $X_1, \cdots, X_n$ 是取自总体 $F(x)$ 的一个样本, 分布函数拟和优度检验的过程如下:

(1) 确定原假设和备选假设, 如式 (3.5.1).

(2) 将分布函数的取值范围划分为多个不相交的区间, 记为 $[R_{i-1}, R_i), i = 1, \cdots, m$, 其中 $R_0 \leqslant R_1 \leqslant \cdots \leqslant R_m$, m 表示区间的个数. 计算样本的观测值落入每个区间的频数, 用 f_i 表示区间 $[R_{i-1}, R_i), i = 1, \cdots, m$, 所包含观测值的个数. 计算分布函数 $F_0(x)$ 在每个区间内的概率值

$$p_i = F_0(R_i) - F_0(R_{i-1}), \tag{3.5.2}$$

以及相应的理论频数 $np_i, i = 1, \cdots, m$.

注意, 如果每个区间包含观测值的个数比较少或者理论频数比较小, 需要调整区间, 例如, 把其并入到其他区间.

(3) 计算检验统计量

$$\chi^2 = \sum_{i=1}^{m} \frac{(f_i - np_i)^2}{np_i} \quad \text{或者} \quad \chi^2 = \sum_{i=1}^{m} \frac{(f_i - n\widehat{p}_i)^2}{n\widehat{p}_i}. \tag{3.5.3}$$

后者表示分布函数 $F_0(x)$ 包含未知参数, 这些参数是由样本估计的.

(4) 当原假设为真时, 检验统计量渐近服从 χ^2_{m-r-1} 分布, 即

$$\chi^2 \sim \chi^2_{m-r-1}, \tag{3.5.4}$$

其中 r 为待估参数的个数. 检验临界值 $\chi^2_{m-r-1, 1-\alpha}$ 满足 $\chi^2_{m-r-1}(\chi^2_{m-r-1, 1-\alpha}) = 1 - \alpha$. 对于显著水平 α, 当 $\chi^2 > \chi^2_{m-r-1, 1-\alpha}$, 拒绝原假设, 认为样本不是来自总体 $F_0(x)$. 当 $\chi^2 \leqslant \chi^2_{m-r-1, 1-\alpha}$, 接受原假设, 认为样本是来自总体 $F_0(x)$.

例 3.5.1 为了检验某骰子是否均匀, 随机掷了 120 次, 将点数记录下来, 各点数出现的次数见表 3.7.

在显著水平 $\alpha = 0.05$ 下, 检验这颗骰子是否均匀.

表 3.7 出现点数和出现次数

出现点数 i	1	2	3	4	5	6
出现次数 f_i	26	23	15	21	15	20

解 掷一颗骰子出现的点数 X 是离散的, 根据题意, 原假设和备选假设分别为

$$H_0 : X \text{ 服从均匀分布}, \quad H_1 : X \text{ 不服从均匀分布}.$$

X 服从均匀分布等价于 $P(X = i) = 1/6, i = 1, \cdots, 6$. 因此, X 等于每个观测值的理论频数为 $np_i = nP(X = i) = 120 \times 1/6 = 20, i = 1, \cdots, 6$. 检验统计量为

$$\chi^2 = \sum_{i=1}^{m} (f_i - np_i)^2/(np_i) = 4.8.$$ 对于 $\alpha = 0.05$, 根据 χ^2- 分布表, 有 $\chi^2_{m-r-1,1-\alpha} = \chi^2_{6-0-1,1-0.05} = 11.07$. 由于 $\chi^2 = 4.8 < \chi^2_{5,0.95} = 11.07$, 接受原假设, 认为骰子是均匀的.

3.5.2　独立性检验

在有些实际问题中, 我们关心总体的多个属性间的关系. 例如, 在进行失业人员情况调查时, 对所抽取的每个失业人员可按照性别分类, 研究男女失业人员是否独立. 工厂调查某类产品的质量时, 按产品的生产小组分类, 研究两个生产小组生产的产品质量的独立性.

假设对于总体 $X = (X_1, X_2)$, X_1 有 r 个类别, X_2 有 c 个类别, 把被调查的容量为 n 的样本按其所属类别进行分类, 列成一张 $r \times c$ 的二维表 (表 3.8), 称为二维列联表. 其中 n_{ij} 表示样本中属性 X_1 为 A_i 且属性 X_2 为 B_j 类的观测值个数, 并且

$$n_{i\cdot} = \sum_{j=1}^{c} n_{ij}, \quad i = 1, \cdots, r,$$

$$n_{\cdot j} = \sum_{i=1}^{r} n_{ij}, \quad j = 1, \cdots, c,$$

$$n = \sum_{i=1}^{r} n_{i\cdot} = \sum_{j=1}^{c} n_{\cdot j}.$$

对于 $i = 1, \cdots, r, j = 1, \cdots, c$, 总体 X 分布函数满足

$$p_{ij} = P(X \in A_i \cap B_j) = P(X_1 \in A_i, X_2 \in B_j),$$

$$p_{i\cdot} = P(X_1 \in A_i) = \sum_{j=1}^{c} p_{ij},$$

$$p_{\cdot j} = P(X_2 \in B_j) = \sum_{i=1}^{r} p_{ij}.$$

可以验证 $\sum_{i=1}^{r} p_{i\cdot} = \sum_{j=1}^{c} p_{\cdot j} = \sum_{i=1}^{r} \sum_{j=1}^{c} p_{ij} = 1$. 当属性 X_1 和 X_2 相互独立时, 有

$$p_{ij} = p_{i\cdot} p_{\cdot j}, \quad i = 1, \cdots, r, j = 1, \cdots, c.$$

根据样本检验属性 X_1 和 X_2 独立性的检验统计量为

$$\chi^2 = \sum_{i=1}^{r} \sum_{j=1}^{c} \frac{(n_{ij} - n_{i.}n_{.j}/n)^2}{n_{i.}n_{.j}/n}, \tag{3.5.5}$$

当属性 X_1 和 X_2 相互独立时,

$$\chi^2 \sim \chi^2_{(r-1)(c-1)}. \tag{3.5.6}$$

对于显著水平 α, 当 $\chi^2 \leqslant \chi^2_{(r-1)(c-1),1-\alpha}$ 时, 接受原假设, 该列联表具有独立性, 即总体的两个属性是独立的. 当 $\chi^2 > \chi^2_{(r-1)(c-1),1-\alpha}$ 时, 拒绝原假设, 认为总体的两个属性不是独立的.

表 3.8　$r \times c$ 的二维表

				X_2		合计
		B_1	B_2	$\cdots$	B_c	
	A_1	n_{11}	n_{12}	$\cdots$	n_{1c}	$n_{1.}$
X_1	A_2	n_{21}	n_{22}	$\cdots$	n_{2c}	$n_{2.}$
	$\vdots$	$\vdots$	$\vdots$		$\vdots$	$\vdots$
	A_r	n_{r1}	n_{r2}	$\cdots$	n_{rc}	$n_{r.}$
合计		$n_{.1}$	$n_{.2}$	$\cdots$	$n_{.c}$	n

例 3.5.2　对失业人员情况进行调查, 抽取某地区 1000 名失业人员, 样本数据如表 3.9 所示. 在显著水平 $\alpha = 0.05$ 下, 检验失业人员中的文化程度与性别的独立性.

表 3.9　样本数据

		文化程度			合计
		大学及以上	高中	初中及以下	
性	男	88	72	280	440
别	女	120	120	320	560
合计		208	192	600	1000

解　在本例中, $r = 2$, $c = 3$, $n = 1000$. 由式 (3.5.5), 计算检验统计量为

$$\chi^2 = \frac{(88 - 208 \times 440/1000)^2}{208 \times 440/1000} + \frac{(72 - 192 \times 440/1000)^2}{192 \times 440/1000}$$

$$+ \frac{(280 - 600 \times 440/1000)^2}{600 \times 440/1000} + \frac{(120 - 208 \times 560/1000)^2}{208 \times 560/1000}$$

$$+ \frac{(120 - 192 \times 560/1000)^2}{192 \times 560/1000} + \frac{(320 - 600 \times 560/1000)^2}{600 \times 560/1000} = 5.266,$$

当 $\alpha = 0.05$, $\chi^2_{(r-1)(c-1),1-\alpha} = \chi^2_{(2-1)(3-1),1-0.05} = 5.991$. 因为 $\chi^2 = 5.266 < \chi^2_{2,0.95} = 5.991$, 接受原假设, 认为失业人员中的文化程度与性别是相互独立的.

3.6　正态性检验

正态性检验是指用于判断总体分布是否为正态分布的检验. 正态分布在实际中使用最频繁, 该分布验证就尤为重要. 至今已经有几十种正态检验方法, 其中 Wilk-Shapiro 的 W 检验和 Dagustino 的 D 检验是最好的, 也就是它们犯第二类错误的概率最小. 下面主要介绍这两种检验方法.

3.6.1　小样本的 W 检验

小样本指的是样本容量介于 3 到 50 之间. 假设从总体 X 中抽取的样本为 X_1, $X_2, \cdots, X_n$, 次序统计量为 $X_{(1)} \leqslant X_{(2)} \leqslant \cdots \leqslant X_{(n)}$, 其中 n 为样本容量, 所要检验的问题为

$$H_0 : X \text{ 服从正态分布}, \quad H_1 : X \text{ 不服从正态分布}. \tag{3.6.1}$$

Wilk 和 Shapiro 提出的检验统计量为

$$W = \frac{\left[\sum_{i=1}^{n} (a_i - \overline{a})(X_{(i)} - \overline{X}) \right]^2}{\sum_{i=1}^{n} (a_i - \overline{a})^2 \sum_{i=1}^{n} (X_{(i)} - \overline{X})^2}. \tag{3.6.2}$$

该检验统计量被称为 W 统计量, 它的取值在 $[0, 1]$, 且可以看成数对 $(a_i, X_{(i)})$ 的相关系数的平方, 其中 $i = 1, \cdots, n$. 式 (3.6.6) 中的系数 $a_1, \cdots, a_n$ 已制成表格供查用. 系数 $a_1, \cdots, a_n$ 满足下面的性质:

$$a_i = -a_{n+1-i}, \quad i = 1, 2, \cdots, \left[\frac{n}{2} \right], \tag{3.6.3}$$

$$\sum_{i=1}^{n} a_i = 0, \quad \sum_{i=1}^{n} a_i^2 = 1. \tag{3.6.4}$$

可以验证, 在 H_0 成立时, W 的取值应接近于 1, 因而检验的拒绝域应当为

$$\{ w : w \leqslant W_\alpha \}. \tag{3.6.5}$$

给定的显著水平 α, 在正态分布假定下, 使 $P(W \leqslant W_\alpha) = \alpha$ 成立的临界值可以通过查表得到.

例 3.6.1　抽查用克矽平治疗的矽肺患者 10 人, 得到他们治疗前后的血红蛋白 (单位: g/L) 如下:

$$2.7, \ -1.2, \ -1.0, \ 0, \ 0.7, \ 2.0, \ 3.7, \ -0.6, \ 0.8, \ -0.3,$$

现要检验治疗前后血红蛋白的差是否服从正态分布 ($\alpha = 0.05$).

    解   所要检验的假设为

$$H_0: \text{治疗前后血红蛋白的差服从正态分布},$$

$$H_1: \text{治疗前后血红蛋白的差不服从正态分布}.$$

对于 $n = 10$, $\alpha = 0.05$, 用式 (3.6.2) 中 W 检验统计量进行检验的拒绝域为

$$\{w : w \leqslant W_{0.05}\}, \tag{3.6.6}$$

其中 $W_{0.05} = 0.842$. W 检验统计量的计算过程见表 3.10. 由式 (3.6.6) 的 W 的观测值为

$$\sum_{i=1}^{n} (X_{(i)} - \overline{X})^2 = \sum_{i=1}^{n} X_{(i)}^2 - n(\overline{X})^2 = 29 - 10 \times 0.68^2 = 24.376,$$

$$W = \frac{(-4.7490)^2}{24.376} = 0.9252.$$

由于检验统计量 W 的观测值落到接受域中, 在显著水平 $\alpha = 0.05$ 上, 接受正态性假设, 认为检验治疗前后血红蛋白的差服从正态分布.

表 3.10 W 检验统计量的计算过程

i	a_i	$x(i)$	$x(i)^2$	$x(i) - \overline{x}$	$(a_i - \overline{a})(x(i) - \overline{x})$
1	0.5739	-1.2	1.44	-1.88	-1.0789
2	0.3291	-1.0	1.00	-1.68	-0.5529
3	0.2141	-0.6	0.36	-1.28	-0.2740
4	0.1224	-0.3	0.09	-0.98	-0.1200
5	0.0399	0.0	0.00	-0.68	-0.0271
6	-0.0399	0.7	0.49	0.02	-0.0008
7	-0.1224	0.8	0.64	0.12	-0.0147
8	-0.2141	2.0	4.00	1.32	-0.2826
9	-0.3291	2.7	7.29	2.02	-0.6648
10	-0.5739	3.7	13.69	3.02	-1.7332
求和	—	6.8	29	—	-4.7490

3.6.2 大样本的 D 检验

    大样本指的是样本容量大于 50. 假设从总体 X 中抽取的样本为 $X_1, X_2, \cdots, X_n$, 次序统计量为 $X_{(1)} \leqslant X_{(2)} \leqslant \cdots \leqslant X_{(n)}$, 其中 n 为样本容量. 所要检验的问题为

$$H_0: X \text{ 服从正态分布}, \quad H_1: X \text{ 不服从正态分布}. \tag{3.6.7}$$

D$'$Agostion 提出的检验统计量 D 为

$$D = \frac{\sum_{i=1}^{n}\left(i - \frac{n+1}{2}\right)X_{(i)}}{n^{3/2}\sqrt{\sum_{i=1}^{n}(X_i - \overline{X})^2}}. \tag{3.6.8}$$

可以验证, 在 H_0 成立时

$$E(D) \approx 0.28209479, \tag{3.6.9}$$

$$\sqrt{\mathrm{Var}(D)} = 0.02998598/\sqrt{n}, \tag{3.6.10}$$

进而

$$Y = \frac{\sqrt{n}(D - 0.28209479)}{0.02998598} \tag{3.6.11}$$

的渐进分布为 $N(0,1)$, 但其接近 $N(0,1)$ 的速度十分慢. D'Agustino 利用随机模拟的方法给出了更精确的分布表. 拒绝域应当为

$$\{y : y \leqslant Y_{\alpha/2} \text{ 或 } y \geqslant Y_{1-\alpha/2}\}. \tag{3.6.12}$$

在给定的显著水平 $\alpha = 0.05$, 在正态分布假定下, 使 $P(Y_{\alpha/2} \leqslant Y \leqslant Y_{1-\alpha/2}) = 1 - \alpha$ 成立的临界值可以通过查正态分布表得到.

例 3.6.2 某地区气象台测定的 1901 ～ 2000 年的年降雨量数据如下 (单位: m):

104.10	99.63	98.80	100.96	97.35	97.62	100.63	97.78	103.52	98.48
98.30	97.30	100.13	100.90	98.00	95.34	98.87	99.89	99.50	103.02
100.68	101.22	101.11	99.40	100.58	99.94	99.82	97.76	100.62	99.17
98.72	99.59	99.60	99.98	97.66	103.73	98.15	101.16	97.02	99.28
98.57	96.93	100.17	100.92	99.29	99.97	99.41	98.94	104.29	98.28
97.80	100.35	101.15	99.01	100.17	98.16	98.75	100.35	99.87	101.59
99.49	99.40	98.44	96.21	103.45	100.97	99.74	102.74	96.73	101.30
102.81	99.58	97.18	99.15	101.51	102.50	101.11	99.55	101.10	99.81
99.94	98.27	98.30	97.55	98.66	99.39	101.32	96.85	100.50	103.16
97.92	101.14	99.90	100.00	98.12	101.59	99.58	98.46	95.77	101.77

试在显著水平 $\alpha = 0.05$ 水平上检验该数据是否服从正态分布.

解 所要检验的假设为

$$H_0 : \text{某地区 } 1901 \sim 2000 \text{ 年的年降雨量服从正态分布}, \tag{3.6.13}$$

$$H_0 : \text{某地区 } 1901 \sim 2000 \text{ 年的年降雨量不服从正态分布}. \tag{3.6.14}$$

对于 $n = 100, \alpha = 0.05$, 用式 (3.6.8) 中 Y 检验统计量进行检验的拒绝域为

$$\{y : y \leqslant -2.54 \text{ 或 } y \geqslant 1.31\}.$$

其中 $Y_{0.025} = -2.54, Y_{0.925} = 1.31$. 计算 D 和 Y 的观测值为

$$D = 0.2800973, \quad Y = -0.6661533.$$

由于检验统计量 Y 的观测值落到接受域中, 在显著水平 $\alpha = 0.05$ 上, 接受原假设, 认为某地区 $1901 \sim 2000$ 年的年降雨量服从正态分布.

3.7 习　　题

3-1. 设某次考试的考生成绩服从正态分布, 从中随机抽取 50 位考生的成绩, 得到的平均成绩为 76.9 分, 标准差为 15 分. 问在显著水平为 0.05 下, 是否可以认为全体考生这次考试的平均成绩为 80 分?

3-2. 长期统计资料表明, 某市轻工产品月产值的百分比 X 服从正态分布, 方差为 $\sigma^2 = 1.69$. 现任意抽查 10 个月, 轻工产品月产值占总产值的百分比为 (单位: %)

　　41.08　　40.99　　42.01　　42.11　　41.91　　41.39　　42.21　　41.81　　42.11　　40.97

问在显著水平为 0.05 下, 是否可以认为过去该市轻工产品月产值占该市工业产品总产值百分比的平均数为 42% .

3-3. 某厂生产的一种铜丝, 它的主要质量指标为折断力大小 (单位: kg). 根据以往资料分析, 折断力 X 服从正态分布 $N(100, 1.6^2)$. 今改变原材料生产一批铜丝, 并从中抽出 8 个样品, 测得折断力为

　　　　101　　　　106　　　　98　　　　102　　　　103　　　　98　　　　99　　　　103

根据材料性质的分析, 估计折断力的方差不会改变. 问这批铜丝的折断力是否比以往生产铜丝的折断力更大 ($\alpha = 0.05$).

3-4. 为了研究某减肥药的效果, 现对 10 人进行临床试验. 测量服药之前和药物服用一个疗程之后的体重记录如表 3.11 所示 (单位: kg).

表 3.11　试验记录

人员	1	2	3	4	5	6	7	8	9	10
服药前	80	84	68	56	69	83	78	74	70	63
服药后	75	72	65	56	63	80	72	70	65	59
服药前后的差值	5	12	63	0	6	3	6	4	5	4

假设服药前后的体重差值服从正态分布, 试在显著水平 $\alpha = 0.05$ 下, 判断减肥药是否有效.

3-5. 市质监局接到投诉后, 对某金店进行质量调查. 现从其出售的标志 18K 的项链中抽取 10 件进行检测, 检测标准为: 标准值 18K 且标准差不得超过 0.3K, 检测结果如下:

17.4   16.6   17.9   18.2   17.3   18.5   17.2   18.1   18.1   17.9

假设项链的含金量服从正态分布, 试问检测结果是否能够认为金店出售的产品存在质量问题 ($\alpha = 0.01$).

3-6. 某电子元件的寿命 X 服从正态分布 $N(\mu, \sigma^2)$, 其中 μ 和 σ^2 未知. 现测得 10 个元件, 其寿命如下 (单位: h):

169   210   270   352   111   158   222   240   234   159

给定显著水平 $\alpha = 0.05$.

(1) 问元件的寿命是否大于 225h;

(2) 问元件寿命的方差是否等于 100^2.

3-7. 某香烟厂生产两种香烟, 独立地随机抽取容量大小相同的烟叶标本, 测试尼古丁含量, 实验室分别做了 6 次测定, 数据记录如表 3.12 所示 (单位: mg).

表 3.12   两种香烟的数据

甲	24	27	22	25	28	21
乙	28	22	29	24	20	26

假设尼古丁含量服从正态分布且具有公共方差. 试问这两种香烟的尼古丁含量有无显著差异, 给定 $\alpha = 0.05$.

3-8. 某苗圃采用两种育苗方案做育苗实验. 在两组育苗实验中, 已知苗高的标准差分别为 $\sigma_1 = 40$, $\sigma_2 = 36$. 各取 100 株苗作为样本, 求出苗高的平均数为 $\overline{X}_1 = 2.37\text{m}$, $\overline{X}_2 = 1.99\text{m}$. 试以置信度 0.95 来检验两种试验方案对平均苗高的影响.

3-9. 用车床生产一批零件. 按照生产规格的要求, 每个零件长度 15mm, 标准差 σ 不能超过 0.45mm. 假设零件的长度服从正态分布. 从这批零件中随机抽取 10 个零件, 测得其长度为

15.20   15.30   14.66   14.94   15.14   14.98   14.76   14.82   14.50   15.48

试问用标准差来衡量, 这批零件是否合格, 给定 $\alpha = 0.05$.

3-10. 甲乙两种矿石中含铁量分别服从正态分布 $N(\mu_1, \sigma_1^2)$ 与 $N(\mu_2, \sigma_2^2)$. 现分别从两种矿石中各取若干样品测其含铁量, 其样本量、样本均值和样本方差分别为

甲矿石: $n = 10, \overline{x} = 16.1, s_x^2 = 10.80$;

乙矿石: $m = 5, \overline{y} = 18.9, s_y^2 = 0.27$.

试在显著水平 $\alpha = 0.05$ 下检验假设: 甲矿石含铁量不低于乙矿石的含铁量.

3-11. 甲乙两台机床分别加工某种轴, 轴直径分别服从正态分布 $N(\mu_1, \sigma_1^2)$ 与 $N(\mu_2, \sigma_2^2)$, 为了比较两台机床的加工精度有无显著差异, 从各自加工的轴中分别抽取若干根轴测其直径, 结果如表 3.13 所示 (单位: mm).

表 3.13　抽取的轴直径值

| X(机床甲) | 10.5 | 9.8 | 9.7 | 10.4 | 10.1 | 10.0 | 9.0 | 9.9 |
| Y(机床乙) | 10.7 | 9.8 | 9.5 | 10.8 | 10.4 | 9.6 | 10.2 | |

假定置信度为 $\alpha = 0.05$.

3-12. 测试两批电子器件的样品的电阻如表 3.14 所示 (单位: Ω).

表 3.14　两批电子器件的样品的电阻值

| 甲批 (x_i) | 1.14 | 1.13 | 1.14 | 1.14 | 1.14 | 1.13 |
| 乙批 (y_i) | 1.13 | 1.14 | 1.12 | 1.13 | 1.13 | 1.14 |

假设这两批器件的电阻值总体分别服从正态分布 $N(\mu_1, \sigma_1^2)$ 和 $N(\mu_2, \sigma_2^2)$, 且两个样本相互独立. 给定 $\alpha = 0.05$. 检验假设 $H_0 : \sigma_1^2 = \sigma_2^2$, $H_1 : \sigma_1^2 \neq \sigma_2^2$.

如果接受原假设 H_0, 则继续检验假设 $H_0' : \mu_1 = \mu_2$, $H_1' : \mu_1 \neq \mu_2$.

3-13. 独立地用两种工艺对 10 批材料进行生产, 得到产品的某性能指标如表 3.15 所示.

表 3.15　产品的某性能指标

| 工艺甲 | 1.417 | 2.022 | 1.313 | 1.750 | 1.924 | 1.853 | 1.399 | 1.523 | 1.467 |
| 工艺乙 | 1.411 | 2.010 | 1.436 | 1.631 | 1.864 | 1.875 | 1.361 | 1.523 | 1.581 |

能否判断这两种工艺方法对产品某性能指标有无显著影响 ($\alpha = 0.05$).

3-14. 为了检验两种不同谷物种子的优劣, 选取 9 块面积相同的试验田, 种植这两种种子. 各块试验田的土质是相同的, 产量如表 3.16 所示 (单位: 100kg):

表 3.16　两种种子的产量

| 种子 A | 1.95 | 1.45 | 1.39 | 2.21 | |
| 种子 B | 3.31 | 2.31 | 1.49 | 3.26 | 2.28 |

试检验这两种种子种植的谷物的产量是否存在显著的差异 ($\alpha = 0.10$).

3-15. 根据某市公路交通部门某年中前 6 个月交通事故记录, 统计得星期一到星期日发生交通事故的次数如表 3.17 所示.

表 3.17　星期一到星期日发生交通事故的次数

时间	星期一	星期二	星期三	星期四	星期五	星期六	星期日
次数	73	49	65	71	80	100	50

问交通事故的发生是否与星期几无关 ($\alpha = 0.05$).

3-16. 某次考试包含 6 道选择题. 参加考试共计 200 人, 统计试卷给出正确选择题答案的个数分布如表 3.18 所示.

表 3.18　选择题成绩与人数

成绩	0	1	2	3	4	5	6
人数	28	54	52	40	20	3	3

检验试卷给出正确选择题答案的个数是否服从泊松分布 ($\alpha = 0.05$).

3-17. 随机地从一批铜丝中任取 20 根, 测试折断力, 得数据为 (单位: kg):

$$174 \quad 197 \quad 187 \quad 194 \quad 267 \quad 203 \quad 196 \quad 180 \quad 181 \quad 157$$
$$209 \quad 186 \quad 162 \quad 222 \quad 266 \quad 195 \quad 189 \quad 186 \quad 177 \quad 189$$

取 $\alpha = 0.01$, 检验这批铜丝的折断力是否服从正态分布.

3-18. 为了研究慢性气管炎与吸烟量的关系, 调查了 1150 人, 统计数据如表 3.19 所示 (单位: 支/日).

表 3.19　慢性气管炎与吸烟量的关系研究数据

	< 10	10 ~ 20	> 20	求和
患病人数	226	247	153	626
健康人数	200	223	101	524
总和	426	470	254	1150

试问慢性气管炎与吸烟量是否有关? 给定显著水平 $\alpha = 0.05$.

3-19. 设总体 X 的密度函数为

$$f(x; \theta) = \begin{cases} \dfrac{1}{\theta} \mathrm{e}^{-x/\theta}, & 0 < x < \infty, 0 < \theta < \infty, \\ 0, & \text{其他}. \end{cases}$$

$X_1, X_2, \cdots, X_n$ 为其样本, 分别求

(1) $H_0 : \theta = 2$, $H_1 : \theta = 4$;

(2) $H_0 : \theta = 2$, $H_1 : \theta = 1$

的最佳检验, 给定显著水平 $\alpha = 0.05$.

3-20. 设总体 X 服从伯努利分布 $B(1,p)$, 即密度函数为

$$P(x;p) = \begin{cases} \mathrm{C}_1^x p^x (1-p)^{1-x}, & x = 0,1, \\ 0, & \text{其他}, \end{cases}$$

其中 $0 < p < 1$, $X_1, X_2, \cdots, X_n$ 为其样本, 对于足够大的 n, 分别试求:

(1) $H_0: p = \dfrac{1}{2}$, $H_1: p = \dfrac{1}{3}$;

(2) $H_0: p = \dfrac{1}{3}$, $H_1: p = \dfrac{1}{2}$

的最佳检验, 给定显著水平 $\alpha = 0.05$.

第4章

区间估计

区间估计是为了估计总体参数的可能取值, 这些可能的数值用区间来表示, 同时给出参数落入这个区间的概率. 区间估计属于参数估计的方法之一. 前面介绍了参数估计的另一种方法 —— 点估计, 是给出总体参数的统计估计值. 相比较而言, 区间估计对总体参数可能取值及其估计的精度描述更全面. 本章的主要内容包括参数估计的基本概念、构造区间估计的一些常用方法等.

4.1 基 本 概 念

总体参数可能是一个数值, 也可能是多个数值所构成的向量. 不论是数值还是向量, 为了描述其可能的取值范围, 可以选择两个量分别代表这个范围的下限和上限. 为了简单直观, 下面假设总体参数是一个数值.

直观地说, 区间估计方法是希望找到两个统计量分别代表总体参数可能取值区间的下限和上限. 不失一般性, 假设总体的未知参数为 θ, 统计量 $\widehat{\theta}_1$ 和 $\widehat{\theta}_2$ 满足 $\widehat{\theta}_1 \leqslant \widehat{\theta}_2$. 区间估计方法要求对预先给定的 α, 使得 $\widehat{\theta}_1$ 和 $\widehat{\theta}_2$ 满足

$$P(\widehat{\theta}_1 \leqslant \theta \leqslant \widehat{\theta}_2) \geqslant 1 - \alpha, \tag{4.1.1}$$

则 $[\widehat{\theta}_1, \widehat{\theta}_2]$ 称为置信度为 $1 - \alpha$ 的双侧置信区间. 统计量 $\widehat{\theta}_1$ 和 $\widehat{\theta}_2$ 分别代表参数 θ 双侧置信区间的区间下限和区间上限, 其中 $1 - \alpha$ 称为置信度 (也称为置信水平或置信系数). 一般情况下, 选择的 α 比较小, 也就是 $1 - \alpha$ 比较大. 但是实际问题是不同的, 置信度选择也不一样. 常用的置信度水平为 1%、2.5% 和 5%. 由于区间估计的上限 $\widehat{\theta}_2$ 和下限 $\widehat{\theta}_1$ 是两个统计量, 也是随机变量, 因此区间 $[\widehat{\theta}_1, \widehat{\theta}_2]$ 是一个随机区间. 一旦有了样本 $X_1, \cdots, X_n$, 带入到统计量中, 得到参数 θ 的区间估计 $[\widehat{\theta}_1(X_1, \cdots, X_n), \widehat{\theta}_2(X_1, \cdots, X_n)]$.

对于给定的总体参数 θ, 首先希望式 (4.1.1) 中的概率值 $P(\widehat{\theta}_1 \leqslant \theta \leqslant \widehat{\theta}_2)$ 尽可能大. 这是为了参数 θ 真实数值落在区间 $[\widehat{\theta}_1, \widehat{\theta}_2]$ 内的可靠性增高, 相应的置信区间

$[\widehat{\theta_1}, \widehat{\theta_2}]$ 长度就变大. 然而, 置信区间 $[\widehat{\theta_1}, \widehat{\theta_2}]$ 的更大长度使区间估计的精度更低. 把区间长度 $\widehat{\theta_2} - \widehat{\theta_1}$ 称为区间估计的精度.

区间估计的置信度过低, 会直接降低区间估计的可靠性, 最终会影响估计结果的实用性. 反之, 过分强调可靠性, 提高置信度, 会降低区间估计的精度, 也同样会影响估计结果的实用性. 例如, 估计一个成年人的体重在某一个区间内, 如 [60kg, 70kg] 内. 希望这个区间估计尽量可靠, 该成年人的体重有很大把握在这个区间内, 并且要求区间长度不能太长. 如果一个成年人体重在 [40kg, 170kg] 内, 当然这个估计可靠度很大, 但精度太差, 也就没有太多的实用价值.

因此, 区间估计应当同时考虑区间的置信度和精度. 不过, 这两个要求是相互矛盾的, 提高区间估计的置信度和精度是有一定限度的. 目前, 一个被广泛接受的原则是: 先保证区间估计的置信度, 在这个前提下尽量使区间的精度提高. 现在的很多方法都是按照这一原则寻找优良精度的区间估计.

在有些区间估计的问题中, 不是寻找双侧置信区间, 而是更关心单侧置信区间. 例如, 对于设备和元件的寿命问题, 关心未知参数 "至少有多大"; 而考虑药品的毒性、轮胎的磨损和产品的不合格品率等问题时, 更关心未知参数 "不超过多大". 不失一般性, 假设总体的未知参数为 θ. 对于预先给定的 α, 如果统计量 $\widehat{\theta_1}$ 代表参数 θ 单侧置信区间的置信下限, 则

$$P(\theta \geqslant \widehat{\theta_1}) \geqslant 1 - \alpha. \tag{4.1.2}$$

对于预先给定的 α, 如果统计量 $\widehat{\theta_2}$ 代表参数 θ 单侧置信区间的置信上限, 则

$$P(\theta \leqslant \widehat{\theta_2}) \geqslant 1 - \alpha. \tag{4.1.3}$$

式 (4.1.2) 和式 (4.1.3) 中的 $1 - \alpha$ 称为区间估计的置信度.

4.2 区间估计的方法

为了能够构造满足给定置信度的置信区间, 先引入一个工具 —— 枢轴量, 借助枢轴量来构造置信区间.

4.2.1 枢轴量

假设 $X_1, \cdots, X_n$ 为来自正态总体 $N(\mu, \sigma^2)$ 的样本, 要求未知参数 μ 的区间估计. 先假设 σ^2 是已知的.

先需要找到未知参数 μ 的优良点估计. 根据前面的理论, 可选择样本均值 $\overline{X}$. 由正态总体的性质可知,

$$\sqrt{n}(\overline{X} - \mu)/\sigma \sim N(0, 1). \tag{4.2.1}$$

记 Φ 为标准正态分布 $N(0,1)$ 的分布函数, 其均值为 0, 方差为 1. 如果

$$\Phi(u_\alpha) = \alpha, \tag{4.2.2}$$

称 u_α 为标准正态分布的 α 分位点, 其意义表示服从标准正态分布的随机变量不大于 u_α 的概率为 α. 选择 α_1 和 α_2, 满足 $0 \leqslant \alpha_1, \alpha_2 \leqslant \alpha$ 且 $\alpha_1 + \alpha_2 = \alpha$. 于是

$$P(u_{\alpha_1} \leqslant \sqrt{n}(\overline{X} - \mu)/\sigma \leqslant u_{1-\alpha_2})$$
$$= \Phi(u_{1-\alpha_2}) - \Phi(u_{\alpha_1}) = 1 - \alpha_2 - \alpha_1 = 1 - \alpha. \tag{4.2.3}$$

经过不等式变换之后, 可以得到

$$P(\overline{X} - \sigma u_{1-\alpha_2}/\sqrt{n} \leqslant \mu \leqslant \overline{X} - \sigma u_{\alpha_1}/\sqrt{n}) = 1 - \alpha. \tag{4.2.4}$$

由双侧置信区间的定义可知, 对于满足要求的任意 α_1 和 α_2

$$[\overline{X} - \sigma u_{1-\alpha_2}/\sqrt{n}, \overline{X} - \sigma u_{\alpha_1}/\sqrt{n}] \tag{4.2.5}$$

为参数 θ 的置信度 $1 - \alpha$ 的双侧置信区间. 为了得到一个优良的区间估计, 还需要讨论双侧置信区间的精度. 根据式 (4.2.5), 可以计算该置信区间的长度为

$$(\overline{X} - \sigma u_{\alpha_1}/\sqrt{n}) - (\overline{X} - \sigma u_{1-\alpha_2}/\sqrt{n}) = \sigma(u_{1-\alpha_2} - u_{\alpha_1})/\sqrt{n}.$$

上式显示区间长度是由标准差 σ、样本量 n、分位数 u_{α_1} 和 $u_{1-\alpha_2}$ 所决定的. 其中标准差 σ 是已知的. 随着样本量 n 的增加, 区间长度会减少, 区间估计的精度会增高. 在实际问题中, 样本量 n 是预先确定的. 因此, 影响区间长度的主要因素是分位数 u_{α_1} 和 $u_{1-\alpha_2}$ 的选择或者 α_1 和 α_2 的选择. 注意到 $\Phi(-u_\alpha) = \Phi(u_{1-\alpha})$.

$$\sigma(u_{1-\alpha_2} - u_{\alpha_1})/\sqrt{n} = \sigma(u_{1-\alpha_1} + u_{1-\alpha_2})/\sqrt{n}.$$

由于 $\alpha_1 + \alpha_2 = \alpha$, 故存在常数 $\delta \geqslant 0$, 使得 $\delta = \alpha/2 - \alpha_1 = \alpha_2 - \alpha/2$. 当 $\delta = 0$ 时, 区间长度 $\sigma(u_{1-\alpha_1} + u_{1-\alpha_2})/\sqrt{n}$ 达到最小, 也就是说, 区间 $[\overline{X} - \sigma u_{1-\alpha/2}/\sqrt{n}, \overline{X} - \sigma u_{\alpha/2}/\sqrt{n}]$ 是参数 θ 的置信度 $1 - \alpha$ 的优良区间估计.

一般地, 如果找到的未知参数统计量的函数是对称分布, 例如, 在上例中当 σ^2 未知时得到的 t- 分布, 与式 (4.2.1) 的正态分布相类似, 其区间估计的分位数也可按照同样方法确定. 如果未知参数统计量函数的分布函数不是对称的, 按照上面的过程也可以找到优良的区间估计, 然而分位数的确定比较麻烦. 为了简单, 直接选择相应分布函数的 $\alpha/2$ 分位数和 $1 - \alpha/2$ 分位数.

把上述的过程推广为构造区间估计的一般方法, 即

(1) 对于总体的未知参数 $g(\theta)$, 找到一个性质优良的估计量 T, 一般选择性质优良的点估计. 在本例中, $g(\theta) = \mu$ 的统计量是 $T = \overline{X}$.

(2) 找出统计量 T 和 $g(\theta)$ 的某一函数 $S(T, g(\theta))$, 其分布函数 F 要与未知参数 θ 无关, 并且函数 $S(T, g(\theta))$ 中除了 $g(\theta)$ 之外不再包含其他未知参数. 这样的函数 $S(T, g(\theta))$ 称为枢轴量. 在本例中, $S(T, g(\theta)) = \sqrt{n}(\overline{X} - \mu)/\sigma$, 其分布服从标准正态分布.

(3) 选取分布函数 F 的 $\alpha/2$ 分位数 $w_{\alpha/2}$ 和 $1 - \alpha/2$ 分位数 $w_{1-\alpha/2}$, 即 $F(w_{\alpha/2}) = \alpha/2$ 和 $F(w_{1-\alpha/2}) = 1 - \alpha/2$. 于是, $P(w_{\alpha/2} \leqslant S(T, g(\theta)) \leqslant w_{1-\alpha/2}) = 1 - \alpha$. 把不等式 $w_{\alpha/2} \leqslant S(T, g(\theta)) \leqslant w_{1-\alpha/2}$ 变换为 $A(w_{1-\alpha/2}, w_{\alpha/2}, T) \leqslant g(\theta) \leqslant B(w_{1-\alpha/2}, w_{\alpha/2}, T)$ 形式, 则 $[A(w_{1-\alpha/2}, w_{\alpha/2}, T), B(w_{1-\alpha/2}, w_{\alpha/2}, T)]$ 就是参数 $g(\theta)$ 置信度 $1 - \alpha$ 的区间估计.

(4) 如果考虑的是单侧区间估计的问题, 则选取分布函数 F 的 α 分位数 w_α 或 $1 - \alpha$ 分位数 $w_{1-\alpha}$, 即 $F(w_\alpha) = \alpha$ 和 $F(w_{1-\alpha}) = 1 - \alpha$. 于是, 由 $P(S(T, g(\theta)) \leqslant w_{1-\alpha}) = 1 - \alpha$ 或 $P(S(T, g(\theta)) \geqslant w_\alpha) = 1 - \alpha$, 可以得到不等式 $g(\theta) \geqslant A(w_{1-\alpha}, w_\alpha, T)$ 或 $g(\theta) \leqslant B(w_{1-\alpha}, w_\alpha, T)$, 则 $A(w_{1-\alpha}, w_\alpha, T)$ 称为参数 $g(\theta)$ 置信度 $1 - \alpha$ 单侧置信区间的区间下限. $B(w_{1-\alpha}, w_\alpha, T)$ 称为参数 $g(\theta)$ 置信度 $1 - \alpha$ 单侧置信区间的区间上限.

该方法可以用于很多实际问题的区间估计. 在下文中, 区间估计都是利用该方法构造的.

4.2.2 总体均值的置信区间

正态分布函数 $N(\mu, \sigma^2)$ 是由总体均值 μ 和方差 σ^2 所确定的. 不同方差 σ^2 对应不同的分布函数, 也会影响均值 μ 的区间估计. 下面针对总体方差 σ^2 是否已知来分别讨论总体均值 μ 的区间估计. 假设正态总体 $N(\mu, \sigma^2)$ 的样本为 $X_1, \cdots, X_n$.

1. 总体方差 σ^2 已知时总体均值 μ 的置信区间

当 σ^2 已知时, 按照 4.2.1 节的构造过程, 选择 $S(T, g(\theta)) = \sqrt{n}(\overline{X} - \mu)/\sigma$ 作为枢轴量. 对于给定的置信度 α, 选择分位数 $u_{\alpha/2}$ 和 $u_{1-\alpha/2}$, 满足 $\Phi(u_{\alpha/2}) = \alpha/2$ 和 $\Phi(u_{1-\alpha/2}) = 1 - \alpha/2$. 于是, 得到式 (4.2.5) 的双侧置信区间.

如果考虑的是单侧区间估计的问题, 当 σ^2 已知并给定置信度 $1 - \alpha$, 选择分位数 $u_{1-\alpha}$, 满足 $\Phi(u_{1-\alpha}) = 1 - \alpha$. 于是, $P(\mu \geqslant \overline{X} - \sigma u_{1-\alpha}/\sqrt{n}) = 1 - \alpha$, 即当 σ^2 已知时总体均值 μ 的单侧置信区间的下限为 $\overline{X} - \sigma u_{1-\alpha}/\sqrt{n}$. 另外, 选择分位数 u_α, 满足 $\Phi(u_\alpha) = \alpha$. 于是, $P(\mu \leqslant \overline{X} - \sigma u_\alpha/\sqrt{n}) = 1 - \alpha$. 当 σ^2 已知时总体均值 μ 的单侧置信区间的上限为 $\overline{X} - \sigma u_\alpha/\sqrt{n}$.

例 4.2.1   如果一个矩形的宽度与长度之比为 $(\sqrt{5} - 1)/2 = 0.618$, 则称此矩

形为黄金矩形, 这种比例称为黄金比例. 这类尺寸的矩形能给人以美好的感觉. 基于此, 现代的建筑构建 (如窗架)、工艺品 (如图片镜框)、商业信用卡等其外形都是采用黄金矩形. 某工艺品厂想知道自己加工的矩形工艺品的尺寸与黄金矩形接近的程度, 于是随机从成品车间取出 24 个工艺品, 测得它们的长度和宽度并计算出黄金比例, 数值见表 4.1. 已知该厂生产的矩形工艺品的黄金比例服从正态分布, 总体标准差 $=0.05$, 试建立该种工艺品黄金比例值的双侧置信区间, 给定置信水平为 0.95.

表 4.1　某工艺品厂工艺品尺寸的黄金比例

序号	1	2	3	4	5	6	7	8
黄金比例	0.6270	0.6286	0.6248	0.6290	0.6252	0.6319	0.6283	0.6303
序号	9	10	11	12	13	14	15	16
黄金比例	0.6264	0.6216	0.6268	0.6278	0.6324	0.6322	0.6300	0.6298
序号	17	18	19	20	21	22	23	24
黄金比例	0.6385	0.6337	0.6309	0.6353	0.6291	0.6296	0.6281	0.6362

解　在解决该问题时, 首先应该注意到, 由式 (4.2.5) 可知, 黄金比例的区间估计为

$$[\overline{X} - \sigma u_{1-\alpha/2}/\sqrt{n}, \quad \overline{X} - \sigma u_{\alpha/2}/\sqrt{n}],$$

其中标准差 $\sigma = 0.05$, $n = 24$, $\alpha = 0.05$. 查询标准正态分布表可得, $u_{0.025} = -1.96$ 和 $u_{0.975} = 1.96$. 样本均值为 $\overline{x} = 0.6297$. 于是, $\overline{x} - \sigma u_{1-\alpha/2}/\sqrt{n} = 0.6297 - 0.05 \times 1.96/\sqrt{24} = 0.6097$ 和 $\overline{x} - \sigma u_{\alpha/2}/\sqrt{n} = 0.6297 - 0.05 \times (-1.96)/\sqrt{24} = 0.6497$. 该工艺品黄金比例值的置信度 0.95 的双侧置信区间为 $[0.6097, 0.6497]$, 即在置信度 0.95 下, 可以认为该工艺品黄金比例值在 0.6097 和 0.6497 之间.

2. 总体方差 σ^2 未知时总体均值 μ 的置信区间

设总体服从正态分布 $N(\mu, \sigma^2)$, 但总体方差 σ^2 未知. 在这样的条件下, 总体均值 μ 的估计量依然为 $\overline{X}$. 于是, $\overline{X} \sim N(\mu, \sigma^2/n)$ 且 $\sqrt{n}(\overline{X} - \mu)/\sigma \sim N(0,1)$. 由于 $\sqrt{n}(\overline{X} - \mu)/\sigma$ 包含未知参数 σ, 故不能作为枢轴量, 需要使用样本标准差 $S = \sqrt{1/(n-1)\sum_{i=1}^{n}(X_i - \overline{X})^2}$ 代替 σ. 根据前面的知识可知

$$\frac{\sqrt{n}(\overline{X} - \mu)}{S} \sim T_{n-1}, \tag{4.2.6}$$

其中 T_{n-1} 代表 $n-1$ 个自由度的 t- 分布. 由于该式中只包含一个未知参数 μ, 故可以作为枢轴量. 对于给定的置信度 α, 选择 t- 分布的分位数 $t_{\alpha/2, n-1}$ 和 $t_{1-\alpha/2, n-1}$,

满足 $T_{n-1}(t_{\alpha/2,n-1}) = \alpha/2$ 和 $T_{n-1}(t_{1-\alpha/2,n-1}) = 1-\alpha/2$. 于是,

$$P\left(t_{\alpha/2,n-1} \leqslant \frac{\sqrt{n}(\overline{X} - \mu)}{S} \leqslant t_{1-\alpha/2,n-1}\right) = 1-\alpha, \qquad (4.2.7)$$

即

$$P\left(\overline{X} - \frac{t_{1-\alpha/2,n-1}}{\sqrt{n}}S \leqslant \mu \leqslant \overline{X} - \frac{t_{\alpha/2,n-1}}{\sqrt{n}}S\right) = 1-\alpha.$$

进而, 总体均值 μ 的置信度 $1-\alpha$ 的双侧置信区间为

$$\left[\overline{X} - \frac{t_{1-\alpha/2,n-1}}{\sqrt{n}}S, \overline{X} - \frac{t_{\alpha/2,n-1}}{\sqrt{n}}S\right]. \qquad (4.2.8)$$

如果考虑总体均值 μ 的单侧区间估计问题, 对于给定的置信度 $1-\alpha$, 选择 t- 分布的分位数 $t_{\alpha,n-1}$ 和 $t_{1-\alpha,n-1}$, 满足 $T_{n-1}(t_{\alpha,n-1}) = \alpha$ 和 $T_{n-1}(t_{1-\alpha,n-1}) = 1-\alpha$. 于是,

$$P\left(\frac{\sqrt{n}(\overline{X} - \mu)}{S} \geqslant t_{\alpha,n-1}\right) = 1-\alpha,$$

$$P\left(\frac{\sqrt{n}(\overline{X} - \mu)}{S} \leqslant t_{1-\alpha,n-1}\right) = 1-\alpha.$$

经过运算之后, 可以得到

$$P\left(\mu \leqslant \overline{X} - \frac{t_{\alpha,n-1}}{\sqrt{n}}S\right) = 1-\alpha,$$

$$P\left(\mu \geqslant \overline{X} - \frac{t_{1-\alpha,n-1}}{\sqrt{n}}S\right) = 1-\alpha.$$

因此, $\overline{X} - t_{\alpha,n-1}S/\sqrt{n}$ 为总体均值 μ 的置信度 $1-\alpha$ 单侧置信区间的上限. 另外, $\overline{X} - t_{1-\alpha,n-1}S/\sqrt{n}$ 为总体均值 μ 的置信度 $1-\alpha$ 单侧置信区间的下限.

例 4.2.2 在例 4.2.1 中, 假定总体方差未知, 试建立该种工艺品黄金比例值的双侧置信区间, 给定置信度为 0.95.

解 在例 4.2.1 中, 样本量 $n = 24$, 样本均值 $\overline{x} = 0.6297$, 样本标准差 $s = 0.0038$. 对于 $\alpha = 0.05$, 查询 t- 分布表可得, $t_{0.025,23} = -2.068$ 和 $t_{0.975,23} = 2.068$. 因为总体的方差是未知的, 根据式 (4.2.8), 有

$$\overline{x} - \frac{t_{\alpha/2,n-1}}{\sqrt{n}}s = 0.6297 - \frac{-2.068}{\sqrt{24}} \times 0.0038 = 0.631,$$

$$\overline{x} - \frac{t_{1-\alpha/2,n-1}}{\sqrt{n}}s = 0.6297 - \frac{2.068}{\sqrt{24}} \times 0.0038 = 0.628.$$

因此, 当总体方差未知时, 该工艺品黄金比例值的置信度 0.95 的双侧置信区间为 $[0.628, 0.631]$, 即在置信度 0.95 下, 可以认为该工艺品黄金比例值在 0.628 和 0.631 之间. 在这个例子中, 黄金比例 0.618 不在区间 $[0.628, 0.631]$ 之内, 而且该区间的最小值比 0.618 还大 0.010, 可以认为该工艺品黄金比例值大于 0.618. 这个结论似乎与例 4.2.1 的结论不同, 主要原因是两个问题的已知条件是不同的, 即总体方差是否已知, 这对结论具有重要影响. 例 4.2.1 的总体标准差为 0.05, 例 4.2.2 的样本标准差为 0.0038, 这两个数值差距很大, 是影响这两个例子结论的重要原因.

例 4.2.3 为了研究某大学学生每天参加体育锻炼的情况, 从该校学生中随机抽取 100 人, 调查到他们每天参加体育锻炼的平均时间为 20min. 假设学生体育锻炼的时间服从正态分布, 总体方差未知. 样本标准差为 34, 试建立在置信度 0.95 下该校学生每天参加体育锻炼时间的区间估计.

解 由题意知, 总体方差是未知的, 样本量 $n = 100$, 样本均值 $\bar{x} = 20$, 样本标准差 $S = 34$. 对于 $\alpha = 0.05$, 查询 t- 分布表可得, $t_{0.025,99} = -2.014$ 和 $t_{0.975,99} = 2.014$. 因为总体方差是未知的, 根据式 (4.2.8), 有

$$\bar{x} - \frac{t_{\alpha/2, n-1}}{\sqrt{n}} s = 20 - \frac{-2.014}{\sqrt{100}} 34 = 26.85,$$

$$\bar{x} - \frac{t_{1-\alpha/2, n-1}}{\sqrt{n}} s = 20 - \frac{2.014}{\sqrt{100}} 34 = 13.15.$$

在置信度 0.95 下, 该校学生每天参加体育锻炼时间的双侧置信区间为 $[13.15, 26.85]$. 即学生每天参加体育锻炼的时间在 13.15min 到 26.85min 之间.

4.2.3 两个总体均值之差的置信区间

在实际问题中常常会遇到需要同时处理两个正态总体的情况, 特别是两个总体均值差的区间估计. 例如, 化工产品生产的新工艺与原工艺得率的比较, 对工厂提高生产效率具有重要意义.

不失一般性, 假设 $X_1, \cdots, X_{n_1}$ 是取自正态总体 $N(\mu_1, \sigma_1^2)$ 的一个样本, $Y_1, \cdots, Y_{n_2}$ 是取自正态总体 $N(\mu_2, \sigma_2^2)$ 的一个样本, 且设这两个样本相互独立. 从两个总体中独立抽取的样本, 一个样本的元素与另一个样本的任何元素都相互独立, 称这样的两个样本是相互独立的. 根据两个总体方差 σ_1^2 和 σ_2^2 是否已知, 分为下面的两种情况来讨论.

1. 总体方差 σ_1^2 和 σ_2^2 已知时两个总体均值之差 $\mu_1 - \mu_2$ 的置信区间

当 σ_1^2 和 σ_2^2 已知时, 选择样本均值 $\overline{X}$ 和 $\overline{Y}$ 分别作为总体均值 μ_1 和 μ_2 的估计量, 样本均值差 $\overline{X} - \overline{Y}$ 作为总体均值差 $\mu_1 - \mu_2$ 的估计量, 并且

$$\frac{(\overline{X} - \overline{Y}) - (\mu_1 - \mu_2)}{\sqrt{\sigma_1^2/n_1 + \sigma_2^2/n_2}} \sim N(0, 1). \tag{4.2.9}$$

根据枢轴量的定义, 式 (4.2.9) 只包含未知参数 $\mu_1 - \mu_2$, 且其分布为标准正态分布, 故 $[(\overline{X} - \overline{Y}) - (\mu_1 - \mu_2)]/\sqrt{\sigma_1^2/n_1 + \sigma_2^2/n_2}$ 可以作为枢轴量. 对于给定的置信度 $1 - \alpha$, 选择分位数 $u_{\alpha/2}$ 和 $u_{1-\alpha/2}$, 满足 $\Phi(u_{\alpha/2}) = \alpha/2$ 和 $\Phi(u_{1-\alpha/2}) = 1 - \alpha/2$. 于是

$$P\left(u_{\alpha/2} \leqslant \frac{(\overline{X} - \overline{Y}) - (\mu_1 - \mu_2)}{\sqrt{\sigma_1^2/n_1 + \sigma_2^2/n_2}} \leqslant u_{1-\alpha/2}\right) = 1 - \alpha, \tag{4.2.10}$$

即

$$P\left((\overline{X} - \overline{Y}) - u_{1-\alpha/2}\sqrt{\frac{\sigma_1^2}{n_1} + \frac{\sigma_2^2}{n_2}} \leqslant \mu_1 - \mu_2 \leqslant (\overline{X} - \overline{Y}) - u_{\alpha/2}\sqrt{\frac{\sigma_1^2}{n_1} + \frac{\sigma_2^2}{n_2}}\right) = 1 - \alpha.$$

进而, 两个总体均值之差 $\mu_1 - \mu_2$ 的双侧置信区间为

$$\left[(\overline{X} - \overline{Y}) - u_{1-\alpha/2}\sqrt{\frac{\sigma_1^2}{n_1} + \frac{\sigma_2^2}{n_2}}, \quad (\overline{X} - \overline{Y}) - u_{\alpha/2}\sqrt{\frac{\sigma_1^2}{n_1} + \frac{\sigma_2^2}{n_2}}\right]. \tag{4.2.11}$$

对于两个总体均值差 $\mu_1 - \mu_2$ 单侧置信区间估计的问题. 给定置信度 $1 - \alpha$, 选择分位数 u_α 和 $u_{1-\alpha}$, 满足 $\Phi(u_\alpha) = \alpha$ 和 $\Phi(u_{1-\alpha}) = 1 - \alpha$. 于是

$$P\left(\frac{(\overline{X} - \overline{Y}) - (\mu_1 - \mu_2)}{\sqrt{\sigma_1^2/n_1 + \sigma_2^2/n_2}} \geqslant u_\alpha\right) = 1 - \alpha,$$

$$P\left(\frac{(\overline{X} - \overline{Y}) - (\mu_1 - \mu_2)}{\sqrt{\sigma_1^2/n_1 + \sigma_2^2/n_2}} \leqslant u_{1-\alpha}\right) = 1 - \alpha,$$

即

$$P\left(\mu_1 - \mu_2 \leqslant (\overline{X} - \overline{Y}) - u_\alpha\sqrt{\frac{\sigma_1^2}{n_1} + \frac{\sigma_2^2}{n_2}}\right) = 1 - \alpha,$$

$$P\left(\mu_1 - \mu_2 \geqslant (\overline{X} - \overline{Y}) - u_{1-\alpha}\sqrt{\frac{\sigma_1^2}{n_1} + \frac{\sigma_2^2}{n_2}}\right) = 1 - \alpha.$$

进而, 两个总体均值之差 $\mu_1 - \mu_2$ 的置信度 $1 - \alpha$ 的单侧置信区间的上限为 $(\overline{X} - \overline{Y}) - u_\alpha\sqrt{\sigma_1^2/n_1 + \sigma_2^2/n_2}$. 同时, $(\overline{X} - \overline{Y}) - u_{1-\alpha}\sqrt{\sigma_1^2/n_1 + \sigma_2^2/n_2}$ 为两个总体均值之差 $\mu_1 - \mu_2$ 的置信度 $1 - \alpha$ 的单侧置信区间的下限.

2. 总体方差 $\sigma_1^2 = \sigma_2^2 = \sigma^2$ 未知时两个总体均值之差 $\mu_1 - \mu_2$ 的置信区间

当 $\sigma_1^2 = \sigma_2^2 = \sigma^2$ 未知时, 选择样本均值 $\overline{X}$ 和 $\overline{Y}$ 分别作为总体均值 μ_1 和 μ_2 的估计量, 样本均值差 $\overline{X} - \overline{Y}$ 作为总体均值差 $\mu_1 - \mu_2$ 的估计量. 两个样本的联合

方差

$$S_w^2 = \frac{\sum_{i=1}^{n_1}(X_i - \overline{X})^2 + \sum_{j=1}^{n_2}(Y_j - \overline{Y})^2}{n_1 + n_2 - 2} \tag{4.2.12}$$

作为方差 σ^2 的估计量. 于是,

$$\frac{(\overline{X} - \overline{Y}) - (\mu_1 - \mu_2)}{S_w\sqrt{1/n_1 + 1/n_2}} \sim T_{n_1+n_2-2}. \tag{4.2.13}$$

选择 $[(\overline{X} - \overline{Y}) - (\mu_1 - \mu_2)]/[S_w\sqrt{1/n_1 + 1/n_2}]$ 作为枢轴量, 因为其只包含未知参数 $\mu_1 - \mu_2$, 且其分布函数是已知的. 对于给定的置信度 $1 - \alpha$, 选择分位数 $t_{\alpha/2,n_1+n_2-2}$ 和 $t_{1-\alpha/2,n_1+n_2-2}$, 满足 $T_{n_1+n_2-2}(t_{\alpha/2,n_1+n_2-2}) = \alpha/2$ 和 $T_{n_1+n_2-2}(t_{1-\alpha/2,n_1+n_2-2}) = 1 - \alpha/2$. 于是,

$$P\left(t_{\alpha/2,n_1+n_2-2} \leqslant \frac{(\overline{X} - \overline{Y}) - (\mu_1 - \mu_2)}{S_w\sqrt{1/n_1 + 1/n_2}} \leqslant t_{1-\alpha/2,n_1+n_2-2}\right) = 1 - \alpha. \tag{4.2.14}$$

经过计算之后, 可以得到两个总体均值之差 $\mu_1 - \mu_2$ 的双侧置信区间为

$$\left[(\overline{X} - \overline{Y}) - t_{1-\alpha/2,n_1+n_2-2}S_w\sqrt{\frac{1}{n_1} + \frac{1}{n_2}}, (\overline{X} - \overline{Y}) - t_{\alpha/2,n_1+n_2-2}S_w\sqrt{\frac{1}{n_1} + \frac{1}{n_2}}\right]. \tag{4.2.15}$$

对于总体方差 $\sigma_1^2 = \sigma_2^2 = \sigma^2$ 未知时两个总体均值之差 $\mu_1 - \mu_2$ 的单侧置信区间估计问题. 假设预先给定的置信度为 $1 - \alpha$, 选择分位数 t_{α,n_1+n_2-2} 和 $t_{1-\alpha,n_1+n_2-2}$, 分别满足 $T_{n_1+n_2-2}(t_{\alpha,n_1+n_2-2}) = \alpha$ 和 $T_{n_1+n_2-2}(t_{1-\alpha,n_1+n_2-2}) = 1 - \alpha$. 于是,

$$P\left(t_{\alpha,n_1+n_2-2} \leqslant \frac{(\overline{X} - \overline{Y}) - (\mu_1 - \mu_2)}{S_w\sqrt{1/n_1 + 1/n_2}}\right) = 1 - \alpha.$$

经过计算, 可以得到两个总体均值之差 $\mu_1 - \mu_2$ 的置信度 $1 - \alpha$ 单侧置信区间的上限为 $(\overline{X} - \overline{Y}) - t_{\alpha,n_1+n_2-2}S_w\sqrt{1/n_1 + 1/n_2}$. 另外, 根据下面的式子:

$$P\left(\frac{(\overline{X} - \overline{Y}) - (\mu_1 - \mu_2)}{S_w\sqrt{1/n_1 + 1/n_2}} \leqslant t_{1-\alpha,n_1+n_2-2}\right) = 1 - \alpha,$$

经过计算, 可以得到两个总体均值之差 $\mu_1 - \mu_2$ 的置信度 $1 - \alpha$ 单侧置信区间的下限为 $(\overline{X} - \overline{Y}) - t_{1-\alpha,n_1+n_2-2}S_w\sqrt{1/n_1 + 1/n_2}$.

例 4.2.4 为提高某一化工生产过程的得率, 试图采用一种新的催化剂. 为了慎重起见, 在实验工厂先进行试验. 设采用原来的催化剂进行了 $n_1 = 8$ 次试验, 得

到得率的样本均值 $\overline{x} = 91.73$, 样本方差 $s_1^2 = 3.89$. 又采用新催化剂进行了 $n_2 = 8$ 次试验, 得到得率的样本均值 $\overline{y} = 93.75$, 样本方差 $s_2^2 = 4.02$. 假设两总体都可认为服从正态分布, 且方差相等, 试求两总体均值之差 $\mu_1 - \mu_2$ 的置信度 0.95 的双侧置信区间, 其中 μ_1 和 μ_2 分别代表两个正态总体的均值.

解 根据样本数据计算得到两样本均值之差为 $\overline{x} - \overline{y} = 91.73 - 93.75 = -2.02$, 为了计算联合样本方差, 代入样本数据得

$$s_w^2 = \frac{(n_1 - 1)s_1^2 + (n_2 - 1)s_2^2}{n_1 + n_2 - 2}$$
$$= \frac{(8 - 1) \times 3.89 + (8 - 1) \times 4.02}{8 + 8 - 2} = 3.955.$$

对于置信度 $1 - \alpha = 0.95$, $t_{0.05/2, 8+8-2} = -2.145$ 和 $t_{1-0.05/2, 8+8-2} = 2.145$. 代入式 (4.2.15), 得到置信区间的下限和上限分别为

$$(\overline{x} - \overline{y}) - t_{1-\alpha/2, n_1+n_2-2} S_w \sqrt{\frac{1}{n_1} + \frac{1}{n_2}}$$

$$= -2.02 - 2.145 \times \sqrt{3.955} \sqrt{\frac{1}{8} + \frac{1}{8}} = -4.153,$$

$$(\overline{x} - \overline{y}) - t_{\alpha/2, n_1+n_2-2} S_w \sqrt{\frac{1}{n_1} + \frac{1}{n_2}}$$

$$= -2.02 + 2.145 \times \sqrt{3.955} \sqrt{\frac{1}{8} + \frac{1}{8}} = 0.113.$$

在置信度为 0.95 条件下, 两个总体均值之差 $\mu_1 - \mu_2$ 的双侧置信区间为 $[-4.153, 0.113]$.

4.2.4 总体方差的置信区间

在有些实际问题中, 需要对总体方差进行区间估计. 假设 $X_1, \cdots, X_n$ 是取自正态总体 $N(\mu, \sigma^2)$ 的一个样本. 根据总体均值 μ 是否已知, 分为下面两种情况来分别讨论.

1. 总体均值 μ 已知时总体方差 σ^2 的置信区间

当 μ 已知时, 总体方差 σ^2 的估计量为 $\sum\limits_{i=1}^{n} (X_i - \mu)^2 / n$, 并且

$$\frac{\sum\limits_{i=1}^{n} (X_i - \mu)^2}{\sigma^2} \sim \chi_n^2, \tag{4.2.16}$$

其中 χ_n^2 代表 n 个自由度的 χ^2 分布. 于是, 选择 $\sum\limits_{i=1}^{n} (X_i - \mu)^2 / \sigma^2$ 作为枢轴量. 对于给定的置信度 $1 - \alpha$, 选择分位数 $\chi_{\alpha/2, n}^2$ 和 $\chi_{1-\alpha/2, n}^2$, 分别满足 $\chi_n^2(\chi_{\alpha/2, n}^2) = \alpha/2$ 和 $\chi_n^2(\chi_{1-\alpha/2, n}^2) = 1 - \alpha/2$. 于是

$$P\left(\chi^2_{\alpha/2,n} \leqslant \frac{\sum\limits_{i=1}^{n}(X_i-\mu)^2}{\sigma^2} \leqslant \chi^2_{1-\alpha/2,n}\right)$$

$$= P\left(\frac{\sum\limits_{i=1}^{n}(X_i-\mu)^2}{\chi^2_{1-\alpha/2,n}} \leqslant \sigma^2 \leqslant \frac{\sum\limits_{i=1}^{n}(X_i-\mu)^2}{\chi^2_{\alpha/2,n}}\right) = 1-\alpha.$$

进而, 当总体均值 μ 已知时, 总体方差 σ^2 的置信度 $1-\alpha$ 的双侧置信区间为

$$\left[\frac{\sum\limits_{i=1}^{n}(X_i-\mu)^2}{\chi^2_{1-\alpha/2,n}}, \quad \frac{\sum\limits_{i=1}^{n}(X_i-\mu)^2}{\chi^2_{\alpha/2,n}}\right]. \tag{4.2.17}$$

对于总体均值 μ 已知时总体方差 σ^2 的单侧置信区间. 事先给定的置信度 $1-\alpha$, 选择分位数 $\chi^2_{\alpha,n}$ 和 $\chi^2_{1-\alpha,n}$, 分别满足 $\chi^2_n(\chi^2_{\alpha,n}) = \alpha$ 和 $\chi^2_n(\chi^2_{1-\alpha,n}) = 1-\alpha$. 于是,

$$P\left(\frac{\sum\limits_{i=1}^{n}(X_i-\mu)^2}{\sigma^2} \geqslant \chi^2_{\alpha,n}\right) = P\left(\sigma^2 \leqslant \frac{\sum\limits_{i=1}^{n}(X_i-\mu)^2}{\chi^2_{\alpha,n}}\right) = 1-\alpha.$$

进而, 总体均值 μ 已知时总体方差 σ^2 的置信度 $1-\alpha$ 的单侧置信区间的上限为 $\sum\limits_{i=1}^{n}(X_i-\mu)^2/\chi^2_{\alpha,n}$. 另外, 根据

$$P\left(\frac{\sum\limits_{i=1}^{n}(X_i-\mu)^2}{\sigma^2} \leqslant \chi^2_{1-\alpha,n}\right) = P\left(\sigma^2 \geqslant \frac{\sum\limits_{i=1}^{n}(X_i-\mu)^2}{\chi^2_{1-\alpha,n}}\right) = 1-\alpha$$

可以得到总体方差 σ^2 的置信度 $1-\alpha$ 的单侧置信区间的下限为 $\sum\limits_{i=1}^{n}(X_i-\mu)^2/\chi^2_{1-\alpha,n}$.

2. 总体均值 μ 未知时总体方差 σ^2 的置信区间

当总体均值 μ 未知时, 总体方差 σ^2 的估计量为 $\sum\limits_{i=1}^{n}(X_i-\overline{X})^2/(n-1)$, 并且

$$\frac{\sum_{i=1}^{n}(X_i - \overline{X})^2}{\sigma^2} \sim \chi_{n-1}^2. \tag{4.2.18}$$

于是, 选择 $\sum_{i=1}^{n}(X_i - \overline{X})^2/\sigma^2$ 作为枢轴量. 对于给定的置信度 $1 - \alpha$, 选择分位数 $\chi_{\alpha/2,n-1}^2$ 和 $\chi_{1-\alpha/2,n-1}^2$, 分别满足 $\chi_{n-1}^2(\chi_{\alpha/2,n-1}^2) = \alpha/2$ 和 $\chi_{n-1}^2(\chi_{1-\alpha/2,n-1}^2) = 1 - \alpha/2$. 进而,

$$P\left(\chi_{\alpha/2,n-1}^2 \leqslant \frac{\sum_{i=1}^{n}(X_i - \overline{X})^2}{\sigma^2} \leqslant \chi_{1-\alpha/2,n-1}^2\right)$$

$$= P\left(\frac{\sum_{i=1}^{n}(X_i - \overline{X})^2}{\chi_{1-\alpha/2,n-1}^2} \leqslant \sigma^2 \leqslant \frac{\sum_{i=1}^{n}(X_i - \overline{X})^2}{\chi_{\alpha/2,n-1}^2}\right) = 1 - \alpha.$$

因此, 当总体均值 μ 未知时, 总体方差 σ^2 的置信度 $1 - \alpha$ 的双侧置信区间为

$$\left[\frac{\sum_{i=1}^{n}(X_i - \overline{X})^2}{\chi_{1-\alpha/2,n-1}^2}, \quad \frac{\sum_{i=1}^{n}(X_i - \overline{X})^2}{\chi_{\alpha/2,n-1}^2}\right]. \tag{4.2.19}$$

对于总体均值 μ 未知时总体方差 σ^2 的单侧置信区间. 事前给定的置信度 $1-\alpha$, 选择分位数 $\chi_{\alpha,n-1}^2$ 和 $\chi_{1-\alpha,n-1}^2$, 分别满足 $\chi_{n-1}^2(\chi_{\alpha,n-1}^2) = \alpha$ 和 $\chi_{n-1}^2(\chi_{1-\alpha,n-1}^2) = 1 - \alpha$, 即

$$P\left(\frac{\sum_{i=1}^{n}(X_i - \overline{X})^2}{\sigma^2} \geqslant \chi_{\alpha,n-1}^2\right) = P\left(\sigma^2 \leqslant \frac{\sum_{i=1}^{n}(X_i - \overline{X})^2}{\chi_{\alpha,n-1}^2}\right) = 1 - \alpha.$$

从而得出当总体均值 μ 未知时, 总体方差 σ^2 的置信度 $1 - \alpha$ 的单侧置信区间的上限为 $\sum_{i=1}^{n}(X_i - \overline{X})^2/\chi_{\alpha,n-1}^2$. 另外, 根据

$$P\left(\frac{\displaystyle\sum_{i=1}^{n}(X_i-\overline{X})^2}{\sigma^2}\leqslant\chi^2_{1-\alpha,n-1}\right)=P\left(\sigma^2\geqslant\frac{\displaystyle\sum_{i=1}^{n}(X_i-\overline{X})^2}{\chi^2_{1-\alpha,n-1}}\right)=1-\alpha$$

可以得到, 总体方差 σ^2 的置信度 $1-\alpha$ 的单侧置信区间的下限为 $\displaystyle\sum_{i=1}^{n}(X_i-\overline{X})^2/$ $\chi^2_{1-\alpha,n-1}$.

例 4.2.5 某行业职工的月收入服从正态分布 $N(\mu,\sigma^2)$, 先随机抽取 100 名职工进行调查, 得到他们的月收入的平均值为 $\overline{x}=1686.50$, 样本方差为 $s^2=18523.21$, 试求 σ^2 的置信度 0.90 的置信区间.

解 根据已知条件, 样本量 $n=100$, 置信度 $1-\alpha=0.90$, 样本方差 $s^2=18523$, 查 χ^2- 分布表, $\chi^2_{\alpha/2,n-1}=\chi^2_{0.05,99}=77.05$, $\chi^2_{1-\alpha/2,n-1}=\chi^2_{0.95,99}=123.23$. 由于总体均值 μ 是未知的, 根据式 (4.2.19), 得到总体方差 σ^2 置信度 0.90 的置信区间的下限和上限分别为

$$\frac{\displaystyle\sum_{i=1}^{n}(x_i-\overline{x})^2}{\chi^2_{1-\alpha/2,n-1}}=\frac{(n-1)s^2}{\chi^2_{1-\alpha/2,n-1}}=\frac{(100-1)\times18523}{123.23}=14881,$$

$$\frac{\displaystyle\sum_{i=1}^{n}(x_i-\overline{x})^2}{\chi^2_{\alpha/2,n-1}}=\frac{(n-1)s^2}{\chi^2_{\alpha/2,n-1}}=\frac{(100-1)\times18523}{77.05}=23800.$$

因此, 总体方差 σ^2 置信度 0.90 的置信区间为 $[14881,23800]$, 或者说, 该行业职工月平均收入的方差在 14881 元到 23800 元之间.

4.2.5 两个总体方差比的置信区间

假设 $X_1,\cdots,X_{n_1}$ 是取自正态总体 $N(\mu_1,\sigma_1^2)$ 的一个样本, $Y_1,\cdots,Y_{n_2}$ 是取自正态总体 $N(\mu_2,\sigma_2^2)$ 的一个样本, 且这两个样本是相互独立的. 根据两个总体方差 μ_1 和 μ_2 是否已知, 分为下面的两种情况来分别讨论.

1. 总体均值 μ_1 和 μ_2 已知时两个总体方差比 σ_1^2/σ_2^2 的置信区间

当总体均值 μ_1 和 μ_2 已知时, 总体方差 σ_1^2 的估计量为 $\displaystyle\sum_{i=1}^{n_1}(X_i-\mu_1)^2/n_1$, 并且

$$\frac{\displaystyle\sum_{i=1}^{n_1}(X_i-\mu_1)^2}{\sigma_1^2}\sim\chi^2_{n_1}. \tag{4.2.20}$$

总体方差 σ_2^2 的估计量为 $\sum\limits_{j=1}^{n_2}(Y_j-\mu_2)^2/n_2$, 而且

$$\frac{\sum\limits_{j=1}^{n_2}(Y_j-\mu_2)^2}{\sigma_2^2} \sim \chi_{n_2}^2. \tag{4.2.21}$$

于是, 选择

$$\frac{\sum\limits_{i=1}^{n_1}(X_i-\mu_1)^2}{n_1\sigma_1^2} \bigg/ \frac{\sum\limits_{j=1}^{n_2}(Y_j-\mu_2)^2}{n_2\sigma_2^2} \sim F_{n_1,n_2} \tag{4.2.22}$$

作为枢轴量. 对于事先给定的置信度 $1-\alpha$, 选择分位数 $f_{\alpha/2,n_1,n_2}$ 和 $f_{1-\alpha/2,n_1,n_2}$, 分别满足 $F_{n_1,n_2}(f_{\alpha/2,n_1,n_2})=\alpha/2$ 和 $F_{n_1,n_2}(f_{1-\alpha/2,n_1,n_2})=1-\alpha/2$, 即

$$P\left(f_{\alpha/2,n_1,n_2} \leqslant \frac{\sum\limits_{i=1}^{n_1}(X_i-\mu_1)^2}{\sum\limits_{j=1}^{n_2}(Y_j-\mu_2)^2}\frac{n_2\sigma_2^2}{n_1\sigma_1^2} \leqslant f_{1-\alpha/2,n_1,n_2}\right)$$

$$=P\left(\frac{n_2\sum\limits_{i=1}^{n_1}(X_i-\mu_1)^2}{n_1 f_{1-\alpha/2,n_1,n_2}\sum\limits_{j=1}^{n_2}(Y_j-\mu_2)^2} \leqslant \frac{\sigma_1^2}{\sigma_2^2} \leqslant \frac{n_2\sum\limits_{i=1}^{n_1}(X_i-\mu_1)^2}{n_1 f_{\alpha/2,n_1,n_2}\sum\limits_{j=1}^{n_2}(Y_j-\mu_2)^2}\right)=1-\alpha.$$

进而, 总体均值 μ_1 和 μ_2 已知时两个总体方差比 σ_1^2/σ_2^2 的置信度为 $1-\alpha$ 的双侧置信区间为

$$\left[\frac{n_2\sum\limits_{i=1}^{n_1}(X_i-\mu_1)^2}{n_1 f_{1-\alpha/2,n_1,n_2}\sum\limits_{j=1}^{n_2}(Y_j-\mu_2)^2}, \frac{n_2\sum\limits_{i=1}^{n_1}(X_i-\mu_1)^2}{n_1 f_{\alpha/2,n_1,n_2}\sum\limits_{j=1}^{n_2}(Y_j-\mu_2)^2}\right]. \tag{4.2.23}$$

对于总体均值 μ_1 和 μ_2 已知时两个总体方差比 σ_1^2/σ_2^2 的单侧置信区间. 事先给定置信度 $1-\alpha$, 选择分位数 f_{α,n_1,n_2} 和 $f_{1-\alpha,n_1,n_2}$, 分别满足 $F_{n_1,n_2}(f_{\alpha,n_1,n_2})=\alpha$ 和 $F_{n_1,n_2}(f_{1-\alpha,n_1,n_2})=1-\alpha$. 于是,

$$P\left(\frac{\displaystyle\sum_{i=1}^{n_1}(X_i-\mu_1)^2}{\displaystyle\sum_{j=1}^{n_2}(Y_j-\mu_2)^2}\frac{n_2\sigma_2^2}{n_1\sigma_1^2}\geqslant f_{\alpha,n_1,n_2}\right)$$

$$=P\left(\frac{\sigma_1^2}{\sigma_2^2}\leqslant\frac{n_2\displaystyle\sum_{i=1}^{n_1}(X_i-\mu_1)^2}{n_1f_{\alpha,n_1,n_2}\displaystyle\sum_{j=1}^{n_2}(Y_j-\mu_2)^2}\right)=1-\alpha.$$

进而, 总体均值 μ_1 和 μ_2 已知时两个总体方差比 σ_1^2/σ_2^2 的置信度 $1-\alpha$ 的单侧置信区间的上限为 $n_2\displaystyle\sum_{i=1}^{n_1}(X_i-\mu_1)^2/[n_1f_{\alpha,n_1,n_2}\displaystyle\sum_{j=1}^{n_2}(Y_j-\mu_2)^2]$. 根据

$$P\left(\frac{\displaystyle\sum_{i=1}^{n_1}(X_i-\mu_1)^2}{\displaystyle\sum_{j=1}^{n_2}(Y_j-\mu_2)^2}\frac{n_2\sigma_2^2}{n_1\sigma_1^2}\leqslant f_{1-\alpha,n_1,n_2}\right)$$

$$=P\left(\frac{\sigma_1^2}{\sigma_2^2}\geqslant\frac{n_2\displaystyle\sum_{i=1}^{n_1}(X_i-\mu_1)^2}{n_1f_{1-\alpha,n_1,n_2}\displaystyle\sum_{j=1}^{n_2}(Y_j-\mu_2)^2}\right)=1-\alpha,$$

可以直接得到, 两个总体方差比 σ_1^2/σ_2^2 的置信度 $1-\alpha$ 的单侧置信区间的下限为 $n_2\displaystyle\sum_{i=1}^{n_1}(X_i-\mu_1)^2/[n_1f_{1-\alpha,n_1,n_2}\displaystyle\sum_{j=1}^{n_2}(Y_j-\mu_2)^2]$.

2. 总体均值 μ_1 和 μ_2 未知时两个总体方差比 σ_1^2/σ_2^2 的置信区间

当总体均值 μ_1 和 μ_2 未知时, 总体方差 σ_1^2 的估计量为 $\displaystyle\sum_{i=1}^{n_1}(X_i-\overline{X})^2/(n_1-1)$, 并且

$$\frac{\displaystyle\sum_{i=1}^{n_1}(X_i-\overline{X})^2}{\sigma_1^2}\sim\chi^2(n_1-1). \tag{4.2.24}$$

总体方差 σ_2^2 的估计量为 $\displaystyle\sum_{j=1}^{n_2}(Y_j-\overline{Y})^2/(n_2-1)$, 并且

$$\frac{\sum\limits_{j=1}^{n_2}(Y_j - \overline{Y})^2}{\sigma_2^2} \sim \chi^2(n_2 - 1). \tag{4.2.25}$$

选择

$$\frac{\sum\limits_{i=1}^{n_1}(X_i - \overline{X})^2}{(n_1-1)\sigma_1^2} / \frac{\sum\limits_{j=1}^{n_2}(Y_j - \overline{Y})^2}{(n_2-1)\sigma_2^2} \sim F_{n_1-1,n_2-1} \tag{4.2.26}$$

作为枢轴量. 假设 $S_1^2 = \sum\limits_{i=1}^{n_1}(X_i - \overline{X})^2/(n_1-1)$ 和 $S_2^2 = \sum\limits_{j=1}^{n_2}(Y_j - \overline{Y})^2/(n_2-1)$. 对于给定的置信度 $1-\alpha$, 选择分位数 $f_{\alpha/2,n_1-1,n_2-1}$ 和 $f_{1-\alpha/2,n_1-1,n_2-1}$, 分别满足 $F_{n_1-1,n_2-1}(f_{\alpha/2,n_1-1,n_2-1}) = \alpha/2$ 和 $F_{n_1-1,n_2-1}(f_{1-\alpha/2,n_1-1,n_2-1}) = 1-\alpha/2$, 即

$$P\left(f_{\alpha/2,n_1-1,n_2-1} \leqslant \frac{S_1^2}{S_2^2}\frac{\sigma_2^2}{\sigma_1^2} \leqslant f_{1-\alpha/2,n_1-1,n_2-1}\right)$$

$$= P\left(\frac{S_1^2}{S_2^2 f_{1-\alpha/2,n_1-1,n_2-1}} \leqslant \frac{\sigma_1^2}{\sigma_2^2} \leqslant \frac{S_1^2}{S_2^2 f_{\alpha/2,n_1-1,n_2-1}}\right) = 1-\alpha.$$

进而, 总体均值 μ_1 和 μ_2 未知时, 两个总体方差比 σ_1^2/σ_2^2 的置信度为 $1-\alpha$ 的双侧置信区间为

$$\left[\frac{S_1^2}{S_2^2 f_{1-\alpha/2,n_1-1,n_2-1}}, \quad \frac{S_1^2}{S_2^2 f_{\alpha/2,n_1-1,n_2-1}}\right]. \tag{4.2.27}$$

考虑总体均值 μ_1 和 μ_2 未知时, 两个总体方差比 σ_1^2/σ_2^2 的单侧置信区间. 对于预先给定的置信度 $1-\alpha$, 选择分位数 f_{α,n_1-1,n_2-1} 和 $f_{1-\alpha,n_1-1,n_2-1}$, 分别满足 $F_{n_1-1,n_2-1}(f_{\alpha,n_1-1,n_2-1}) = \alpha$ 和 $F_{n_1-1,n_2-1}(f_{1-\alpha,n_1-1,n_2-1}) = 1-\alpha$, 即

$$P\left(\frac{S_1^2}{S_2^2}\frac{\sigma_2^2}{\sigma_1^2} \geqslant f_{\alpha,n_1-1,n_2-1}\right) = P\left(\frac{\sigma_1^2}{\sigma_2^2} \leqslant \frac{S_1^2}{S_2^2 f_{\alpha,n_1-1,n_2-1}}\right) = 1-\alpha.$$

总体均值 μ_1 和 μ_2 未知时, 两个总体方差比 σ_1^2/σ_2^2 的置信度为 $1-\alpha$ 的单侧置信区间的上限为 $S_1^2/[S_2^2 f_{\alpha,n_1-1,n_2-1}]$. 另外,

$$P\left(\frac{S_1^2}{S_2^2}\frac{\sigma_2^2}{\sigma_1^2} \leqslant f_{1-\alpha,n_1-1,n_2-1}\right) = P\left(\frac{\sigma_1^2}{\sigma_2^2} \geqslant \frac{S_1^2}{S_2^2 f_{1-\alpha,n_1-1,n_2-1}}\right) = 1-\alpha.$$

上面的等式显示, 总体均值 μ_1 和 μ_2 未知时两个总体方差比 σ_1^2/σ_2^2 的置信度为 $1-\alpha$ 的单侧置信区间的下限为 $S_1^2/[S_2^2 f_{1-\alpha,n_1-1,n_2-1}]$.

例 4.2.6 某厂用两条流水线包装食用盐. 现从两条流水线上各随机抽取一个样本, 容量分别为 $n_1 = 16$ 和 $n_2 = 21$, 称重后算得 (单位: g): $\overline{x} = 500.86$,

$s_1^2 = 0.00125$ 和 $\overline{y} = 500.49$, $s_2^2 = 0.01$. 假设两条流水线上所包装食用盐的质量都服从正态分布, 其均值和方差都未知, 求两总体方差比的置信度 0.90 的置信区间.

解 根据已知条件, 样本量分别为 $n_1 = 16$ 和 $n_2 = 21$, 样本方差分别为 $s_1^2 = 0.00125$ 和 $s_2^2 = 0.01$. 置信度 $1 - \alpha = 0.90$, 查 F- 分布表, $f_{1-\alpha/2,n_1-1,n_2-1} = f_{0.95,15,20} = 2.20$, $f_{\alpha/2,n_1-1,n_2-1} = f_{0.05,15,20} = 1/f_{0.05,20,15} = 1/2.33 = 0.429$. 由于两个总体均值都是未知的, 利用式 (4.2.27) 计算置信区间的上下限, 分别为

$$\frac{s_1^2}{s_2^2 f_{\alpha/2,n_1-1,n_2-1}} = \frac{0.00125}{0.01 \times 0.429} = 0.2913,$$

$$\frac{s_1^2}{s_2^2 f_{1-\alpha/2,n_1-1,n_2-1}} = \frac{0.00125}{0.01 \times 2.20} = 0.0568,$$

故两总体方差之比 σ_1^2/σ_2^2 的置信度 0.90 的置信区间为 $[0.0568, 0.2913]$.

4.2.6　比率 p 的置信区间

在实际应用中, 经常遇到分析比率 p 的问题. 例如, 某产品的不合格率、某电视节目的收视率、某项政策的支持率等. 在这样的问题中, 通常把比率 p 看成两点分布或二项分布的参数. 以电视收视率为例, 用 X 表示某电视节目收看的人数.

$$X = \begin{cases} 0, & \text{表示某人没收看该电视节目,} \\ 1, & \text{表示某人收看了该电视节目.} \end{cases}$$

从而, 当该电视节目收视率为 p 时, X 便服从两点分布 $B(1,p)$

$$P(X = 1) = p, \quad P(X = 0) = 1 - p.$$

并且 $E(X) = p$, $\mathrm{Var}(X) = p(1-p)$.

对于总体参数 p 未知, 可以从两点分布总体中进行抽样. 假设 $X_1, \cdots, X_n$ 是容量为 n 的样本. 样本均值 $\overline{X} = 1/n \sum\limits_{i=1}^{n} X_i$ 是未知参数 p 的优良估计量. 为了构造枢轴量, 当样本容量 n 较小时, 需要研究 $\sum\limits_{i=1}^{n} X_i$ 的精确分布, 这是很复杂的. 在很多实际问题中, 样本容量 n 比较大 (一般大于 50). 在这样的条件下, 可以借助中心极限定理, 得到样本均值 $\overline{X}$ 渐进服从正态分布. 由于 $E(\overline{X}) = p$, $\mathrm{Var}(\overline{X}) = p(1-p)/n$, 故

$$\frac{\overline{X} - p}{\sqrt{p(1-p)/n}} \sim N(0,1). \tag{4.2.28}$$

将其作为枢轴量. 对于事先给定的置信度 $1 - \alpha$, 选择分位数 $u_{\alpha/2}$ 和 $u_{1-\alpha/2}$, 分别满足 $\Phi(u_{\alpha/2}) = \alpha/2$ 和 $\Phi(u_{1-\alpha/2}) = 1 - \alpha/2$. 注意 $u_{\alpha/2} = -u_{1-\alpha/2}$, 于是

$$P\left(u_{\alpha/2} \leqslant \frac{\overline{X}-p}{\sqrt{p(1-p)/n}} \leqslant u_{1-\alpha/2}\right) = P\left(\left|\frac{\overline{X}-p}{\sqrt{p(1-p)/n}}\right| \leqslant u_{1-\alpha/2}\right) \geqslant 1-\alpha.$$

进而, 从不等式

$$\left|\frac{\overline{X}-p}{\sqrt{p(1-p)/n}}\right| \leqslant u_{1-\alpha/2},$$

求解 p 的取值范围, 等价于求解不等式

$$(\overline{X}-p)^2 \leqslant u_{1-\alpha/2}^2 \frac{p(1-p)}{n}.$$

不等式变换之后得

$$(n+u_{1-\alpha/2}^2)p^2 - (2n\overline{X}+u_{1-\alpha/2}^2)p + n\overline{X}^2 \leqslant 0.$$

简记

$$a = n+u_{1-\alpha/2}^2, \quad b = -(2n\overline{X}+u_{1-\alpha/2}^2), \quad c = n\overline{X}^2.$$

可以验证, p 所允许的取值范围是: $p_{\mathrm{L}} \leqslant p \leqslant p_{\mathrm{U}}$, 其中

$$p_{\mathrm{L}} = \frac{-b-\sqrt{b^2-4ac}}{2a}, \quad p_{\mathrm{U}} = \frac{-b+\sqrt{b^2-4ac}}{2a}.$$

进而, 可以得到参数 p 的置信度 $1-\alpha$ 的双侧置信区间为

$$\left[\frac{-b-\sqrt{b^2-4ac}}{2a}, \quad \frac{-b+\sqrt{b^2-4ac}}{2a}\right]. \tag{4.2.29}$$

当 $p_{\mathrm{L}} < 0$ 时, 直接取 $p_{\mathrm{L}} = 0$.

例 4.2.7　某电视节目的收视率调查中, 调查了 1000 人, 其中 200 人收看了该电视节目, 试确定该电视节目收视率 p 的置信度 0.95 的置信区间.

解　根据已知条件, 样本量 $n=1000$, 样本均值 $\overline{x}=200/1000=0.2$. 对于置信度 $1-\alpha=0.95$, 查标准正态分布表, $u_{1-\alpha/2}=u_{1-0.05/2}=1.96$. 于是

$$a = n+u_{1-\alpha/2}^2 = 1000+1.96^2 = 1003.842,$$
$$b = -(2n\overline{x}+u_{1-\alpha/2}^2) = -(2\times 1000 \times 0.2 + 1.96^2) = -403.8416,$$
$$c = n\overline{x}^2 = 1000 \times 0.2^2 = 40.$$

将 a, b, c 代入式 (4.2.29) 中, 则

$$p_{\mathrm{L}} = \frac{-b-\sqrt{b^2-4ac}}{2a}$$

$$= \frac{-(-403.8416) - \sqrt{(-403.8416)^2 - 4 \times 1003.842 \times 40}}{2 \times 1003.842} = 0.1764,$$

$$p_{\mathrm{U}} = \frac{-b + \sqrt{b^2 - 4ac}}{2a}$$

$$= \frac{-(-403.8416) + \sqrt{(-403.8416)^2 - 4 \times 1003.842 \times 40}}{2 \times 1003.842} = 0.2259.$$

因此, 该电视节目收视率 p 的置信度 0.95 的置信区间为 $[0.1764, 0.2259]$.

4.3 习　题

4-1. 设来自正态总体 $X \sim N(\mu, 2.5^2)$ 容量为 30 的简单随机样本的样本均值为 $\overline{X} = 65$, 试求未知参数 μ 的置信度为 0.95 的置信区间.

4-2. 对 50 名大学生的午餐费用进行调查, 得到样本均值为 6.8 元, 假设总体的标准差为 1.9 元, 试求总体均值的 0.95 置信区间 (假设总体服从正态分布).

4-3. 化工厂已经检验的产品工艺的得率服从正态总体 $N(0.591, 0.22^2)$, 其中 0.591 和 0.22^2 是由容量为 48 的样本估计得到的, 现在要问产品工艺得率的数学期望落在什么区间 ($\alpha = 0.05$).

4-4. 设来自正态总体 $X \sim N(5, 2.5^2)$ 容量为 n 的简单随机样本, 如果样本均值位于区间 $(3.6, 6.3)$ 内的概率不小于 0.95, 问样本容量 n 的最小值.

4-5. 冷抽铜丝的折断力服从正态分布 $N(100, \sigma^2)$. 从一批铜丝中任取 10 根, 测试折断力, 得数据为 (单位: kg):

$$103 \quad 92 \quad 107 \quad 98 \quad 107 \quad 98 \quad 99 \quad 105 \quad 103 \quad 97$$

求方差 σ^2 与标准差 σ 的置信水平为 0.95 的置信区间.

4-6. 设总体 X 服从正态分布 $N(\mu, \sigma^2)$, 已知 $\sum\limits_{i=1}^{15} x_i = 60.5, \sum\limits_{i=1}^{15} x_i^2 = 289.25$, 试分别求置信水平为 0.95 的 μ 和 σ^2 的置信区间.

4-7. 设从正态分布随机变量 X 采集了 $n = 30$ 个相互独立的观测值, 它们是

$$103 \quad 98 \quad 101 \quad 97 \quad 99 \quad 97 \quad 100 \quad 97 \quad 103 \quad 98$$
$$98 \quad 98 \quad 100 \quad 99 \quad 101 \quad 95 \quad 98 \quad 99 \quad 99 \quad 103$$
$$102 \quad 101 \quad 99 \quad 101 \quad 99 \quad 99 \quad 99 \quad 97 \quad 100 \quad 99$$

求随机变量 X 的均值和方差的置信区间 ($\alpha = 0.05$).

4-8. 设某自动车床加工的零件尺寸与规定尺寸的偏差服从 $N(\mu, \sigma^2)$, 现从加工的一批零件中随机抽取 10 个, 其偏差分别为

$$2 \quad -1 \quad 2 \quad 1 \quad -1 \quad -1 \quad 2 \quad 1 \quad -1 \quad 1$$

求 μ, σ, σ^2 的置信水平为 0.90 的置信区间.

4-9. 设总体 X 服从正态分布 $N(\mu, \sigma^2)$, μ 是未知的, 而 σ^2 已知, 为使总体均值 μ 的置信度 $1 - \alpha$ 的置信区间长度不大于 L, 求样本容量 n 的最小值.

4-10. 设样本 $X_1, \cdots, X_n$ 来自于总体 $X \sim N(\mu, \sigma^2)$, 其中 μ 和 σ^2 为未知参数. 设随机变量 L 是关于 μ 的置信度为 $1 - \alpha$ 的置信区间的长度, 求 L 的数学期望.

4-11. 从一批钉子中抽取 20 枚, 测得其长度为 (单位: cm)

$$\begin{array}{cccccccccc} 2.11 & 2.14 & 2.09 & 2.19 & 2.17 & 2.08 & 2.15 & 2.11 & 2.11 & 2.14 \\ 2.17 & 2.08 & 2.19 & 2.09 & 2.12 & 2.11 & 2.11 & 2.14 & 2.08 & 2.15 \end{array}$$

假设钉子长度服从正态分布. 试在下列情况下求总体均值 μ 的置信度为 0.95 的置信区间.

(1) 已知总体标准差 $\sigma = 0.05$ cm;   (2) σ 为未知.

在情况 (2) 下, 求总体方差 σ^2 的置信度为 0.95 的置信区间.

4-12. 假设来自总体 X 的简单随机样本为 $0.50, 1.25, 0.80, 2.00$. 已知 $Y = \ln X$ 服从正态分布 $N(\mu, 1)$. 试求 μ 的置信度为 95% 的置信区间.

4-13. 从某正态总体中抽取的简单样本, 所构造的样本统计量 S 近似服从正态分布 $N(\sigma, \sigma^2/n)$, 其中 σ 为总体的标准差. 试求 σ 的 $(1 - \alpha) \times 100\%$ 的置信区间.

4-14. 为了研究施肥和不施肥对某农作物产量的影响, 选了 16 个小区. 在其他条件相同的情况下进行对比试验, 收获量如表 4.2 所示.

表 4.2   施肥与不施肥的对比试验

施肥	1031	982	1017	972	996	975	1003	971
不施肥	1022	1013	992	1018	993	994	993	971

求施肥与未施肥平均产量之差的置信度为 0.95 的置信区间.

4-15. 假设制造厂甲生产的灯泡寿命服从 $N(\mu_1, \sigma_1^2)$, 从中随机抽取 200 个灯泡测定其寿命为 $\overline{x} = 1090, s_x = 100$. 制造厂乙生产的灯泡寿命服从 $N(\mu_2, \sigma_2^2)$, 从中随机抽取 100 个灯泡测定其寿命为 $\overline{y} = 1290, s_y = 105$. 求 σ_1^2/σ_2^2 的置信水平为 0.95 的置信区间. 如果上述置信区间包含 1, 则可认为 $\sigma_1^2 = \sigma_2^2$. 在这样的条件下求 $\mu_1 - \mu_2$ 的置信水平为 0.95 的置信区间.

4-16. 从两个蓄电池制造厂生产的蓄电池产品中, 分别抽取 10 个蓄电池, 测定它们的寿命如表 4.3 所示 (单位: A·h).

表 4.3   两个蓄电池制造厂生产蓄电池的寿命

制造厂甲	1023	982	1027	998	1017	998	999	1005	1043	997
制造厂乙	1032	1033	997	1028	1012	1018	998	999	1009	1007

设制造厂甲生产的蓄电池寿命服从 $N(1000, \sigma_1^2)$, 制造厂乙生产的蓄电池寿命服从 $N(\mu_2, \sigma_2^2)$. 求 σ_1^2/σ_2^2 的置信水平为 0.95 的置信区间.

4-17. 某公司设立了两个分店, 分店甲的月营业额为 X, 分店已的月营业额为 Y. 现分别从两个分店抽取容量为 10 的样本如表 4.4 所示 (单位: 万元).

表 4.4 两个分店的抽样

分店甲	10123	9982	10927	9988	10217	9938	9991	10905	10643	9987
分店乙	12032	10323	9907	10028	10122	11018	9980	9998	10909	10807

假设 $\ln X$ 服从正态分布 $N(\mu_1, \sigma^2)$, $\ln Y$ 服从正态分布 $N(\mu_2, \sigma^2)$. 试求 $\mu_1 - \mu_2$ 的置信水平为 0.95 的置信区间.

4-18. 设某厂生产的纺纱机所纺的纱的断裂强度服从 $N(\mu_1, 1.98^2)$. 普通纺纱机所纺的纱的断裂强度服从 $N(\mu_1, 1.75^2)$. 现对前者抽取容量为 200 的样本, 计算样本均值为 $\bar{x} = 5.32$(单位: 50g). 对后者抽取容量为 100 的样本, 样本均值为 $\bar{y} = 5.75$(单位: 50g). 给定置信度为 0.95, 求 $\mu_1 - \mu_2$ 的置信区间.

4-19. 在 4-17 题中, 如果 $\ln X$ 服从正态分布 $N(\mu_1, 2.5^2)$, $\ln Y$ 服从正态分布 $N(\mu_2, 2^2)$. 试求 $\mu_1 - \mu_2$ 的置信水平为 0.95 的置信区间.

4-20. 设总体 X 服从正态分布 $N(\mu_1, \sigma_1^2)$, 总体 Y 服从正态分布 $N(\mu_2, \sigma_2^2)$, 其中 μ_1 是已知的, 而 μ_2 未知. 假设 $X_1, \cdots, X_{n_1}$ 和 $Y_1, \cdots, Y_{n_2}$ 分别为其样本, 并且这两个样本相互独立, 建立 σ_1^2/σ_2^2 的置信区间.

第 5 章

线性统计模型初步

在自然界和社会经济活动中, 现象与现象之间, 或者说变量与变量之间常常存在着某种相互制约、相互依赖的关系, 这种关系一般分为两种: 一种是确定性关系, 即所谓的函数关系, 两变量之间的关系是唯一确定的; 另一种是非确定性关系, 这种关系表现出变量与变量之间存在着某种联系, 但不完全确定. 例如:

某种农作物的亩产量 y 与施肥品种 x_1, 灌溉量 x_2 有关, 但不能准确地说出施哪一品种肥料、灌溉量 $x_2 = 20$ t 时, 亩产量 y 就一定是 800 斤 (1 斤 =500g) 或 1000 斤等, 尽管在两年的时间里有相同品种的肥料及相同的灌溉量, 但两年的亩产量也未必相同. 这是因为农作物的生长还与气温、降雨、日照等不可控制的因素有关, 这些无法控制的随机因素的影响使得人们不可能预先按某种公式确切地计算农作物的亩产量.

考虑人的身高 x 与体重 y 的关系, 一般来说, 人的身材越高, 体重就越大, 但身高相同, 体重并不完全相同.

考虑居民的收入 x 与消费 y 的关系, 收入越高, 消费支出越多, 但相同收入的人消费支出并不完全相同.

通常, 把以上几个问题中各变量间的关系称为 **相关关系**. 这种关系可以用统计模型来描述, 最常用的统计模型是线性模型. 本章介绍线性模型的基础知识.

5.1 线性模型的描述

从上面提到的几个问题不难看出, 变量 x 与 y 是有关联的. 在一般情况下, 首先, 变量 y 随变量 x 变化而变化, 但这种关系并不是唯一确定的. 其次, 影响变量 y 的因素可能不止一个, 其中一些因素是可以控制的, 如影响农作物产量的肥料品种、灌溉量, 影响消费支出的收入因素等都是可控的; 另一些因素是不可控的, 如日照、湿度、居民的居住环境、生活习惯、爱好等. 当把 x 当成可控因素考虑 y 的变化时, 这些不可控因素的存在使得 x 不能唯一地确定 y 的值. 此外, 有时 x 与 y 有原因和结果之分, 一般把可控变量 x 视为原因, 也叫 **自变量**, y 视为结果, 也叫因

变量, 由于存在不可控制因素的随机干扰, 通常 y 是一个随机变量, 它与不可控制因素不同, 是可以观察的.

于是, 提出一个基本的统计问题: 如何由一组随机变量的观测来估计或预测另一个与之有一定相关关系的随机变量. 研究此类问题的统计推断方法, 称为**相关分析**.

在实际中应用更广泛的一类相关统计问题是: 如何分析一组变量 (含一个或多个变量) 与另一组变量 (也含一个或多个变量) 的相关关系. 分析这种统计问题的理论模型如具有线性结构, 统计学中习惯称之为 "线性统计模型". 本书只涉及作为因变量的一组变量只含一个变量的情形.

设因变量 Y 与自变量 $x_1, x_2, \cdots, x_k$ (x_i 为可控因素) 之间存在相关关系, 则变量 Y 与 $x_1, x_2, \cdots, x_k$ 的关系可用下式表示:

$$Y = f(x_1, x_2, \cdots, x_k) + \varepsilon,$$

其中 $x_1, x_2, \cdots, x_k$ 表示对 Y 有较大影响的各种可控因素; ε 表示未考虑进去的其他不可控因素以及随机因素的影响, 是随机变量. 如果 $f(x_1, x_2, \cdots, x_k)$ 是一个线性函数关系式, 就称之为**线性模型**, 即

$$Y = \beta_0 + \beta_1 x_1 + \beta_2 x_2 + \cdots + \beta_k x_k + \varepsilon. \tag{5.1.1}$$

记 $\boldsymbol{x} = (1, x_1, x_2, \cdots, x_k)$, 现在对不同的 $\boldsymbol{x}$, 取观察值 Y, 独立地进行了 n 次试验或获得了 n 次独立观测之后, 便可得到 n 组数据:

$$(\boldsymbol{x}_t = (1, x_{t1}, x_{t2}, \cdots, x_{tk}); \ y_t), \quad t = 1, 2, \cdots, n.$$

这里可以认为研究的总体是 Y, $Y_1, Y_2, \cdots, Y_n$ 是 Y 的一个样本, 记作 $\boldsymbol{Y} = (Y_1, Y_2, \cdots, Y_n)^{\mathrm{T}}$, 也称为对 Y 的一组观察, 有时用 $y_1, y_2, \cdots, y_n$ 记一组具体观察值.

由式 (5.1.1), 有以下 n 个线性关系式成立:

$$y_t = \beta_0 + \beta_1 x_{t1} + \beta_2 x_{t2} + \cdots + \beta_k x_{tk} + \varepsilon_t, \quad t = 1, 2, \cdots, n. \tag{5.1.2}$$

记

$$\boldsymbol{y} = \begin{pmatrix} y_1 \\ y_2 \\ \vdots \\ y_n \end{pmatrix}_{n \times 1}, \quad \boldsymbol{\beta} = \begin{pmatrix} \beta_0 \\ \beta_1 \\ \vdots \\ \beta_k \end{pmatrix}_{(k+1) \times 1}, \tag{5.1.3}$$

$$X = \begin{pmatrix} 1 & x_{11} & \cdots & x_{1k} \\ 1 & x_{21} & \cdots & x_{2k} \\ \vdots & \vdots & & \vdots \\ 1 & x_{n1} & \cdots & x_{nk} \end{pmatrix}_{n \times (k+1)}, \quad \boldsymbol{\varepsilon} = \begin{pmatrix} \varepsilon_1 \\ \varepsilon_2 \\ \vdots \\ \varepsilon_k \end{pmatrix}_{n \times 1}. \tag{5.1.4}$$

利用矩阵表示式 (5.1.2) 可改写为

$$y = X\boldsymbol{\beta} + \boldsymbol{\varepsilon}, \tag{5.1.5}$$

其中 X 是已知的 $n \times (k+1)$ 阶常数矩阵; $\boldsymbol{\beta}$ 是 $k+1$ 维的未知参数列向量; $\boldsymbol{\varepsilon}$ 是数学期望为 0 的 n 维随机向量; y 是对随机变量 Y 作 n 次的观察值组成的已知的 n 维列向量.

必须注意, 我们所说的线性模型, 其线性的含义是指 Y 关于未知参数之间所构成的线性关系.

我们将以上的讨论概括如下:

定义 5.1.1   任一个形如

$$\begin{cases} y = X\boldsymbol{\beta} + \boldsymbol{\varepsilon}, \\ E(\boldsymbol{\varepsilon}) = 0, \\ 对 \boldsymbol{\varepsilon} 的其他某种假设 \end{cases} \tag{5.1.6}$$

的结构称为一个**线性模型**.

在式 (5.1.1) 中, 由于随机因素 $\boldsymbol{\varepsilon}$ (也称为**随机误差**) 的影响, 给定自变量 $x_1, x_2, \cdots, x_k$ 的一组数值, 因变量 Y 的数值并不能被完全确定. 但不可控因素的影响总是随机性地改变 Y, 或大或小, 或正或负, 假如这些不可控因素没有特别的趋势, 则在整体平均的意义下这种影响的量大体相抵, 因而一般情况下, 可以认为 $\boldsymbol{\varepsilon}$ 的数学期望为 0, 即 $E(\boldsymbol{\varepsilon}) = 0$.

另外, 随机因素 $\boldsymbol{\varepsilon}$ 是无法进行观察的, 是一个不可控的随机变量. 随机误差一般来自以下三个方面:

(1) 影响因变量的各种细小因素和各种随机的偶然因素. 这是因为影响因变量的因素往往有很多个, 把所有因素全考虑在内或者由于人们认识的局限性而根本做不到, 或者由于花费太大而不值得这样去做, 还可能因为若注意了太多细枝末节反而会影响到模型的效果, 因此实践中通常只考虑影响因变量的主要因素, 而把各种次要因素的影响作为不可观测的随机误差来对待.

(2) 观测误差. 在对各个变量的观测中, 难免会出现计量、登记等误差, 这些误差也必然会反映在模型的随机误差之中.

(3) 模型近似误差. 一般地, 模型中所设定的回归函数的形式并不是其真实形式, 而只是一种近似式, 这种方程近似所造成的误差自然也会在模型的随机误差之中体现. 为了统计推断的需要, 通常对随机误差的数字特征或概率分布提出一些假定.

作为线性统计模型初步, 对 $\varepsilon_t, t = 1, 2, \cdots, n$, 作出下列假定:

假定 1　随机误差项的数学期望为 0, 即

$$E(\varepsilon_t) = 0, \quad t = 1, 2, \cdots, n;$$

假定 2　误差项具有同一方差 σ^2, 即

$$\mathrm{Var}(\varepsilon_t) = \sigma^2, \quad t = 1, 2, \cdots, n;$$

假定 3　各次观察的误差是不相关的, 即

$$\mathrm{Cov}(\varepsilon_t, \varepsilon_s) = 0, \quad t \neq s, \ t, s = 1, 2, \cdots, n;$$

假定 4　随机误差服从正态分布, 即

$$\varepsilon_t \sim N(0, \sigma^2), \quad t = 1, 2, \cdots, n.$$

也就是说, 随机误差项 $\varepsilon_1, \cdots, \varepsilon_t$ 具有无偏性、等方差性、不相关性和服从正态分布, 这种假定在通常的研究中是合理的.

另外, 从自变量的性质来看, 若模型中涉及的自变量表示诸如长度、时间、质量等一类连续变化的量, 称它所代表的因子为**定量因子**. 如上面提到的灌溉量和身高. 如果模型中涉及的自变量表示某种质的特性而非连续变化的量, 称它所代表的因子为**属性因子**. 如上面提到的肥料品种. 这些因子在统计分析中需要数量化. 数量因子和属性因子可以因讨论问题的不同方式、方法而相互转化. 比如身高可以按低、中、高三等来区分, 于是一个数量因子就属性化了.

如果一个线性模型的自变量因子都是数量因子, 就称它为**回归分析模型**; 如果线性模型的自变量因子均为属性因子, 就称它为**方差分析模型**. 本章将介绍上述两种线性模型.

5.2　单因子方差分析

5.2.1　问题的提出

在科学试验和生产实践中, 有很多因素会影响到最终产品的质量, 比如原料的质量、配比、工艺流程等, 而且这些因素的影响程度各不相同. 如何评测这些因素对产品质量的影响程度, 就成为一个亟须解决的问题. 先看一个医学研究的实例.

例 5.2.1 为研究某种新安眠药的效果, 将 18 只试验小白鼠随机地分成相等数量的三组, 各组分别注射不同剂量的这种安眠药, 观察每只小白鼠从注射到入睡的时间, 得到的数据如表 5.1 所示.

表 5.1 小白鼠安眠药试验入睡时间数据表

组号	剂量/mg			入睡时间/min			
1	0.5	21	23	19	24	25	23
2	1.0	19	21	20	18	22	20
3	1.5	15	10	13	14	11	15

从表 5.1 可以看出, 不同剂量的安眠药效果有差异, 说明安眠药的剂量对入睡时间有一定的影响. 同时, 同一剂量下的 6 只小白鼠的入睡时间各不相同, 说明入睡时间除了受到安眠药剂量的影响之外, 还有某些偶然性因素及测量误差的影响.

使用统计图表可以简明地分析数据基本状况, 从箱线图 5.1 可以看出, 第二组数据散布基本对称, 其余两组数据都不是对称散布的.

图 5.1 白鼠安眠药试验入睡时间的箱线图

如果想检验这三个水平的平均入睡时间之间的差别, 在正态总体假设前提下, 即检验 $H_{01}: \mu_1 - \mu_2 = 0$、$H_{02}: \mu_1 - \mu_3 = 0$、$H_{03}: \mu_2 - \mu_3 = 0$, 可以采用 t- 检验法. 但这会导致犯第一类错误的概率增大而失去检验的意义. 比如在 $\alpha = 0.05$ 显著性水平, 假设这些检验相互独立时, 全部假设检验都正确接受原假设的概率是 $(1 - \alpha)^3 = (0.95)^3 = 0.857275$, 犯一类错误的概率大幅增加. 为了避免这类问题, 需要使用方差分析模型.

方差分析 (analysis of variance, ANOVA), 就是利用试验观测值总偏差的可分解性, 将不同条件所引起的偏差与试验误差分解开来, 按照一定的规则进行比较, 以确定条件偏差的影响程度以及相对大小. 当已经确认某几种因素对试验结果有显著影响时, 可使用方差分析检验确定哪种因素对试验结果的影响最为显著及估计影响程度.

在介绍方差分析之前, 先要明确以下一些术语和概念.

(1) 试验结果: 在一项试验中用来衡量试验效果的特征量, 也称试验指标或指标, 类似函数的因变量或者目标函数.

(2) 试验因子: 试验中, 凡是对试验指标可能产生影响的变量都称为因子, 或称为因素, 类似函数的自变量. 试验中需要考察的因子称为试验因子, 简称为因子. 一般用大写字母 $A, B, C, \cdots$ 表示.

(3) 因子水平: 因子在试验中所处的各种状态或者所取的不同值, 称为该因子的水平, 简称水平. 一般用下标区分, 即 $A_1, A_2, \cdots, B_1, B_2, \cdots$, 表示因子 A 或 B 的不同水平. 同样, 因子水平有时为具体数值, 有时为定性值.

5.2.2 单因素方差分析的统计模型

当所考察的因子只有 1 个, 相应的模型为单因子方差分析模型. 单因素方差分析模型用于检验假设

$$H_0 : \mu_1 = \mu_2 = \cdots = \mu_r, \qquad (5.2.1)$$

即检验若干个具有相同方差的正态总体的均值是否相等.

设某项试验是在单因子 A 的 r 个水平 $A_1, A_2, \cdots, A_r$ 下进行, 得到 r 个随机变量 $X_1, X_2, \cdots, X_r$, 它们相互独立, 且都服从正态分布, 即

$$X_i \sim N(\mu_i, \sigma^2), \quad i = 1, 2, \cdots, r.$$

若在水平 A_i 下做 n_i 次独立试验, $i = 1, 2, \cdots, r$ 得到试验结果的观测值整理列成数据结构表, 见表 5.2.

表 5.2 单因子方差分析数据结构表

A 的水平 ＼ 观察序号	1	2	$\cdots$	n_i	平均值
A_1	X_{11}	X_{12}	$\cdots$	X_{1n_1}	$\overline{X}_1$
A_2	X_{21}	X_{22}	$\cdots$	X_{2n_2}	$\overline{X}_2$
$\vdots$	$\vdots$	$\vdots$		$\vdots$	$\vdots$
A_r	X_{r1}	X_{r2}	$\cdots$	X_{rn_r}	$\overline{X}_r$

于是, 试验的线性模型可表示为

$$\begin{cases} X_{ij} = \mu_i + \varepsilon_{ij}, \\ \varepsilon_{ij} \sim N(0, \sigma^2) \text{ 且相互独立}, \\ \quad i = 1, 2, \cdots, r; \ j = 1, 2, \cdots, n_i, \end{cases} \qquad (5.2.2)$$

其中 μ_i 是第 i 个总体的均值; ε_{ij} 是试验误差, 也称为随机误差. 为了进行统计分析, 在方差分析模型中引入平均效应. 记

$$\mu = \frac{1}{n}\sum_{i=1}^{r} n_i \mu_i, \quad n = \sum_{i=1}^{r} n_i,$$

$$\alpha_i = \mu_i - \mu,$$

其中称 μ 为平均效应; α_i 为因子 A 的第 i 个水平的主效应, 简称为 A_i 效应. 不难验证, $\sum_{i=1}^{r} n_i \alpha_i = 0$. 将 $\mu_i = \mu + \alpha_i$ 代入式 (5.2.2), 得到

$$\begin{cases} X_{ij} = \mu + \alpha_i + \varepsilon_{ij}, \\ \varepsilon_{ij} \sim N(0,\sigma^2) \text{ 且相互独立}, \\ \sum_{i=1}^{r} n_i \alpha_i = 0, \end{cases} \tag{5.2.2'}$$

这就是单因素方差分析的线性统计模型. 用矩阵表示为

$$\begin{cases} \boldsymbol{X} = \boldsymbol{E}\boldsymbol{\beta} + \boldsymbol{\varepsilon}, \\ \boldsymbol{\varepsilon} \sim N(\boldsymbol{0},\boldsymbol{\sigma}^2), \\ \boldsymbol{h}^{\mathrm{T}}\boldsymbol{\beta} = 0, \end{cases} \tag{5.2.3}$$

其中

$$\boldsymbol{X}_{n\times 1} = (X_{11},\cdots,X_{1n_1},X_{21},\cdots,X_{2n_2},\cdots,X_{rn_r})^{\mathrm{T}},$$

$$\boldsymbol{E}_{n\times(r+1)} = \begin{pmatrix} 1 & 1 & & & \\ \vdots & \vdots & & & \\ 1 & 1 & & & \\ 1 & & 1 & & \\ \vdots & & \vdots & & \\ 1 & & 1 & & \\ \vdots & & & \ddots & \\ 1 & & & & 1 \\ \vdots & & & & \vdots \\ 1 & & & & 1 \end{pmatrix},$$

$$\boldsymbol{\beta}_{(r+1)\times 1} = (\mu,\alpha_1,\alpha_2,\cdots,\alpha_r)^{\mathrm{T}},$$

$$\boldsymbol{\varepsilon}_{n\times 1} = (\varepsilon_{11},\cdots,\varepsilon_{1n_1},\varepsilon_{21},\cdots,\varepsilon_{2n_2},\cdots,\varepsilon_{rn_r})^{\mathrm{T}},$$

$$\boldsymbol{h}_{(r+1)\times 1} = (0,n_1,n_2,\cdots,n_r)^{\mathrm{T}}.$$

σ^2 为 $\sum\limits_{i=1}^{r} n_i$ 阶对角方阵, 对角线元素都为 σ^2, 其他元素都为 0. 由此看出, 单因素方差分析的统计模型是一个带约束条件 $\boldsymbol{h}^{\mathrm{T}}\boldsymbol{\beta} = \boldsymbol{0}$ 的线性模型.

对于模型 (5.2.2) 和 (5.2.2′) 检验因素 A 的 r 个水平的均值是否有显著性差异, 即检验假设

$$H_0 : \mu_1 = \mu_2 = \cdots = \mu_r, \qquad (5.2.4)$$

这等价于检验

$$H_0 : \alpha_1 = \alpha_2 = \cdots = \alpha_r = 0. \qquad (5.2.5)$$

如果 H_0 被拒绝, 即不能接受因素 A 的各个水平的均值都相等的假设, 或者说至少有两个水平的均值有显著差异.

5.2.3 检验方法

针对表 5.2, 设 $\overline{X}_i$ 为第 i 个水平的样本平均值, n_i 为第 i 个水平的样本容量. $\overline{X}$ 表示所有 X_{ij} 总平均值, $n = \sum\limits_{i=1}^{r} n_i$, 有

$$\overline{X}_i = \frac{1}{n_i}\sum_{j=1}^{n_i} X_{ij} \quad \text{和} \quad \overline{X} = \frac{1}{n}\sum_{i=1}^{r}\sum_{j=1}^{n_i} X_{ij}.$$

用 TSS (the total sum of spuares) 表示总离差平方和, 是指全部试验的每一个观测 X_{ij} 与其总平均值 $\overline{X}$ 的离差平方和, 即

$$\mathrm{TSS} = \sum_{i=1}^{r}\sum_{j=1}^{n_i}(X_{ij} - \overline{X})^2. \qquad (5.2.6)$$

因为

$$\sum_{j=1}^{n_i}(X_{ij} - \overline{X}_i)(\overline{X}_i - \overline{X}) = 0, \quad i = 1, 2, \cdots, r,$$

所以可以将 TSS 分解为

$$\begin{aligned}
\mathrm{TSS} &= \sum_{i=1}^{r}\sum_{j=1}^{n_i}(X_{ij} - \overline{X})^2 \\
&= \sum_{i=1}^{r}\sum_{j=1}^{n_i}[(X_{ij} - \overline{X}_i) + (\overline{X}_i - \overline{X})]^2 \\
&= \sum_{i=1}^{r}\sum_{j=1}^{n_i}[(X_{ij} - \overline{X}_i)^2 + 2(X_{ij} - \overline{X}_i)(\overline{X}_i - \overline{X}) + (\overline{X}_i - \overline{X})^2]
\end{aligned}$$

$$= \sum_{i=1}^{r} \sum_{j=1}^{n_i} (X_{ij} - \overline{X}_i)^2 + \sum_{i=1}^{r} \sum_{j=1}^{n_i} (\overline{X}_i - \overline{X})^2$$

$$= \sum_{i=1}^{r} \sum_{j=1}^{n_i} (X_{ij} - \overline{X}_i)^2 + \sum_{i=1}^{r} n_i (\overline{X}_i - \overline{X})^2. \tag{5.2.7}$$

在式 (5.2.7) 右端的第一项为 r 个水平的离差平方和 $\left(\text{即} \sum_{j=1}^{n_i} (X_{ij} - \overline{X}_i)^2\right)$ 的总和, 它是各水平内部的观测值所呈现的离差程度, 反映了由于随机误差的作用而在数据 X_{ij} 中引起的波动, 称其为误差项平方和或组内平方和, 用 ESS (the error sum of spuares) 表示, 即

$$\text{ESS} = \sum_{i=1}^{r} \sum_{j=1}^{n_i} (X_{ij} - \overline{X}_i)^2.$$

在式 (5.2.7) 右端的第二项为各水平的样本平均值与总体的样本平均值的离差平方和, 反映了因子的各个水平之间存在的差异程度, 称其为因子平方和或组间平方和, 用 FSS (the factorial sum of squares) 表示, 即

$$\text{FSS} = \sum_{i=1}^{r} n_i (\overline{X}_i - \overline{X})^2.$$

因此, 式 (5.2.7) 的 TSS 可以表示为误差平方和 ESS 与因子平方和 FSS 之和, 即

$$\text{TSS} = \text{ESS} + \text{FSS}, \tag{5.2.8}$$

该表达式反映了这三个离差平方和的关系.

这里应该注意到, 从式 (5.2.2) 知

$$S_i^2 = \sum_{j=1}^{n_i} (X_{ij} - \overline{X}_i)^2 / (n_i - 1) \tag{5.2.9}$$

是来自第 i 个总体 $N(\mu_i, \sigma^2)$ 的样本 $X_{i1}, X_{i2}, \cdots, X_{in_i}$ 的样本方差, 它是 σ^2 的一个无偏估计量, 即

$$E(S_i^2) = \sigma^2.$$

于是

$$E(\text{ESS}) = \sum_{i=1}^{r} E\left(\sum_{j=1}^{n_i} (X_{ij} - \overline{X}_i)^2\right)$$

$$= \sum_{i=1}^{r} (n_i - 1)\sigma^2$$

$$= (n - r)\sigma^2.$$

$\mathrm{ESS}/(n-r)$ 是 σ^2 的一个无偏估计量.

注意到

$$
\begin{aligned}
E(\mathrm{FSS}) &= E\left(\sum_{i=1}^{r} n_i(\overline{X}_i - \overline{X})^2\right) \\
&= E\left(\sum_{i=1}^{r} n_i(\overline{X}_i - \overline{X} - \alpha_i + \alpha_i)^2\right) \\
&= \sum_{i=1}^{r} n_i[E(\overline{X}_i - \overline{X} - \alpha_i)^2 + \alpha_i^2] \\
&= \sum_{i=1}^{r} n_i\left(\frac{\sigma^2}{n_i} - \frac{\sigma^2}{n}\right) + \sum_{i=1}^{r} n_i\alpha_i^2 \\
&= (r-1)\sigma^2 + \sum_{i=1}^{r} n_i\alpha_i^2,
\end{aligned}
$$

因此

$$
E\left(\frac{\mathrm{FSS}}{r-1}\right) = \sigma^2 + \frac{1}{r-1}\sum_{i=1}^{r} n_i\alpha_i^2. \tag{5.2.10}
$$

从式 (5.2.10) 可以看出, $\mathrm{FSS}/(r-1)$ 反映出了各水平效应的影响. 当 H_0 成立时, $\mathrm{FSS}/(r-1)$ 是 σ^2 的一个无偏估计量. 从而, 可以考虑, 当 H_0 为真时, 比值

$$
\frac{\mathrm{FSS}/(r-1)}{\mathrm{ESS}/(n-r)}
$$

将接近于 1; 而当 H_0 不成立时, 它将倾向比较大. 这样就启发我们通过比较 FSS 与 ESS 的大小来检验 H_0. 记统计量为

$$
F = \frac{\mathrm{FSS}/(r-1)}{\mathrm{ESS}/(n-r)}.
$$

当 H_0 成立时, 该统计量服从 F- 分布.

注意 $\sum_{j=1}^{n_i}(X_{ij} - \overline{X}_i)^2$ 是总体 $N(\mu_i, \sigma^2)$ 的样本方差的 $n_i - 1$ 倍, 而且

$$
\frac{1}{\sigma^2}\sum_{j=1}^{n_i}(X_{ij} - \overline{X}_i)^2 \sim \chi^2_{(n_i-1)}, \quad i = 1, \cdots, r. \tag{5.2.11}
$$

又由样本 x_{ij} 的独立性知, 此 r 项平方和相互独立. 因为独立的 χ^2 变量之和仍为 χ^2 变量, 于是

$$
\frac{\mathrm{ESS}}{\sigma^2} = \sum_{i=1}^{r}\sum_{j=1}^{n_i} \frac{(X_{ij} - \overline{X}_i)^2}{\sigma^2} \sim \chi^2\left(\sum_i(n_i-1)\right) = \chi^2(n-r). \tag{5.2.12}
$$

应用 Cochran 定理得知, 当 H_0 成立时, $\mathrm{FSS}/\sigma^2 \sim \chi^2(r-1)$, 并且与 ESS 相互独立. 因此, 当 H_0 成立时,

$$F = \frac{\mathrm{FSS}/(r-1)}{\mathrm{ESS}/(n-r)} \sim F(r-1, n-r). \tag{5.2.13}$$

于是 F 可作为判断原假设 H_0 是否应拒绝的检验统计量. 当 H_0 成立时, 该 F 统计量的值过大时应拒绝原假设. 在 F- 分布的临界值表中, 对给定的水平 α, 查第一自由度为 $r-1$, 第二自由度为 $n-r$ 对应的临界值 $F_\alpha(r-1, n-r)$, 使得

$$P\{F \geqslant F_\alpha(r-1, n-r)\} = \alpha.$$

若 $F \geqslant F_\alpha(r-1, n-r)$, 就拒绝原假设, 认为因子 A 的 k 个水平效应有明显的差异. 相反, 若 $F < F_\alpha(r-1, n-r)$, 接受原假设, 认为因子 A 的 k 个水平效应没有明显的差异. 为了描述方差分析, 可将有关过程列成表 5.3 的形式, 称为方差分析表.

表 5.3　单因子方差分析表

方差来源	离差平方和	自由度	均方	F 比
因子	FSS	$r-1$	$\mathrm{MS_F} = \dfrac{\mathrm{FSS}}{r-1}$	
误差	ESS	$n-r$	$\mathrm{MS_E} = \dfrac{\mathrm{ESS}}{n-r}$	$F = \dfrac{\mathrm{MS_F}}{\mathrm{MS_E}}$
总和	TSS	$n-1$		

例 5.2.2　某集团有下属 4 个公司, 现从 4 个公司中随机抽取了若干名员工调查他们的工资情况, 数据列于表 5.4 中. 试分析该集团下属 4 个公司员工工资有无显著性的差异.

表 5.4　某集团各公司员工工资调查资料

公司	员　工　工　资						
A_1	1600	1610	1650	1680	1700	1700	1780
A_2	1500	1640	1400	1700	1750		
A_3	1640	1550	1600	1620	1640	1600	1740	1800
A_4	1510	1520	1530	1570	1640	1680	

解　在这个问题中考虑的因素只有一个, 即 "公司", 它有 4 个不同的水平. 根据表 5.4 中的数据计算可得全部数据的总平均数为 $\overline{x} = 1624.01$. 4 个公司员工的平均工资分别为

$$\overline{x}_1 = 1674.29, \quad n_1 = 7,$$

$$\overline{x}_2 = 1598.00, \quad n_2 = 5,$$

$$\overline{x}_3 = 1648.75, \quad n_3 = 8,$$

$$\overline{x}_4 = 1575.00, \quad n_4 = 6.$$

总离差平方和 TSS $= 217865.38$, 其自由度 $n - 1 = 26 - 1 = 25$;

因子平方和 FSS $= 39776.45$, 其自由度 $r - 1 = 4 - 1 = 3$;

误差平方和 ESS $= 178088.93$, 其自由度 $n - r = 26 - 4 = 22$;

其均方

$$\mathrm{MS_F} = \frac{\mathrm{FSS}}{r - 1} = \frac{39776.45}{3} = 13258.82,$$

$$\mathrm{MS_E} = \frac{\mathrm{ESS}}{n - r} = \frac{178088.93}{22} = 8094.95.$$

于是, $F = \dfrac{13258.82}{8094.95} = 1.64$. 将计算结果填入方差分析表得到表 5.5.

表 5.5　员工工资方差分析表

方差来源	离差平方和	自由度	均方	F比
因子	39776.45	3	13258.82	
误差	178088.93	22	8094.95	$F = 1.64$
总和	217865.38	25		

对于 5% 的显著性水平, $F = 1.64 < F_{0.05}(3, 22) = 3.05$, 应当接受原假设 H_0, 认为该集团 4 个公司员工的工资不存在显著差异. 在实际工作中 4 个公司之间调配员工时, 工资的影响不显著性.

5.2.4　重复数相同的方差分析

当在因子的每一个水平下重复的试验次数相同时, 即当 $n_1 = n_2 = \cdots = n_r$ 时, 上述的一些表达式可以简化. 若记每一个水平下重复参数为 n, 则式 (5.1.3) 中 $\sum\limits_{i=1}^{r} \alpha_i = 0$, 且因子平方和为

$$\mathrm{FSS} = n \sum_{i=1}^{r} (\overline{X}_i - \overline{X})^2.$$

其他一切都不变, 下面看一个例子.

例 5.2.3　在行业服务质量评比中, 消费者的投诉次数是评价行业服务质量的一个重要指标. 一般而言, 受到投诉的次数越多就说明服务质量越差. 有关部门对电信、电力和铁路三个服务行业各抽取了 4 家单位, 统计出消费者一年来对这 12 家企业的投诉次数, 结果列于表 5.6. 试分析这三个行业的服务质量是否存在显著的差异.

表 5.6　消费者对三个行业的投诉情况

行业	企业受到投诉次数				均值
电信	3	4	5	4	4
电力	2	4	3	3	3
铁路	4	6	5	5	5

解　所考察的因素是行业, 分为 3 个水平即"电信、电力、铁路"; 每组包含 4 个企业 $(n=4)$ 的受投诉数据. 各水平均值分别为 $\overline{X}_1 = 4$、$\overline{X}_2 = 3$、$\overline{X}_3 = 5$, 总体均值为 $\overline{X} = 4$.

把计算的结果列入表 5.7, 进行相应的方差分析. 对于 5% 的显著性水平, $F = 6 > F_{0.05}(2,9) = 4.26$, 因此拒绝原假设 H_0, 认为各行业的受投诉次数存在显著差异.

表 5.7　行风投诉方差分析表

方差来源	离差平方和	自由度	均方	F比
因子	8	2	3	
误差	6	9	2/3	$F = 6$
总和	14	11		

例 5.2.4　把一批同种纱线袜放在不同温度的水中洗涤, 进行收缩率试验, 水温分成 $30°C$、$40°C$、$50°C$、$60°C$、$70°C$、$80°C$ 等 6 个水平, 每个水平中各洗 4 只袜子, 袜子的收缩率用百分数表示, 其观测值如表 5.8 所示. 试按显著性水平 0.05 来判断不同洗涤水温对袜子收缩率是否有显著影响.

表 5.8　袜子收缩率试验的数据结构表

水温/°C ＼ 试验号	1	2	3	4	$\sum$	$\overline{X}_i$
30	4.3	7.8	3.2	6.5	21.8	5.45
40	6.1	7.3	4.2	4.1	21.7	5.425
50	10.0	4.8	5.4	9.6	29.8	7.45
60	6.5	8.3	8.6	8.2	31.6	7.9
70	9.3	8.7	7.2	10.1	35.3	8.825
80	9.5	8.8	11.4	7.8	37.5	9.375

解　设袜子收缩率为 X 即试验指标, 且服从正态分布. 考察洗涤时水的温度作为影响收缩率的因子, 用 $X_1, \cdots, X_6$ 依次表示因子分别为 $30 \sim 80°C$ 的 6 个水平的收缩率, 并设 X_i 服从期望为 μ_i 的正态分布 $N(\mu_i, \sigma^2), (i = 1, \cdots, 6)$. 问题需要我们检验原假设

$$H_0: \mu_1 = \mu_2 = \cdots = \mu_6.$$

记 $\mu = \frac{1}{6}(\mu_1 + \mu_2 + \cdots + \mu_6)$ (注意这是一个等重复试验), 则第 i 水平对试验指标的效应 $\gamma_i = \mu_i - \mu, (i = 1, \cdots, 6)$, 所以该问题等价于检验原假设

$$H_0:\ \gamma_1 = \gamma_2 = \cdots = \gamma_6.$$

检验步骤如下:

计算各水平的样本平均值见表 5.8 的最后一列, 及总体的样本平均值 $\overline{X} = 7.404$. 于是

$$\text{ESS} = \sum_{i=1}^{6} \sum_{j=1}^{4} (X_{ij} - \overline{X}_i)^2 = 56.72,$$

$$\text{FSS} = \sum_{i=1}^{6} 4(\overline{X}_i - \overline{X})^2 = 55.55.$$

同时可知总离差平方和 TSS $= 112.27$.

在此问题中, $r = 6$, $n = 6 \times 4 = 24$, 当原假设 H_0 成立时, 可取

$$\frac{\text{MS}_{\text{F}}}{\text{MS}_{\text{E}}} = \frac{\text{FSS}/(r-1)}{\text{ESS}/(n-r)} \sim F(r-1, n-r) \tag{5.2.14}$$

作为检验统计量, 并计算其观察值 (即 F 值) 为

$$F = \frac{\text{FSS}/(r-1)}{\text{ESS}/(n-r)} = \frac{55.55 \div 5}{56.72 \div 18} = \frac{11.11}{3.15} = 3.53.$$

将上述计算结果列成方差分析表如表 5.9 所示. 由显著性水平 $\alpha = 0.05$, 查表知 $F_{0.05}(5, 18) = 2.77$. 由于 $F = 3.53 > 2.77 = F_{0.05}(5, 18)$, 故拒绝原假设 H_0, 即 γ_i 不全相等, 也就是 μ_i 不全相等, 说明洗涤水温对袜子收缩率有显著影响.

表 5.9　袜子收缩率试验方差分析表

方差来源	平方和	自由度	方差	F 值
因子	55.55	5	11.11	3.53
误差	56.72	18	3.15	
总和	112.27	23		

5.2.5　多重比较

单因子方差分析是同时对该因子的各个水平在正态总体下期望值是否全部相等进行的一个整体的检验. 这种假设检验的结果要么是肯定的, 要么是否定了原假设. 如果检验结果拒绝原假设 H_0, 而接受备择假设, 这仅仅表明所检验各水平的数

学期望不全相等, 自然我们想知道是哪一个或哪几个期望与其他期望值不相等, 用方差分析方法无法得出答案.

从组合理论的知识来看, 若否定了原假设 H_0, 那么考察的因子的 r 个水平的效应之间所存在的显著性差异有 $2^r - 2$ 种可能情形. 为了进一步探明各个水平效应之间的差异程度, 就需要两两水平效应进行比较, 或者将某一水平效应与其他几个水平效应的组合进行比较等. 对此, 构造模型中各水平效应的置信区间, 以便对此问题作进一步讨论. 本小节介绍一种多重比较的方法.

每一个水平对应于一个总体 X_i, 因为 X_i 服从正态分布 $N(\mu_i, \sigma^2)$, 所以由抽样分布定理知, X_i 的样本平均值 $\overline{X}_i$ 与其样本方差 S_i^2 相互独立, 因而 $\overline{X}_i$ 与 $\mathrm{MS_E}$ 独立且

$$T_i = \frac{\sqrt{n_i}(\overline{X}_i - \mu_i)}{\sqrt{\mathrm{MS_E}}} \sim t(n-r). \tag{5.2.15}$$

同理, 有

$$F_i = \frac{n_i(\overline{X}_i - \mu_i)^2}{\mathrm{MS_E}} \sim F(1, n-r). \tag{5.2.16}$$

于是要求期望值 μ_i 的置信区间, 可以用两种统计量进行估计. 从第 4 章的结果, 或者利用式 (5.2.15) 得到 μ_i 的置信度为 $1-\alpha$ 的置信上下限为

$$\overline{X}_i \pm t_{\alpha/2} \sqrt{\frac{\mathrm{MS_E}}{n_i}} \tag{5.2.17}$$

或者利用式 (5.2.16), 给定显著性水平 α, 查 F- 分布的临界值 $F_\alpha(1, n-r)$, 使得

$$P\{F_i \geqslant F_\alpha(1, n-r)\} = \alpha.$$

从而有

$$P\left\{\overline{X}_i - \sqrt{\frac{\mathrm{MS_E}}{n_i}F_\alpha(1, n-r)} < \mu_i < \overline{X}_i + \sqrt{\frac{\mathrm{MS_E}}{n_i}F_\alpha(1, n-r)}\right\} = 1 - \alpha, \tag{5.2.18}$$

即得 μ_i 的置信度为 $1-\alpha$ 的置信区间, $i = 1, 2, \cdots, r$.

在实际应用中, 人们较多使用置信区间 (5.2.17). 从这些各个水平期望的置信区间一定能够寻找出一个效应最大的水平, 称之为**优水平**. 但这只是反映了 μ_i 的效应大小. 为了能够比较不同水平效应的差异, 需要对两个不同水平的期望之差 $\mu_i - \mu_j$ 求其置信区间, 准确地说, 是提出假设检验问题 (原假设):

$$H_0: \quad \mu_i = \mu_j.$$

考虑两个水平的总体 X_i 和 X_j, 与上面的讨论相仿, 它们的期望差 $\mu_i - \mu_j$ 的置信度为 $1-\alpha$ 的置信上下限为

$$\overline{X}_i - \overline{X}_j \pm t_{\alpha/2}(n-r)\sqrt{\left(\frac{1}{n_i} + \frac{1}{n_j}\right)\mathrm{MS_E}}.$$

从置信区间与假设检验的对应关系, 显然在显著性水平 α 之下, 若 $\mu_i - \mu_j$ 的置信度为 $1 - \alpha$ 的置信区间包含 0 在内, 那么可以认为 μ_i 和 μ_j 不存在显著性差异, 即接受原假设 H_0; 若 $\mu_i - \mu_j$ 的置信度为 $1 - \alpha$ 的置信区间没有包含 0, 就应该拒绝原假设 H_0, 可以认为这两个水平的效应之间存在显著性差异.

多次应用这种检验方法, 就可以对水平效应的大小进行排序. 此外, 也可将优水平与其他的水平一一作比较, 其方法相同, 这里不再详细叙述.

此外, 还需要对模型中参数 σ^2 进行区间估计. 由 $\mathrm{ESS}/\sigma^2 \sim \chi^2(n-r)$, 容易得到 σ^2 的 $1 - \alpha$ 的区间估计为

$$\left[\frac{\mathrm{ESS}}{\chi^2_{1-\alpha/2}(n-r)}, \quad \frac{\mathrm{ESS}}{\chi^2_{\alpha/2}(n-r)} \right],$$

其中 $\chi^2_{1-\alpha/2}(n-r)$ 和 $\chi^2_{\alpha/2}(n-r)$ 是 χ^2- 分布的临界值.

作为例 6.2.4 的进一步讨论, 有洗涤袜子的水温因子各水平效应的无偏估计值为

$$\hat{\gamma}_1 = -1.945, \quad \hat{\gamma}_2 = -1.979, \quad \hat{\gamma}_3 = 0.046,$$
$$\hat{\gamma}_4 = 0.496, \quad \hat{\gamma}_5 = 1.421, \quad \hat{\gamma}_6 = 1.971.$$

可见, 洗涤袜子的水温度, 在此 6 个状态中, 影响袜子收缩率的优水平为 80°C.

注意到 $\sqrt{\mathrm{MS_E}} = \sqrt{\dfrac{\mathrm{ESS}}{n-r}} = 1.775$, 给定显著性水平 $\alpha = 0.05$, 查 F- 分布表得到临界值 $F_{0.05}(1, 18) = 4.41$, 利用关系式 (5.2.18), 第 6 个水平 (即 80°C) 下袜子收缩率的数学期望 μ_6 的置信度为 95% 的置信区间是

$$\left(9.375 - \frac{1.775}{\sqrt{4}} \times \sqrt{4.41}, \ 9.375 + \frac{1.775}{\sqrt{4}} \times \sqrt{4.41} \right)$$
$$= (7.51125, 11.23875).$$

例 5.2.5 某企业为了扩大市场占有率, 拟开展一场产品促销活动. 为此, 该企业拟定了三种广告宣传方式, 即在当地报纸上刊登广告、在当地电视台播出广告和在当地广播电台中播出广告, 并选择了三个人口规模和经济发展水平以及该企业产品过去的销售量都类似的地区, 然后随机地将每种广告宣传方式安排在其中一个地区进行试验, 共试验了六周, 各地区各周的销售量资料见表 5.10, 问各种广告宣传方式的效果是否存在显著差异?

解 这是一个单因子方差分析模型, 其所考察的因子是 "广告宣传方式". 水平有 $r = 3$ 个: 即 A_1, A_2, A_3, 且 $n_1 = n_2 = n_3 = 6, n = 18$. 提出假设检验的原假设为

$$H_0: \quad \mu_1 = \mu_2 = \mu_3.$$

表 5.10　　各种广告宣传方式的销售量　　　　　　（单位：箱）

地区和广告方式	观测序号 (周)					
	1	2	3	4	5	6
甲地区：报纸广告　A_1	53	52	66	62	51	58
乙地区：电视广告　A_2	61	46	55	49	54	56
丙地区：电台广告　A_3	50	40	45	55	40	42

由表 5.10 的数据可计算出

$$\overline{x}_1 = 57, \quad \overline{x}_2 = 53.5, \quad \overline{x}_3 = 45.33, \quad \overline{x} = 51.94,$$

以及

$$\text{TSS} = 926, \quad \text{FSS} = 417, \quad \text{ESS} = 509,$$

所以, 可得方差分析表 5.11.

表 5.11　　各种广告宣传方式的方差分析表

方差来源	离差平方和	自由度	均方	F比
因 子	FSS = 417	$r - 1 = 2$	$\text{MS}_F = 208.5$	
误 差	ESS = 509	$n - r = 15$	$\text{MS}_E = 33.9$	$F = 6.15$
总 和	TSS = 926	$n - 1 = 17$		

若给定显著性水平为 $\alpha = 0.05$, 则由 F- 分布表查临界值 $F_{0.05}(2,15) = 3.68$. 因为 $F = 6.15 > 3.68 = F_{0.05}(2,15)$, 所以拒绝原假设 H_0, 可以认为三种广告宣传方式对产品销售量的影响程度有显著的差异.

既然它们之间存在差异, 那就不得不进一步弄清哪一种方式的效果是最佳的. 从三种方式的效应的估计值

$$\hat{\alpha}_1 = 5.06, \quad \hat{\alpha}_2 = 1.56, \quad \hat{\alpha}_3 = -6.61.$$

可见, 在报纸上刊登广告具有最大的效应.

另外, 各宣传方式的平均销售量在置信度为 95% 的置信区间分别为

$$51.9 \leqslant \mu_1 \leqslant 62.1, \quad 48.4 \leqslant \mu_1 \leqslant 58.6, \quad 40.4 \leqslant \mu_1 \leqslant 50.6.$$

当将三种方式进行两两比较, 得到置信度为 95% 的置信区间分别为

$$-3.7 \leqslant \mu_1 - \mu_2 \leqslant 10.7, \quad 4.3 \leqslant \mu_1 - \mu_3 \leqslant 18.7, \quad 0.8 \leqslant \mu_2 - \mu_3 \leqslant 15.2.$$

由此可知, 在显著性水平为 $\alpha = 0.05$ 的情况下不能认为用报纸和电视台做广告对产品的销量影响存在差异; 而报纸与电台以及电视台与电台之间做广告的效果有明显的区别.

从以上的讨论, 三种方式的效应从优到劣依次为报纸、电视台和电台. 也可以说, 利用报纸和电视台是广告宣传的较好的组合.

5.3　两因子方差分析

在现实世界中, 影响试验指标的因子往往有多个, 我们很难把影响事物的诸多因素一个个单独分离出来考察, 经常需要甚至是必须同时考察几个因素对该事物的影响大小. 有时主观上进行单因子试验, 但因某种原因, 客观上就导致了多因子试验. 我们考虑下面的例 5.3.1,

例 5.3.1　设水稻品种有窄叶青 (用 I 表示)、广进矮 (用 II 表示)、朝阳早 (用 III 表示) 等三种, 现要考察水稻品种对水稻亩产量影响的显著性, 以便从中挑选水稻良种.

水稻品种优选试验是在试验田进行的, 尽管在试验工作中, 能够做到相同的栽培技术、一样的管理水平、种植同样的水稻面积及相同的施肥和相同的灌溉, 但很难让稻田的土质完全一样. 于是, 做品种比较的单因子试验, 可能会出现多种安排不同品种在试验田上的排列方法 (图 5.2). 第 (1) 种安排, 如果 I 的产量最高, 但 I 的这块土质最好, 不一定说明 I 是最优品种; 这时比较品种产量的差异大小还需要考虑到土壤的因素. 值得强调的是, 并不是说栽培技术等其他因素对水稻的产量没有影响, 这里是指相同条件下, 不同品种产量的差别大小问题, 换句话说, 在相同的栽培技术、一样的管理水平、种植同样的水稻面积及相同的施肥和相同的灌溉等条件下, 同一个品种的产量是一样的. 第 (2) 种设计试验, 虽然各列都含有三个品种, 但第一、三行的品种分布不均, 这也不能做单因子试验; 第 (3) 种方案无论是行还是列都有三个品种, 这样比较品种对水稻产量的影响就不需再考虑土质的问题, 这时做单因子试验才能很好地反映试验的目的.

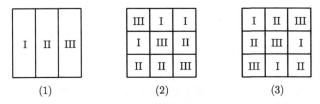

图 5.2　三种安排水稻品种在试验田上的排列方法

如果我们做试验的目的是从几个不同的品种和几种不同的化肥中, 挑选能使得水稻产量最高的品种和肥料, 那么问题就不得不讨论两个因子对试验指标的影响. 虽然可用单因子的试验分别对品种和肥料作方差分析, 然后将最佳品种和最好的肥料配对, 可谁能确保这样简单的搭配会使产量达到最高. 因为品种和肥料的相结合可能会产生品种的影响与肥料影响的叠加效果, 所以也许不是最佳品种与肥料的搭配却能获得更高的产量. 这也正是我们要继续讨论多个因子的原因. 这种考察两个或以上因子的方差分析模型称为**多因子方差分析**. 在统计学上, 这种各个因子的不同水平的搭配所产生的新的对试验指标影响称为**交互作用**. 由于多因子之间存在的交互作用使得问题变得很复杂, 而解决问题的思路方法是类似的, 为此这里只详细介绍两因子方差分析模型, 多因子方差分析可参考有关书籍.

5.3.1 非重复试验的两因子方差分析

根据两个因子不同水平的搭配对试验结果有无综合性影响 (即交互作用), 将两因子方差分析分为两种类型: 一种是无交互作用的两因子方差分析, 它假定因子 A 和因子 B 的效应之间是相互独立的, 不存在相互关系; 另一种是有交互作用的两因子方差分析, 它假定因子 A 和因子 B 的效应不独立、有关联, 二者的结合会产生出某种新的效应.

设试验中有两个相关因子 A 和 B, 其中 A 有 r 个水平 $A_1, A_2, \cdots, A_r$; B 有 s 个水平 $B_1, B_2, \cdots, B_s$, 共有 $r \times s$ 个不同的两因子水平之间的组合 $A_i B_j$, 并把它的试验结果记为 X_{ij}, $i = 1, 2, \cdots, r; j = 1, 2, \cdots, s$, 则 X_{ij} 构成两因子试验的 $r \times s$ 个总体. 对每个组合 $A_i B_j$ 重复 l 次试验, 即从总体 X_{ij} 中选取一个容量为 l 的样本 $X_{ij1}, X_{ij2}, \cdots, X_{ijl}$, 其试验结果的观察值用 $x_{ij1}, x_{ij2}, \cdots, x_{ijl}$ 表示, 也可同样用 $X_{ij1}, X_{ij2}, \cdots, X_{ijl}$ 表示.

在两因子方差分析中, 对因子水平的每个组合可以观察一次, 也可以重复多次. 通常在无交互作用下, 因子水平的组合只试验一次; 在有交互作用下, 因子水平的组合需重复试验多次. 本小节讨论不重复试验的情形, 这时两因子方差分析是在无交互作用下进行的.

1. 统计模型

试验不重复, 即 $l = 1$, 将总体 X_{ij} 的样本 X_{ij1} 简写为 X_{ij}, 我们有两因子多水平试验的数据结构如表 5.12 所示.

表 5.12 非重复试验的两因子方差分析数据结构表

| | | 因子 B | | | | 平均值 |
		B_1	B_2	$\cdots$	B_s	$\overline{X}_{i\cdot}$
因	A_1	X_{11}	X_{12}	$\cdots$	X_{1s}	$\overline{X}_{1\cdot}$
子	A_2	X_{21}	X_{22}	$\cdots$	X_{2s}	$\overline{X}_{2\cdot}$
A	$\vdots$	$\vdots$	$\vdots$		$\vdots$	$\vdots$
	A_r	X_{r1}	X_{r2}	$\cdots$	X_{rs}	$\overline{X}_{r\cdot}$
平均值 $\overline{X}_{\cdot j}$		$\overline{X}_{\cdot 1}$	$\overline{X}_{\cdot 2}$	$\cdots$	$\overline{X}_{\cdot s}$	$\overline{X}$

其中

$$\overline{X}_{i\cdot} \triangleq \frac{1}{s}\sum_{j=1}^{s} X_{ij},\ i=1,\cdots,r,$$

$$\overline{X}_{\cdot j} \triangleq \frac{1}{r}\sum_{i=1}^{r} X_{ij},\ j=1,\cdots,s,$$

$$\overline{X} \triangleq \frac{1}{rs}\sum_{i=1}^{r}\sum_{j=1}^{s} X_{ij}.$$

假定总体 $X_{ij},\ (i=1,\cdots,r;j=1,\cdots,s)$ 相互独立均服从正态分布, 且有相同的方差, 即

$$X_{ij} \sim N(\mu_{ij},\ \sigma^2).$$

设 $\varepsilon_{ij}=X_{ij}-\mu_{ij}$, 则 ε_{ij} 是独立试验中产生的随机误差, 是不可观测的随机变量, 且 $\varepsilon_{ij}\sim N(0,\ \sigma^2)$. 这样上述假定等价于

$$\begin{cases} 随机变量\ \varepsilon_{ij}\ 相互独立,\ 且服从正态分布,\ 即 \\[2mm] \varepsilon_{ij}\sim N(0,\ \sigma^2),\quad i=1,\cdots,r;j=1,\cdots,s. \end{cases} \tag{5.3.1}$$

于是, X_{ij} 可表示为

$$X_{ij}=\mu_{ij}+\varepsilon_{ij},\quad i=1,\cdots,r;j=1,\cdots,s. \tag{5.3.2}$$

综上所述, 有

$$\begin{cases} X_{ij}=\mu_{ij}+\varepsilon_{ij}, \\ \varepsilon_{ij}\sim N(0,\sigma^2)\ 且相互独立, \\ i=1,2,\cdots,r;\ j=1,2,\cdots,s. \end{cases} \tag{5.3.3}$$

这就是非重复试验的两因子方差分析的线性模型.

为了方便, 在模型式 (5.3.3) 中, 记

$$\mu=\frac{1}{rs}\sum_{i=1}^{r}\sum_{j=1}^{s}\mu_{ij},$$

$$\mu_{i\cdot}=\frac{1}{s}\sum_{j=1}^{s}\mu_{ij},\ a_i=\mu_{i\cdot}-\mu,\quad i=1,\cdots,r,$$

$$\mu_{\cdot j}=\frac{1}{r}\sum_{i=1}^{r}\mu_{ij},\ a_j=\mu_{\cdot j}-\mu,\quad j=1,\cdots,s,$$

其中 μ 为 $r\times s$ 个总体数学期望的理论总平均值; a_i 为因素 A 的第 i 个水平 A_i 对试验结果的效应, 表示水平 A_i 在总平均数上引起的偏差; B_j 为因素 B 的第 j 个

水平 B_j 对试验结果的效应, 表示水平 B_j 在总平均数上引起的偏差. 易验证

$$\sum_{i=1}^{r} a_i = 0, \quad \sum_{j=1}^{s} b_j = 0. \tag{5.3.4}$$

因为

$$\mu_{ij} = \mu + (\mu_{i\cdot} - \mu) + (\mu_{\cdot j} - \mu)$$
$$+ (\mu_{ij} - \mu_{i\cdot} - \mu_{\cdot j} + \mu), \quad i = 1, \cdots, r; \, j = 1, \cdots, s, \tag{5.3.5}$$

而因子 A, B 之间不存在交互作用, 即式 (5.3.5) 右端最后一项为零. 将该式代入数统计模型 (5.3.3) 得到效应分解式

$$X_{ij} = \mu + a_i + b_j + \varepsilon_{ij}. \tag{5.3.6}$$

所谓方差分析的问题就是分析统计模型 (5.3.3) 中, 因子 A 和 B 的各水平对试验指标的效应大小.

2. 检验法

为判断因子 A 和 B 对各自观察变量的影响是否显著, 我们需检验假设

$$H_{01}: \; a_1 = a_2 = \cdots = a_r = 0,$$
$$H_{02}: \; b_1 = b_2 = \cdots = b_s = 0.$$

为方便起见, 记 $n = r \times s$ 表示所有样本的容量之和.

对原假设 H_{01} 和 H_{02} 作显著性检验, 与单因子方差分析类似, 将总离差平方和 TSS 进行分解. 此时总离差平方和可分解为三个部分, 即因子 A 的离差平方和 FSS_A、因子 B 的离差平方和 FSS_B 及误差项平方和 ESS. 因为

$$\text{TSS} = \sum_{i=1}^{r} \sum_{j=1}^{s} (X_{ij} - \overline{X})^2$$
$$= \sum_{i=1}^{r} \sum_{j=1}^{s} \left[(X_{ij} - \overline{X}_{i\cdot} - \overline{X}_{\cdot j} + \overline{X}) + (\overline{X}_{i\cdot} - \overline{X}) + (\overline{X}_{\cdot j} - \overline{X}) \right]^2$$
$$= s \sum_{i=1}^{r} (\overline{X}_{i\cdot} - \overline{X})^2 + r \sum_{j=1}^{s} (\overline{X}_{\cdot j} - \overline{X})^2$$
$$+ \sum_{i=1}^{r} \sum_{j=1}^{s} \left(X_{ij} - \overline{X}_{i\cdot} - \overline{X}_{\cdot j} + \overline{X} \right)^2, \tag{5.3.7}$$

其中利用了下面三个等式:

$$\sum_{i=1}^{r} \sum_{j=1}^{s} (X_{ij} - \overline{X}_{i\cdot})(\overline{X}_{i\cdot} - \overline{X}) = 0,$$

$$\sum_{i=1}^{r}\sum_{j=1}^{s}(X_{ij}-\overline{X}_{\cdot j})(\overline{X}_{\cdot j}-\overline{X})=0,$$

$$\sum_{i=1}^{r}\sum_{j=1}^{s}(\overline{X}_{i\cdot}-\overline{X})(\overline{X}_{\cdot j}-\overline{X})=0.$$

记

$$\mathrm{FSS}_A=s\sum_{i=1}^{r}(\overline{X}_{i\cdot}-\overline{X})^2,$$

$$\mathrm{FSS}_B=r\sum_{j=1}^{s}(\overline{X}_{\cdot j}-\overline{X})^2,$$

$$\mathrm{ESS}=\sum_{i=1}^{r}\sum_{j=1}^{s}\left(X_{ij}-\overline{X}_{i\cdot}-\overline{X}_{\cdot j}+\overline{X}\right)^2,$$

则可得出

$$\mathrm{TSS}=\mathrm{FSS}_A+\mathrm{FSS}_B+\mathrm{ESS}. \tag{5.3.8}$$

由于 ESS 的计算较复杂, 一般可由

$$\mathrm{ESS}=\mathrm{TSS}-\mathrm{FSS}_A-\mathrm{FSS}_B \tag{5.3.9}$$

算出. 根据

$$\mathrm{FSS}_A=s\sum_{i=1}^{r}(\overline{X}_{i\cdot}-\overline{X})^2=s\sum_{i=1}^{r}[(\overline{X}_{i\cdot}-\mu_{i\cdot})-(\overline{X}-\mu)+a_i]^2$$

$$=s\left\{\sum_{i=1}^{r}(\overline{X}_{i\cdot}-\mu_{i\cdot})^2+\sum_{i=1}^{r}(\overline{X}-\mu)^2-2\sum_{i=1}^{r}(\overline{X}_{i\cdot}-\mu_{i\cdot})(\overline{X}-\mu)\right.$$

$$\left.+2\sum_{i=1}^{r}[a_i(\overline{X}_{i\cdot}-\mu_{i\cdot})]-2\sum_{i=1}^{r}[a_i(\overline{X}-\mu)]+\sum_{i=1}^{r}a_i^2\right\}$$

$$=s\left\{\sum_{i=1}^{r}(\overline{X}_{i\cdot}-\mu_{i\cdot})^2-r(\overline{X}-\mu)^2+\sum_{i=1}^{r}a_i^2+2\sum_{i=1}^{r}[a_i(\overline{X}_{i\cdot}-\mu_{i\cdot})]\right\},$$

不难得到

$$E(\mathrm{FSS}_A)=s\cdot E\left\{\sum_{i=1}^{r}(\overline{X}_{i\cdot}-\mu_{i\cdot})^2-r(\overline{X}-\mu)^2+\sum_{i=1}^{r}a_i^2+2\sum_{i=1}^{r}[a_i(\overline{X}_{i\cdot}-\mu_{i\cdot})]\right\}$$

$$=s\sum_{i=1}^{r}E[(\overline{X}_{i\cdot}-\mu_{i\cdot})^2]-sr\cdot E[(\overline{X}-\mu)^2]+s\sum_{i=1}^{r}a_i^2$$

$$=s\sum_{i=1}^{r}\frac{\sigma^2}{s}-\sigma^2+s\sum_{i=1}^{r}a_i^2=(r-1)\sigma^2+s\sum_{i=1}^{r}a_i^2. \tag{5.3.10}$$

类似可得

$$E(\text{FSS}_B) = (s-1)\sigma^2 + r\sum_{j=1}^{s} b_j^2, \tag{5.3.11}$$

$$E(\text{ESS}) = (r-1)(s-1)\sigma^2. \tag{5.3.12}$$

令

$$S_{f_A}^2 = \frac{1}{r-1}\text{FSS}_A, \quad S_{f_B}^2 = \frac{1}{s-1}\text{FSS}_B,$$

$$S_e^2 = \frac{1}{(r-1)(s-1)}\text{ESS},$$

分别称为因子 A 的方差, 因子 B 的方差和误差项方差. 则

$$E(S_{f_A}^2) = \sigma^2 + \frac{s}{r-1}\sum_{i=1}^{r} a_i^2, \tag{5.3.13}$$

$$E(S_{f_B}^2) = \sigma^2 + \frac{r}{s-1}\sum_{j=1}^{s} b_j^2, \tag{5.3.14}$$

$$E(S_e^2) = \sigma^2. \tag{5.3.15}$$

与单因子方差分析一样, 根据柯赫伦 (Cochran) 分解定理, 样本函数 $\frac{\text{ESS}}{\sigma^2} \sim \chi^2[(r-1)\times(s-1)]$; 当 H_{01} 成立时, $\frac{\text{FSS}_A}{\sigma^2} \sim \chi^2(r-1)$, 且 FSS_A 与 ESS 独立; 当 H_{02} 成立时, $\frac{\text{FSS}_B}{\sigma^2} \sim \chi^2(s-1)$, 且 FSS_B 与 ESS 独立. 因此, 找到了两个统计量

$$F_A = \frac{S_{f_A}^2}{S_e^2} = \frac{\text{FSS}_A}{\text{ESS}} \cdot \frac{(r-1)(s-1)}{r-1} \sim F[r-1,\ (r-1)(s-1)] \tag{5.3.16}$$

和

$$F_B = \frac{S_{f_B}^2}{S_e^2} = \frac{\text{FSS}_B}{\text{ESS}} \cdot \frac{(r-1)(s-1)}{s-1} \sim F[s-1,\ (r-1)(s-1)]. \tag{5.3.17}$$

统计量 F_A 当 H_{01} 不成立时, 有偏大的趋势, 可作为原假设 H_{01} 的检验统计量; 而统计量 F_B 当 H_{02} 不成立时, 有偏大的趋势, 可作为原假设 H_{02} 的检验统计量. 记 f_A 和 f_B 分别为统计量 F_A 和 F_B 的观察值.

因此, 在给定的显著性水平 α 之下, 查 F- 分布表, 得临界值 $F_\alpha[r-1,\ (r-1)(s-1)]$, $F_\alpha[s-1,\ (r-1)(s-1)]$.

如果 $f_A > F_\alpha[r-1,\ (r-1)(s-1)]$, 则拒绝 H_{01}, 认为因子 A 对试验指标有显著影响, 否则就认为没有影响;

如果 $f_B > F_\alpha[s-1,\ (r-1)(s-1)]$, 则拒绝 H_{02}, 认为因子 B 对试验指标有显著影响, 否则就认为没有影响. 为使用方便, 常用方差分析表 5.13 来表示.

表 5.13　非重复试验的两因子方差分析表

方差来源	平方和	自由度	方差	F 值
因子 A	FSS_A	$r-1$	S_{fA}^2	$F_A = \dfrac{S_{fA}^2}{S_e^2}$
因子 B	FSS_B	$s-1$	S_{fB}^2	$F_B = \dfrac{S_{fB}^2}{S_e^2}$
误差	ESS	$(r-1)(s-1)$	S_e^2	
总和	TSS	$rs-1$		

例 5.3.2　某次试验将土质基本相同的一块耕地均匀等分为 5 个地块, 每个地块又均匀等分成 4 小块, 将 4 个品种的小麦随机分种在每一地块内的 4 小块上, 每一小块地种同样多种子的 4 个品种小麦之一, 今测得其收获量如表 5.14 所示, 试以显著性水平分别为 $\alpha = 0.01$ 和 $\alpha = 0.05$, 判断地块和品种各自对小麦收获量有无显著影响.

表 5.14　4 个品种与 5 个地块搭配下的小麦收获量表　　　　(单位: 斤)

		因子 B					平均值
		B_1	B_2	B_3	B_4	B_5	$\overline{X}_i.$
因	A_1	32.3	34.0	34.7	36.0	35.5	34.50
子	A_2	33.2	33.6	36.8	34.3	36.1	34.80
A	A_3	30.8	34.4	32.3	35.8	32.8	33.22
	A_4	29.5	26.2	28.1	28.5	29.4	28.34
平均值 $\overline{X}_{.j}$		31.45	32.05	32.98	33.65	33.45	32.72

解　以品种为因子 A, 有 4 个水平 A_1, A_2, A_3, A_4; 以地块为因子 B, 有 5 个水平 B_1, B_2, B_3, B_4, B_5. 设 A 与 B 无交互作用, $r = 4, s = 5, n = 20$, 计算因子 A 和 B 各水平下的样本平均值 $\overline{X}_i.$ 和 $\overline{X}_{.j}$ 以及总平均值 $\overline{X}$, 列在表 5.14 中.

检验原假设

$$H_{01}: a_1 = a_2 = a_3 = a_4 = 0,$$
$$H_{02}: b_1 = b_2 = b_3 = b_4 = b_5 = 0.$$

再计算各离差的平方和

$$\mathrm{TSS} = \sum_{i=1}^{4} \sum_{j=1}^{5} (X_{ij} - \overline{X})^2 = 175.0255,$$

$$\mathrm{FSS}_A = 5 \sum_{i=1}^{4} (\overline{X}_i. - \overline{X})^2 = 134.6455,$$

$$\mathrm{FSS}_B = 4 \sum_{j=1}^{5} (\overline{X}_{.j} - \overline{X})^2 = 14.098.$$

由式 (5.3.9), 得

$$ESS = 175.0255 - 134.6455 - 14.098 = 26.282.$$

进一步可算得

$$S_{fA}^2 = 44.8818, \quad S_{fB}^2 = 3.5245, \quad S_e^2 = 2.1902.$$

从而有 F 值

$$F_A = \frac{44.8818}{2.1902} = 20.49, \quad F_B = \frac{3.5245}{2.1902} = 1.61.$$

综合以上结果, 我们有下面的方差分析表 5.15:

表 5.15 小麦收获量方差分析表

方差来源	平方和	自由度	方差	F 值
因子 A	$FSS_A = 134.6455$	3	44.8818	$F_A = 20.49$
因子 B	$FSS_B = 14.098$	4	3.5245	$F_B = 1.61$
误差	$ESS = 26.282$	12	2.1902	
总和	TSS	19		

查 F- 分布表, 得 $\alpha = 0.05$ 的临界值为 $F_{0.05}(3, 12) = 3.49 < 20.49 = F_A$, 所以拒绝原假设 H_{01}, 表明小麦品种的不同对小麦收获量有极显著的影响; 对 $\alpha = 0.01$ 得临界值为 $F_{0.01}(4, 12) = 5.41 > 1.61 = F_B$, 所以不能拒绝原假设 H_{02}, 表明地块的不同对小麦收获量没有显著影响.

5.3.2 重复试验的两因子方差分析

有时, 根据生产经验和专业知识, 知道两个因子间存在着交互作用, 即不同因子水平的搭配对试验指标有综合性作用, 也就是说, 因子 A 的作用会随着因子 B 的不同水平而发生变化. 在实际应用中, 两因子有无交互作用, 只凭一次试验是分析不出来的, 至少需重复试验两次以上, 才能分析有无交互作用. 为了便于说明这种分析方法, 以下对各个水平组合 $A_i B_j$ 做等重复试验, 即从每个总体 X_{ij} 中选取容量相等的样本, 称它为具有相等重复观察次数的两因子方差分析.

1. 统计模型

假设试验中因子 A 有 r 个水平 $A_1, A_2, \cdots, A_r$, 因子 B 有 s 个水平 $B_1,$ $B_2, \cdots, B_s$, 等重复试验次数为 l, 每个水平组合 $A_i B_j$ 的相应总体 X_{ij} 的观察样本为

$$X_{ij1}, X_{ij2}, \cdots, X_{ijl}, \quad i = 1, \cdots, r; j = 1, \cdots, s.$$

可见共有 $r \times s$ 个样本, $r \times s \times l$ 个观察结果, 把所有观察结果整理成数据结构表 5.16.

表 5.16　有交互作用的两因子方差分析的数据结构

		因子B			
		B_1	B_2	$\cdots$	B_s
因 子 A	A_1	$X_{111},\cdots,X_{11l}$	$X_{121},\cdots,X_{12l}$	$\cdots$	$X_{1s1},\cdots,X_{1sl}$
	A_2	$X_{211},\cdots,X_{21l}$	$X_{221},\cdots,X_{22l}$	$\cdots$	$X_{2s1},\cdots,X_{2sl}$
	$\vdots$	$\vdots$	$\vdots$	$\vdots$	$\vdots$
	A_r	$X_{r11},\cdots,X_{r1l}$	$X_{r21},\cdots,X_{r2l}$	$\cdots$	$X_{rs1},\cdots,X_{rsl}$

假定总体 X_{ij} 服从正态分布 $N(\mu_{ij},\ \sigma^2)$ 且 $X_{ij}\ (i=1,\cdots,r;j=1,\cdots,s)$ 相互独立.

设

$$\varepsilon_{ijk}=X_{ijk}-\mu_{ij},$$

易知, 对总体 X_{ij} 的假定等价于

$$\left\{\begin{array}{l} \text{随机误差的随机变量} \\ \varepsilon_{ijk}\ (i=1,\cdots,r;j=1,\cdots,s;k=1,\cdots,l) \\ \text{相互独立, 且 } \varepsilon_{ijk}\sim N(0,\ \sigma^2). \end{array}\right. \tag{5.3.18}$$

于是, X_{ijk} 可表示为

$$\left\{\begin{array}{l} X_{ijk}=\mu_{ij}+\varepsilon_{ijk}, \\ \varepsilon_{ijk}\ \text{相互独立}, \\ \varepsilon_{ijk}\sim N(0,\sigma^2), \end{array}\right. \quad\text{其中}\left\{\begin{array}{l} i=1,2,\cdots,r, \\ j=1,2,\cdots,s, \\ k=1,2,\cdots,l. \end{array}\right. \tag{5.3.19}$$

称它为等重复试验方差分析的统计模型.

对统计模型 (5.3.19), 和前面一样, 引入记号 $\mu,\mu_{i\cdot},\mu_{\cdot j},a_i,b_j$. 由于因子 A 与 B 之间有交互作用, 把式 (5.3.5) 右端最后一项记作

$$c_{ij}\triangleq\mu_{ij}-\mu_{i\cdot}-\mu_{\cdot j}+\mu, \tag{5.3.20}$$

从而式 (5.3.19) 可写成效应分解式

$$X_{ijk}=\mu+a_i+b_j+c_{ij}+\varepsilon_{ijk}. \tag{5.3.21}$$

2. 交互效应

在效应分解式 (5.3.21) 中, 把 c_{ij} 在式 (5.3.20) 的定义重新组合为

$$\begin{aligned} c_{ij}&=\mu_{ij}-\mu-\mu_{i\cdot}+\mu-\mu_{\cdot j}+\mu \\ &=(\mu_{ij}-\mu)-a_i-b_j, \end{aligned} \tag{5.3.22}$$

其中 $\mu_{ij} - \mu$ 是反映水平组合 A_iB_j 对试验指标的**总效应** 或**联合效应**. 总效应减去水平 A_i 的效应 a_i 及水平 B_j 的效应 b_j, 所得之差 c_{ij} 称为水平 A_i 和 B_j 联合对试验指标的**交互效应**. 在方差分析中, 通常把因子 A 与因子 B 对试验指标的交互效应设定为某一新因子的效应, 把此新因子记作 $A \times B$, 称它为 A 与 B 对试验指标的**交互作用**. 显然交互效应 c_{ij} 满足关系式

$$\sum_{i=1}^{r} c_{ij} = \sum_{j=1}^{s} c_{ij} = 0. \tag{5.3.23}$$

为了直观地理解交互作用的实际意义, 下面举例说明.

例 5.3.3 某农科所在四块面积相等的大豆试验田里, 通过两种肥料 N 和 P 的施肥观察对大豆亩产量的影响, 数据如表 5.17 所示.

表 5.17 大豆施肥试验数据结构表

大豆亩产/斤 　　肥料P 肥料N	$P_1=0$	$P_2=4$	$P_1 \to P_2$
$N_1=0$	400	450	$450-400=50$
$N_2=6$	430	560	$560-430=130$
$N_1 \to N_2$	30	110	$560-400=160$

肥料 N 和 P 是两个因子各取二水平 N_1, N_2 和 P_1, P_2, 属于两因子二水平的试验. 从试验结果的数据来看, 两种肥料都不用时, 大豆亩产 400 斤, 当没有施肥料 N(即 $N_1 = 0$), 而肥料 P 用 4 个单位时, 可使大豆亩产增加 50 斤, 这反映了肥料 P 的作用; 当施 N 肥料 6 个单位, P 肥料 4 个单位时, 可使大豆亩产增加 130 斤, 这也反映了肥料 P 的作用, 但这时产量比不施肥料 N 又增加了 80 斤. 那么这个 80 斤恰好反映了 N、P 两种肥料对大豆亩产的交互作用. 也可以从另一角度来理解: 在 $N_2 = 6$, $P_2 = 4$ 的水平组合下, 大豆产量由没施肥 N 和 P 的 400 斤增加到 560 斤, 即增加了 160 斤, 在 $N_2 = 6$ 的水平下, 大豆亩产增加 $430 - 400 = 30$(斤), 在 $P_2 = 4$ 的水平下, 大豆亩产增加 $450 - 400 = 50$(斤), 那么 $160 - 30 - 50 = 80$(斤) 反映了交互作用 $N_2 \times P_2$ 对大豆增产的作用.

总之, 在两因子试验中, 当一个因子对试验指标的影响作用依赖于另一个因子所取得水平时, 就称这两个因子对试验指标有交互作用.

综合以上两段所述, 在式 (5.3.4) 和 (5.3.23) 的条件下, 对模型 (5.3.21) 进行有交互作用的两因子方差分析. 要注意这里

$$\mu;\ \sigma^2;\ a_i;\ b_j;\ c_{ij}, \quad i = 1, \cdots, r; j = 1, \cdots, s$$

均为未知参数.

3. 检验法

对上面所提到的问题, 检验原假设

$$H_{01}: a_1 = a_2 = \cdots = a_r = 0,$$
$$H_{02}: b_1 = b_2 = \cdots = b_s = 0,$$
$$H_{012}: c_{ij} = 0 \quad i = 1, \cdots, r; j = 1, \cdots, s.$$

类似于无交互作用的方差分析, 各样本指标的计算如下:

总的样本平均值 $\qquad \overline{X} = \dfrac{1}{rsl} \sum\limits_{i=1}^{r} \sum\limits_{j=1}^{s} \sum\limits_{k=1}^{l} X_{ijk};$

交互作用的样本平均值 $\qquad \overline{X}_{ij\cdot} = \dfrac{1}{l} \sum\limits_{k=1}^{l} X_{ijk};$

因子 A 各水平的样本平均值 $\qquad \overline{X}_{i\cdot\cdot} = \dfrac{1}{sl} \sum\limits_{j=1}^{s} \sum\limits_{k=1}^{l} X_{ijk};$

因子 B 各水平的样本平均值 $\qquad \overline{X}_{\cdot j\cdot} = \dfrac{1}{rl} \sum\limits_{i=1}^{r} \sum\limits_{k=1}^{l} X_{ijk}.$

它们分别是 $\mu, \mu_{ij}, \mu_{i\cdot}, \mu_{\cdot j}$ 的无偏估计量. 于是, 总离差平方和 TSS 有恒等分解式

$$
\begin{aligned}
\mathrm{TSS} &= \sum_{i=1}^{r} \sum_{j=1}^{s} \sum_{k=1}^{l} (X_{ijk} - \overline{X})^2 \\
&= \sum_{i=1}^{r} \sum_{j=1}^{s} \sum_{k=1}^{l} \big[(X_{ijk} - \overline{X}_{ij\cdot}) + (\overline{X}_{ij\cdot} - \overline{X}_{i\cdot\cdot} - \overline{X}_{\cdot j\cdot} + \overline{X}) \\
&\quad + (\overline{X}_{i\cdot\cdot} - \overline{X}) + (\overline{X}_{\cdot j\cdot} - \overline{X}) \big]^2 \\
&= \sum_{i,j,k=1}^{r,s,l} (X_{ijk} - \overline{X}_{ij\cdot})^2 + \sum_{i,j,k=1}^{r,s,l} (\overline{X}_{ij\cdot} - \overline{X}_{i\cdot\cdot} - \overline{X}_{\cdot j\cdot} + \overline{X})^2 \\
&\quad + \sum_{i,j,k=1}^{r,s,l} (\overline{X}_{i\cdot\cdot} - \overline{X})^2 + \sum_{i,j,k=1}^{r,s,l} (\overline{X}_{\cdot j\cdot} - \overline{X})^2.
\end{aligned}
$$

可以证明上述四个圆括号中任意两个乘积求和都等于零. 记

$$\mathrm{ESS} = \sum_{i,j,k=1}^{r,s,l} (X_{ijk} - \overline{X}_{ij\cdot})^2,$$

$$\mathrm{FSS}_A = \sum_{i,j,k=1}^{r,s,l} (\overline{X}_{i\cdot\cdot} - \overline{X})^2 = sl \sum_{i=1}^{r} (\overline{X}_{i\cdot\cdot} - \overline{X})^2,$$

$$\mathrm{FSS}_B = \sum_{i,j,k=1}^{r,s,l} (\overline{X}_{\cdot j\cdot} - \overline{X})^2 = rl \sum_{j=1}^{s} (\overline{X}_{\cdot j\cdot} - \overline{X})^2,$$

$$\mathrm{FSS}_{A\times B} = \sum_{i,j,k=1}^{r,s,l} (\overline{X}_{ij\cdot} - \overline{X}_{i\cdot\cdot} - \overline{X}_{\cdot j\cdot} + \overline{X})^2$$

$$= l \sum_{i,j=1}^{r,s} (\overline{X}_{ij\cdot} - \overline{X}_{i\cdot\cdot} - \overline{X}_{\cdot j\cdot} + \overline{X})^2,$$

它们都是离差平方和, 依次称为误差项离差平方和 ESS、因子 A 的离差平方和 FSS_A、因子 B 的离差平方和 FSS_B、交互作用 $A \times B$ 的离差平方和 $\mathrm{FSS}_{A\times B}$, 从而有离差平方和的分解恒等式

$$\mathrm{TSS} = \mathrm{ESS} + \mathrm{FSS}_A + \mathrm{FSS}_B + \mathrm{FSS}_{A\times B}. \tag{5.3.24}$$

再记

$$S_e^2 = \frac{\mathrm{ESS}}{rs(l-1)}, \quad S_{f_A}^2 = \frac{\mathrm{FSS}_A}{r-1},$$

$$S_{f_B}^2 = \frac{\mathrm{FSS}_B}{s-1}, \quad S_{f_{A\times B}}^2 = \frac{\mathrm{FSS}_{A\times B}}{(r-1)(s-1)}.$$

由于

$$E(\mathrm{ESS}) = \sum_{i,j=1}^{r,s} E\left[\sum_{k=1}^{l} (X_{ijk} - \overline{X}_{ij\cdot})^2 \right] = rs(l-1)\sigma^2,$$

所以

$$E(S_e^2) = E\left[\frac{\mathrm{ESS}}{rs(l-1)} \right] = \sigma^2. \tag{5.3.25}$$

称 S_e^2 为重复试验的误差项方差, 它是 σ^2 的无偏估计量. 记

$$\bar\varepsilon = \frac{1}{rsl} \sum_{i,j,k=1}^{r,s,l} \varepsilon_{ijk}, \quad \bar\varepsilon_{ij\cdot} = \frac{1}{l} \sum_{k=1}^{l} \varepsilon_{ijk},$$

$$\bar\varepsilon_{i\cdot\cdot} = \frac{1}{sl} \sum_{j,k=1}^{s,l} \varepsilon_{ijk}, \quad \bar\varepsilon_{\cdot j\cdot} = \frac{1}{rl} \sum_{i,k=1}^{r,l} \varepsilon_{ijk}.$$

由效应分解式 (5.3.21) 及条件 (5.3.4) 和式 (5.3.23) 知

$$\overline{X}_{i\cdot\cdot} = \frac{1}{sl} \sum_{j,k=1}^{s,l} X_{ijk} = \frac{1}{sl} \sum_{j,k=1}^{s,l} (\mu + a_i + b_j + c_{ij} + \varepsilon_{ijk})$$

$$= \frac{1}{s} \sum_{j=1}^{s} (\mu + a_i + b_j + c_{ij}) + \frac{1}{sl} \sum_{j,k=1}^{s,l} \varepsilon_{ijk}$$

$$= \mu + a_i + \frac{1}{s} \sum_{j=1}^{s} b_j + \frac{1}{s} \sum_{j=1}^{s} c_{ij} + \bar\varepsilon_{i\cdot\cdot} = \mu + a_i + \bar\varepsilon_{i\cdot\cdot}.$$

同理, $\overline{X} = \mu + \overline{\varepsilon}$, $\overline{X}_{.j.} = \mu + b_j + \overline{\varepsilon}_{.j.}$, $\overline{X}_{ij.} = \mu + a_i + b_j + c_{ij} + \overline{\varepsilon}_{ij.}$.

仿照式 (5.3.10) 的推导, 可得

$$\overline{X}_{i..} - \overline{X} = a_i + (\overline{\varepsilon}_{i..} - \overline{\varepsilon}),$$

$$E(\mathrm{FSS}_A) = E\left[sl\sum_{i=1}^{r}(a_i + \overline{\varepsilon}_{i..} - \overline{\varepsilon})^2\right]$$

$$= E\left[sl\sum_{i=1}^{r}(\overline{\varepsilon}_{i..} - \overline{\varepsilon})^2\right] + E\left(sl\sum_{i=1}^{r}a_i^2\right)$$

$$= (r-1)\sigma^2 + sl\sum_{i=1}^{r}a_i^2,$$

$$E(S_{f_A}^2) = \sigma^2 + \frac{sl}{r-1}\sum_{i=1}^{r}a_i^2, \qquad (5.3.26)$$

$$\overline{X}_{.j.} - \overline{X} = b_j + (\overline{\varepsilon}_{.j.} - \overline{\varepsilon}),$$

$$E(\mathrm{FSS}_B) = E\left[rl\sum_{j=1}^{s}(b_j + \overline{\varepsilon}_{.j.} - \overline{\varepsilon})^2\right]$$

$$= (s-1)\sigma^2 + rl\sum_{j=1}^{s}b_j^2,$$

$$E(S_{f_B}^2) = \sigma^2 + \frac{rl}{s-1}\sum_{j=1}^{s}b_j^2, \qquad (5.3.27)$$

$$\overline{X}_{ij.} - \overline{X}_{i..} - \overline{X}_{.j.} + \overline{X} = c_{ij} + (\overline{\varepsilon}_{ij.} - \overline{\varepsilon}_{i..} - \overline{\varepsilon}_{.j.} + \overline{\varepsilon}),$$

$$E(\mathrm{FSS}_{A\times B}) = E\left[l\sum_{i,j=1}^{r,s}(c_{ij} + \overline{\varepsilon}_{ij.} - \overline{\varepsilon}_{i..} - \overline{\varepsilon}_{.j.} + \overline{\varepsilon})^2\right]$$

$$= l\sum_{i,j=1}^{r,s}c_{ij}^2 + (r-1)(s-1)\sigma^2,$$

$$E(S_{f_{A\times B}}^2) = \sigma^2 + \frac{l}{(r-1)(s-1)}\sum_{i,j=1}^{r,s}c_{ij}^2. \qquad (5.3.28)$$

这三个 $S_{f_A}^2$、$S_{f_B}^2$、$S_{f_{A\times B}}^2$ 是相应的因子 A、因子 B 和交互作用 $A \times B$ 的方差. 在原假设 H_{01}、H_{02}、H_{012} 成立的条件下, 都是 σ^2 的无偏估计.

对模型 (5.3.21) 在式 (5.3.18) 的基本假定下, 与式 (5.3.16) 和式 (5.3.17) 相似, 可以证明如下统计量的分布结论:

当 H_{01} 成立时

$$F_A = \frac{\dfrac{\text{FSS}_A}{\sigma^2(r-1)}}{\dfrac{\text{ESS}}{\sigma^2 rs(l-1)}} = \frac{S_{f_A}^2}{S_e^2} \sim F(r-1, rs(l-1)). \tag{5.3.29}$$

当 H_{02} 成立时

$$F_B = \frac{\dfrac{\text{FSS}_B}{\sigma^2(s-1)}}{\dfrac{\text{ESS}}{\sigma^2 rs(l-1)}} = \frac{S_{f_B}^2}{S_e^2} \sim F(s-1, rs(l-1)). \tag{5.3.30}$$

当 H_{012} 成立时

$$F_{A \times B} = \frac{\dfrac{\text{FSS}_{A \times B}}{\sigma^2(r-1)(s-1)}}{\dfrac{\text{ESS}}{\sigma^2 rs(l-1)}} = \frac{S_{f_{A \times B}}^2}{S_e^2} \sim F((r-1)(s-1), rs(l-1)). \tag{5.3.31}$$

以上式 (5.3.29)~ 式 (5.3.31) 就是我们需要的检验统计量, 给定显著性水平 α, 检验结果如下:

若 $F_A > F_\alpha((r-1), rs(l-1))$, 则拒绝 H_{01}, 否则接受 H_{01};

若 $F_B > F_\alpha((s-1), rs(l-1))$, 则拒绝 H_{02}, 否则接受 H_{02};

若 $F_{A \times B} > F_\alpha((r-1)(s-1), rs(l-1))$, 则拒绝 H_{012}, 否则接受 H_{012}.

列出方差分析表如表 5.18 所示.

表 5.18　等重复试验的两因子方差分析表

方差来源	平方和	自由度	方差	F 值
因子 A	FSS_A	$r-1$	$S_{f_A}^2$	$F_A = \dfrac{S_{f_A}^2}{S_e^2}$
因子 B	FSS_B	$s-1$	$S_{f_B}^2$	$F_B = \dfrac{S_{f_B}^2}{S_e^2}$
$A \times B$	$\text{FSS}_{A \times B}$	$(r-1)(s-1)$	$S_{f_{A \times B}}^2$	$F_{A \times B} = \dfrac{S_{f_{A \times B}}^2}{S_e^2}$
误差	ESS	$rs(l-1)$	S_e^2	
总和	TSS	$rsl-1$		

例 5.3.4 有三个小麦品种和两种不同肥料, 交叉搭配成 6 种组合. 将一块耕地均等分为 6 个区块, 在每区块上随机安排品种与肥料交叉组合中的一种做试验, 又每区块均等分为 4 块, 进行 4 次重复试验, 观测得小麦收获量的数据如表 5.19 所

示. 试以显著性水平 $\alpha = 0.05$ 来判断品种、肥料及其交互作用对小麦收获量有无显著影响.

表 5.19 六种组合试验收获量 （单位:kg）

		品 种			$\overline{X}_{i..}$
		B_1	B_2	B_3	
肥	A_1	9, 10, 9, 8	11, 12, 9, 8	13, 14, 15, 12	10.83
料	A_2	9, 10, 12, 11	12, 13, 11, 12	22, 16, 20, 18	13.83
	$\overline{X}_{.j.}$	9.75	11	16.25	12.33

解 以 A 表示肥料, 有 2 个水平 A_1, A_2; 以 B 表示小麦品种, 有 3 个水平 B_1, B_2, B_3, 且 $r = 2, s = 3$. 每一组合水平各重复试验 $l = 4$ 次, 总试验次数 $rsl = 2 \times 3 \times 4 = 24$.

不难计算各种样本平均值, 其中 $\overline{X}_{i..}, \overline{X}_{.j.}, \overline{X}$ 列在表 5.19 中, $\overline{X}_{ij.}$ 用矩阵表示为

$$(\overline{X}_{ij.})_{2\times3} = \begin{pmatrix} 9 & 10 & 13.5 \\ 10.5 & 12 & 19 \end{pmatrix},$$

于是可得五个离差平方和分别为

$$\text{TSS} = \sum_{i,j,k=1}^{r,s,l} (X_{ijk} - \overline{X})^2 = 307.33,$$

$$\text{FSS}_A = sl \sum_{i=1}^{r} (\overline{X}_{i..} - \overline{X})^2 = 54,$$

$$\text{FSS}_B = rl \sum_{j=1}^{s} (\overline{X}_{.j.} - \overline{X})^2 = 190.33,$$

$$\text{FSS}_{A\times B} = l \sum_{i,j=1}^{r,s} (\overline{X}_{ij.} - \overline{X}_{i..} - \overline{X}_{.j.} + \overline{X})^2 = 19,$$

$$\text{ESS} = \sum_{i,j,k=1}^{r,s,l} (X_{ijk} - \overline{X}_{ij.})^2 = 44.$$

由式 (5.3.25)~ 式 (5.3.28) 得

$$S_e^2 = \frac{\text{ESS}}{sr(l-1)} = \frac{44}{18} = 2.444,$$

$$S_{f_A}^2 = \frac{\text{FSS}_A}{r-1} = 54, \quad F_A = \frac{54}{2.444} = 22.095,$$

$$S_{fB}^2 = \frac{\text{FSS}_B}{s-1} = 95.165, \quad F_B = \frac{95.165}{2.444} = 38.938,$$

$$S_{fA \times B}^2 = \frac{\text{FSS}_{A \times B}}{(r-1)(s-1)} = 9.5, \quad F_{A \times B} = \frac{9.5}{2.444} = 3.887.$$

综合以上数据, 有方差分析表 5.20.

表 5.20 六种组合收获量方差分析表

方差来源	平方和	自由度	方差	F 值
因子 A	$\text{FSS}_A = 54$	1	54	$F_A = 22.095$
因子 B	$\text{FSS}_B = 190.33$	2	95.165	$F_B = 38.938$
$A \times B$	$\text{FSS}_{A \times B} = 19$	2	9.5	$F_{A \times B} = 3.887$
误差	$\text{ESS} = 44$	18	2.444	
总和	$\text{TSS} = 307.33$	23		

下面做统计分析: 对于因子 A, 在显著性水平 $\alpha = 0.05$ 下, 查第一自由度为 1, 第二自由度为 18 的 F-分布表, 得临界值 $F_{0.05}(1, 18) = 4.41$, 而 $F_A = 22.095$ 远大于 4.41, 说明肥料的不同对小麦收获量有显著影响.

对于因子 B, 在显著性水平 $\alpha = 0.05$ 下, 查第一自由度为 2, 第二自由度为 18 的 F-分布表, 得临界值 $F_{0.05}(2, 18) = 3.55$, 而 $F_B = 39$ 也远大于 3.55, 说明小麦品种的不同对收获量也有显著影响.

此外, 交互作用的 F 值 3.887 也比临界值 3.55 大, 说明小麦品种和肥料的交互作用对小麦的收获量也有一定的影响.

5.4 一元线性回归

回归分析的目的是寻求一个随机变量 Y 对一个或一组随机变量 $X_1, X_2, \cdots, X_k$ 的统计依赖关系, 其中自变量 $X_1, \cdots, X_k$ 是 k 个数量因子.

在 5.1 节给出的四条假定之下, 考虑线性模型 (5.1.6). 若对自变量 $X_1, X_2, \cdots, X_k$ 的每一给定值 $x_1, x_2, \cdots, x_k$, 因变量 Y 的条件期望都存在, 即

$$E(Y \mid x_1, x_2, \cdots, x_k) = f(x_1, x_2, \cdots, x_k) \tag{5.4.1}$$

是有限的. 那么, 在自变量 $x_1, x_2, \cdots, x_k$ 和因变量 Y 的条件期望

$$E(Y \mid x_1, x_2, \cdots, x_k)$$

之间就建立了一一对应的函数关系, 记

$$y = E(Y \mid x_1, x_2, \cdots, x_k) = f(x_1, x_2, \cdots, x_k)$$

称此条件期望 $E(Y\,|\,x_1, x_2, \cdots, x_k)$ 为 Y 对 $x_1, x_2, \cdots, x_k$ 的**回归函数**, 简称为**回归**. 如果 $f(x_1, x_2, \cdots, x_k)$ 是一个线性函数关系式, 就称之为**线性回归函数**. 在回归分析中自变量 $X_1, \cdots, X_k$ 常称为**回归因子**.

5.4.1　一元线性回归模型

一元线性回归模型是一类简单回归模型. 模型中只有一个回归因子 X, 即式 (5.1.5) 中 $k = 1$ 的模型. 这时式 (5.4.1) 中的函数 f 只有一个自变量, 记为 X. 于是, 一元线性回归的一般模型可写为

$$Y = \beta_0 + \beta_1 X + \varepsilon. \tag{5.4.2}$$

统计学中把 β_0 和 β_1 称为**回归系数**.

能否用一元线性回归模型来描述 Y 与 X 的关系, 需根据有关的专业知识来判断, 也可以根据样本观察资料应用假设检验的方法进行检验, 而最直观的方法是把独立样本观察值

$$(x_1, y_1), (x_2, y_2), \cdots, (x_n, y_n)$$

绘制在平面直角坐标上, 构成散点图, 当 n 较大时, 若散点图的 n 个点近似在一条直线附近, 就可粗略地认为 Y 依赖于 x 的变化而成比例的变化, 即二者的关系可用一元线性模型来表示, 如图 5.3 所示.

图 5.3　一元线性回归模型散点图

对于一元线性回归模型, 将数据作中心化的处理, 记

$$\overline{x} = \frac{1}{n}\sum_{t=1}^{n} x_t, \quad \overline{y} = \frac{1}{n}\sum_{t=1}^{n} y_t,$$

$$l_{xx} = \sum_{t=1}^{n}(x_t - \overline{x})^2 = \sum_{t=1}^{n}[x_t(x_t - \overline{x})],$$

$$l_{yy} = \sum_{t=1}^{n}(y_t - \overline{y})^2 = \sum_{t=1}^{n}[y_t(y_t - \overline{y})],$$

$$l_{xy} = \sum_{t=1}^{n}(y_t - \overline{y})(x_t - \overline{x}) \sum_{t=1}^{n}[y_t(x_t - \overline{x})]$$

以及

$$\overline{Y} = \frac{1}{n} \sum_{t=1}^{n} Y_t,$$

$$l_{YY} = \sum_{t=1}^{n} (Y_t - \overline{Y})^2 = \sum_{t=1}^{n} [Y_t(Y_t - \overline{Y})],$$

$$l_{XY} = \sum_{t=1}^{n} (Y_t - \overline{Y})(X_t - \overline{x}) = \sum_{t=1}^{n} [Y_t(X_t - \overline{X})],$$

得到与式 (5.4.2) 等价的一元线性回归模型

$$Y = \beta_0 + \beta_1(X - \overline{X}) + \varepsilon. \tag{5.4.3}$$

5.4.2 相关性与回归

在随机变量的数字特征里, 我们知道: 任何两个随机变量 X 和 Y 的相关系数 $|r| = 1$ 当且仅当存在两个常数 a, b 且 $a \neq 0$, 使得 $P\{Y = aX + b\} = 1$. 这个结果告诉我们在相关系数 $|r| = 1$ 时, 随机变量 X 和 Y 之间几乎处处成立着线性函数关系

$$Y = aX + b$$

虽然 5.4.1 节里定义了一个随机变量 Y 对 X 的回归模型, 但是在理论上必须要回答一个问题: 作为 Y 对 X 的回归 $E(Y|x)$ 是否真实地反映了 Y 与 X 之间的线性相关性, 换句话说, 会不会还有 x 的其他函数比 $E(Y|x)$ 更好呢? 为了回答这个问题, 可用均方误差作为好坏的标准.

用随机变量 X 作为观察对象, 来估计随机变量 Y, 假设统计量 $\hat{Y} = T(X)$ 是 Y 对回归因子 X 回归的一个估计. 有如下定义.

定义 5.4.1 设 $\hat{Y}^* = T^*(X)$ 为 Y 的估计量, 对于 Y 的任一估计量 $\hat{Y} = T(X)$, 如果

$$E[Y - \hat{Y}^*]^2 \leqslant E[Y - \hat{Y}]^2, \tag{5.4.4}$$

则称 $\hat{Y}^* = T^*(X)$ 为 Y 的**最小均方误差估计量**.

在随机向量的数字特征中, 条件数学期望 $E(Y \mid X)$ 是随机变量 X 的一个函数, 当然是一个随机变量, 记为 $T(X) = E(Y \mid X)$. 定理 5.4.1 指出: $T(X) = E(Y \mid X)$ 是 Y 的最小均方误差估计量.

定理 5.4.1 设 (X, Y) 有联合分布, 令 $g(x)$ 是定义于实数集上的任意连续函数, 如果 $E(X), E(Y)$ 及 $E[g(X) \cdot Y]$ 均存在, 则

$$E[Y - E(Y \mid X)]^2 \leqslant E[Y - g(X)]^2.$$

证明　对函数 $g(X)$, 有

$$
\begin{aligned}
E[Y - g(X)]^2 &= E[Y - E(Y|X) + E(Y|X) - g(X)]^2 \\
&= E[Y - E(Y|X)]^2 + E[E(Y|X) - g(X)]^2 \\
&\quad + 2E\{[Y - E(Y|X)][E(Y|X) - g(X)]\}.
\end{aligned}
$$

根据条件期望的基本性质, 可得

$$
\begin{aligned}
&E\{[Y - E(Y|X)][E(Y|X) - g(X)]\} \\
&= E\{E([Y - E(Y|X)][E(Y|X) - g(X)] \,|\, X)\} \\
&= E\{[E(Y|X) - g(X)]E([Y - E(Y|X)] \,|\, X)\} \\
&= E\{[E(Y|X) - g(X)][E(Y|X) - E(Y|X)]\} = 0,
\end{aligned}
$$

故 $E[Y - E(Y|X)]^2 \leqslant E[Y - g(X)]^2$. ∎

很容易计算

$$
\begin{aligned}
\mathrm{Cov}(Y, g(X)) &= E(Y - EY)(g(X) - Eg(X)) \\
&= E\{E(Y - EY)(g(X) - Eg(X)) \,|\, X\} \\
&= E[g(X) - Eg(X)](E(Y|X) - EY) \\
&= \mathrm{Cov}(g(X), T(X)).
\end{aligned} \tag{5.4.5}
$$

将式 (5.4.5) 中 $g(X)$ 取为 $T(X)$ 立即得 $\mathrm{Cov}(Y, T(X)) = D(T(X))$. 根据 Schwartz 不等式可推出相关系数间的关系式为

$$
\begin{aligned}
R_{Y,g} &= \frac{\mathrm{Cov}(Y, g(X))}{\sqrt{\mathrm{Var}(Y)\,\mathrm{Var}(g(X))}} = \frac{\mathrm{Cov}(T(X), g(X))}{\sqrt{\mathrm{Var}(Y)\,\mathrm{Var}(g(X))}} \\
&\leqslant \frac{\sqrt{\mathrm{Var}(T(X))\,\mathrm{Var}(g(X))}}{\sqrt{\mathrm{Var}(Y)\,\mathrm{Var}(g(X))}} = \frac{\mathrm{Var}(T(X))}{\sqrt{\mathrm{Var}(Y)\,\mathrm{Var}(T(X))}} \\
&= R_{Y,T}.
\end{aligned} \tag{5.4.6}
$$

关系式 (5.4.6) 说明了由 X 构造的任一函数 $g(X)$(作为 Y 的均方误差估计) 与 Y 的相关系数当 $g(X) = E(Y|X)$ 时, 达到极大值, 并且极大值为 $\sqrt{\mathrm{Var}(T(X))}/\sqrt{\mathrm{Var}(Y)}$. 在最小均方误差估计的意义下, Y 对 X 的依赖关系的最佳描述是 $\hat{y} = E(Y|x)$. 用 $\varepsilon \overset{\triangle}{=} Y - \hat{y} = Y - E(Y|x)$ 表示估计的误差, 则有

定理 5.4.2　$E(\varepsilon) = 0$, $\mathrm{Var}(\varepsilon) = \mathrm{Var}(Y) - \mathrm{Var}(T(X))$.

证明 $E(\varepsilon) = E[Y - E(Y|X)] = E(Y) - E(Y) = 0$; 因为

$$E[Y - E(Y|X)]^2$$
$$= E[Y^2 - 2YE(Y|X) + (E(Y|X))^2]$$
$$= E(Y^2) - 2E[YE(Y|X)] + E(E(Y|X))^2$$
$$= [E(Y^2) - [E(Y)]^2] + [E(E(Y|X))^2 - [E(Y)]^2] - 2\{E[YE(Y|X)] - (EY)^2\}$$
$$= \mathrm{Var}(Y) + \mathrm{Var}(T(X)) - 2\,\mathrm{Cov}(Y, T(X)) = \mathrm{Var}(Y) - \mathrm{Var}(T(X)),$$

所以 $\mathrm{Var}(\varepsilon) = E(\varepsilon^2) = \mathrm{Var}(Y) - \mathrm{Var}(T(X))$. ■

在 $X = x$ 的条件下, 有

$$\begin{cases} Y = E(Y|x) + \varepsilon, \\ E(\varepsilon) = 0. \end{cases} \tag{5.4.7}$$

式 (5.4.7) 称为**一元回归模型**. 当回归函数 $E(Y|x)$ 是 x 的线性函数时, 就得到式 (5.4.2) 所给的一元线性回归模型.

例 5.4.1 设 (X, Y) 服从二元正态分布 $N(\mu_1, \sigma_1^2; \mu_1, \sigma_1^2; r)$, 分析由 X 估计或预测 Y 的估计量.

解 设 (X, Y) 的联合密度函数为

$$f(x, y) = \frac{1}{2\pi\sigma_1\sigma_2\sqrt{1-r^2}} \exp\Big\{ -\frac{1}{2(1-r^2)}\Big[\frac{(x-\mu_1)^2}{\sigma_1^2} \\ -2r\frac{(x-\mu_1)(y-\mu_2)}{\sigma_1\sigma_2} + \frac{(y-\mu_2)^2}{\sigma_2^2}\Big]\Big\},$$

得 X 服从于正态分布 $N(\mu_1, \sigma_1^2)$; Y 服从于正态分布 $N(\mu_2, \sigma_2^2)$; r 为其相关系数. 记 $f(y|x)$ 为在条件 $X = x$ 下, Y 的条件密度函数, 则有

$$E(Y\,|\,x) = \int_{-\infty}^{\infty} yf(y|x)\,\mathrm{d}y = \mu_2 + r\frac{\sigma_2}{\sigma_1}(x - \mu_1),$$

令 $T(X) = E(Y\,|\,x)$, 可计算得

$$T(X) = \mu_2 + r\frac{\sigma_2}{\sigma_1}(x - \mu_1) \tag{5.4.8}$$

为 Y 的最小均方误差估计量. 同理

$$E(X\,|\,y) = \mu_1 + r\frac{\sigma_1}{\sigma_2}(y - \mu_2) \tag{5.4.9}$$

是 X 的最小均方误差估计量, 而且它们都是线性模型.

当 $|r| = 1$ 或 (X, Y) 服从二元正态分布时, 可建立线性模型, 利用这个模型在最小均方误差意义下, 由一个随机变量估计另一个随即变量确实是相当方便的. 相反地, 当 $|r| < 1$ 或 (X, Y) 不服从二元正态分布时, 建立线性模型就会增加因模型的不合而带来的误差. 所以, 我们就线性回归作如下的讨论.

定义 5.4.2 设有线性统计量

$$T(X) = a + bX. \tag{5.4.10}$$

如果对任意线性统计量 $T'(X) = a' + b'X$, 都有

$$E[Y - (a + bX)]^2 \leqslant E[Y - (a' + b'X)]^2, \tag{5.4.11}$$

则称 $T(X)$ 为 Y 的**线性最小均方误差估计量**. 显然

$$E[Y - E(Y \mid X)]^2 \leqslant E[Y - (a + bX)]^2.$$

因而, 线性最小均方误差估计量的精度 (在均方误差的意义下) 不如最小均方误差估计量. 但当 (X, Y) 服从二元正态分布时, 这两个估计量是一致的.

我们想知道, 线性回归函数式 (5.4.10) 中系数 a 和 b 满足什么条件, $T(X)$ 为 Y 的线性最小均方误差估计量. 由于

$$
\begin{aligned}
E[Y - (a' + b'X)]^2 &= E\{[Y - E(Y)] - b'[X - E(X)] \\
&\quad - [a' - E(Y) + b'E(X)]\}^2 \\
&= E[Y - E(Y)]^2 + b'^2 E[X - E(X)]^2 \\
&\quad + [a' - E(Y) + b'E(X)]^2 - 2b'\operatorname{Cov}(X, Y) \\
&= \operatorname{Var}(Y) + b'^2 \operatorname{Var}(X) - 2b'\operatorname{Cov}(X, Y) \\
&\quad + [a' - E(Y) + b'E(X)]^2,
\end{aligned}
$$

将上式分别对 a' 及 b' 求偏导数, 得到

$$
\begin{cases}
\dfrac{\partial}{\partial a'} E[Y - (a' + b'X)]^2 = 2[a' - E(Y) + b'E(X)], \\[2mm]
\dfrac{\partial}{\partial b'} E[Y - (a' + b'X)]^2 = 2b'\operatorname{Var}(X) - 2\operatorname{Cov}(X, Y) \\
\qquad\qquad\qquad\qquad\qquad + 2[a' - E(Y) + b'E(X)]E(X).
\end{cases}
$$

令其偏导数等于零, 从而解得

$$
\begin{cases}
a = E(Y) - bE(X), \\[2mm]
b = \dfrac{\operatorname{Cov}(X, Y)}{\operatorname{Var}(X)} = r\dfrac{\sqrt{\operatorname{Var}(Y)}}{\sqrt{\operatorname{Var}(X)}}.
\end{cases}
\tag{5.4.12}
$$

可以验证, 式 (5.4.12) 所确定的 a 和 b 使得式 (5.4.11) 成立, 即 $T(X) = a + bX$ 为 Y 的线性最小均方误差估计量.

同理, 可求出 X 的线性最小均方误差估计量

$$T_1(Y) = a_1 + b_1Y, \tag{5.4.13}$$

其中

$$a_1 = E(X) - b_1E(Y),$$

$$b_1 = \frac{\text{Cov}(X,Y)}{\text{Var}(Y)} = r\frac{\sqrt{\text{Var}(X)}}{\sqrt{\text{Var}(Y)}}.$$

从式 (5.4.8) 与式 (5.4.12) 也不难看到, 当 (X,Y) 服从二元正态分布时, 最小均方误差估计量与线性最小均方误差估计量是一致的.

以下讨论由式 (5.4.12) 确定的线性估计量的性质. 因为

$$E(a + bX) = E[E(Y) - bE(X) + bX]$$

$$= E(Y) - bE(X) + bE(X) = E(Y),$$

可见式 (5.4.12) 确定的统计量 $T(X) = a + bX$ 是 Y 的线性最小均方误差无偏估计量, 简称为 Y 的最优线性估计量. 记

$$\varepsilon = Y - (a + bX),$$

称 ε 为用 $T(X) = a + bX$ 作为 Y 的最优线性估计量的估计误差, 可由定理 5.5.2 得到如下性质:

性质 5.4.1 (1) $E(\varepsilon) = 0$, $\text{Var}(\varepsilon) = (1 - r^2)\text{Var}(Y)$; (2) $\text{Cov}(\varepsilon, X) = 0$.

证明 (1) $E(\varepsilon) = 0$ 是显然的, 而 $\text{Var}(\varepsilon)$ 由下式计算得到:

$$\text{Var}(\varepsilon) = E[Y - (a + bX)]^2 = E\{Y - [E(Y) - bE(X) + bX]\}^2$$

$$= E\{[Y - E(Y)] - b[X - E(X)]\}^2$$

$$= \text{Var}(Y) - 2b\,\text{Cov}(X,Y) + b^2\,\text{Var}(X)$$

$$= \text{Var}(Y) - 2r^2\,\text{Var}(Y) + r^2\,\text{Var}(Y) = (1 - r^2)\,\text{Var}(Y).$$

(2) 因为

$$\varepsilon = Y - (a + bX) = [Y - E(Y)] - [X - E(X)]\frac{\text{Cov}(X,Y)}{\text{Var}(X)},$$

所以

$$\text{Cov}(\varepsilon, X) = E[\varepsilon - E(\varepsilon)][X - E(X)] = E\{\varepsilon[X - E(X)]\}$$

$$= E[Y - E(Y)][X - E(X)] - E[X - E(X)]^2\frac{\text{Cov}(X,Y)}{\text{Var}(X)}$$

$$= \text{Cov}(X,Y) - \text{Cov}(X,Y) = 0,$$

由此可见, 估计误差 ε 与 X 线性不相关.

综上所述, 用式 (5.4.12) 确定的 Y 的最优线性估计 $T(X) = a + bX$, 它的估计误差 $\varepsilon = Y - T(X)$ 的数学期望为零、方差随着 r 的增大而减少, ε 与 X 线性不相关.

借助于几何的观点, 把不相关性视为正交性, 那么估计误差 ε 可视为与 X 正交 (即垂直). 这样, 从图 5.4 可以看出, Y 与 X 本来不正交, 但 $\varepsilon = Y - T$ 与 X 正交, 而 $T = a + bX$ 为 Y 在 X 上的正交投影. 就是说, 由 X 建立的 Y 的最优线性估计 $T(X) = a + bX$ 是 Y 在 X 上的正交投影.

图 5.4　几何解释

5.4.3　回归系数的最小二乘估计

考虑一元线性回归模型 (5.4.2), 现在进行 n 次观察 (或试验), 记回归因子 X 的观察值 $\boldsymbol{x} = (x_1, x_2 \cdots, x_n)^{\mathrm{T}}$, 因变量 Y 的观察值 $\boldsymbol{y} = (y_1, y_2, \cdots, y_n)^{\mathrm{T}}$. 能够计算回归函数

$$\hat{y}_t \stackrel{\triangle}{=} \beta_0 + \beta_1 x_t, \quad t = 1, 2, \cdots, n.$$

把 $\hat{y}_t$ 与实际的观察 y_t 之间存在的随机误差记为 ε_t, $t = 1, 2, \cdots, n$. 令 $\boldsymbol{\varepsilon} = (\varepsilon_1, \varepsilon_2, \cdots, \varepsilon_n)^{\mathrm{T}}$, 于是, 误差平方和

$$\mathrm{ESS} = \sum_{t=1}^{n} \varepsilon_t^2 = \boldsymbol{\varepsilon}^{\mathrm{T}} \boldsymbol{\varepsilon} = \sum_{t=1}^{n} [y_t - \hat{y}_t]^2 = \sum_{t=1}^{n} (y_t - \beta_0 - \beta_1 x_t)^2. \tag{5.4.14}$$

要求 β_0 和 β_1 的最小二乘估计, 根据最小二乘法原理, 需求 $\hat{\beta}_0$ 和 $\hat{\beta}_1$, 使得式 (5.4.14) 在 $\beta_0 = \hat{\beta}_0$, $\beta_1 = \hat{\beta}_1$ 时取得最小值, 即应用微分法求解如下:

将 ESS 对 β_0, β_1 求偏导数, 得

$$\frac{\partial \mathrm{ESS}}{\partial \beta_0} = -2 \sum_{t=1}^{n} (y_t - \beta_0 - \beta_1 x_t), \tag{5.4.15}$$

$$\frac{\partial \mathrm{ESS}}{\partial \beta_1} = -2 \sum_{t=1}^{n} (y_t - \beta_0 - \beta_1 x_t) x_t. \tag{5.4.16}$$

若将 $\beta_0 = \hat{\beta}_0$, $\beta_1 = \hat{\beta}_1$ 代入式 (5.4.15) 和式 (5.4.16), 则必有方程组

$$\begin{cases} \sum\limits_{t=1}^{n} y_t - n\hat{\beta}_0 - \hat{\beta}_1 \sum\limits_{t=1}^{n} x_t = 0, \\ \sum\limits_{t=1}^{n} (x_t y_t) - \hat{\beta}_0 \sum\limits_{t=1}^{n} x_t - \hat{\beta}_1 \sum\limits_{t=1}^{n} x_t^2 = 0. \end{cases} \tag{5.4.17}$$

称方程组 (5.4.17) 为 **正规方程**. 求解上述方程组, 得

$$\hat{\beta}_0 = \frac{1}{n}\Big(\sum_{t=1}^n y_t - \hat{\beta}_1 \sum_{t=1}^n x_t\Big), \tag{5.4.18}$$

$$\hat{\beta}_1 = \Big[n \sum_{t=1}^n (x_t y_t) - \sum_{t=1}^n x_t \sum_{t=1}^n y_t\Big] \Big/ \Big(n \sum_{t=1}^n x_t^2 - \sum_{t=1}^n x_t\Big). \tag{5.4.19}$$

容易验证由式 (5.4.18) 和式 (5.4.19) 确定的 $\hat{\beta}_0, \hat{\beta}_1$ 是式 (5.4.14) 达到最小值的最小点.

为计算简便, 考虑模型 (5.4.3) 可以得到以下结果:

(1) 回归系数 β_0 和 β_1 的最小二乘法估计 $\hat{\beta}_0$ 和 $\hat{\beta}_1$ 可简化为

$$\begin{cases} \hat{\beta}_0 = \overline{Y}, \\ \hat{\beta}_1 = \dfrac{l_{xY}}{l_{xx}}. \end{cases}$$

(2) 经验回归方程

$$\hat{Y} = \hat{\beta}_0 + \hat{\beta}_1(x - \overline{x}).$$

它是在最小二乘法的意义下, 自变量 x 与因变量 Y 所满足的近似线性函数关系式.

(3) $\hat{\beta}_0, \hat{\beta}_1, \hat{Y}$ 均服从正态分布

$$\hat{\beta}_0 \sim N\Big(\beta_0, \ \frac{\sigma^2}{n}\Big),$$

$$\hat{\beta}_1 \sim N\Big(\beta_1, \ \frac{\sigma^2}{l_{xx}}\Big),$$

$$\hat{Y} \sim N\Big(\beta_0 + \beta_1(x - \overline{x}), \ \sigma^2\Big[\frac{1}{n} + \frac{(x-\overline{x})^2}{l_{xx}}\Big]\Big),$$

且 $\hat{\beta}_0$ 与 $\hat{\beta}_1$ 相互独立.

(4) 残差 (residuls) 方差

$$\hat{\sigma}_e^2 = \frac{l_{xx}l_{YY} - l_{xY}^2}{(n-2)l_{xx}}$$

及

$$\frac{(n-2)\hat{\sigma}_e^2}{\sigma^2} \sim \chi^2(n-2).$$

且 $\hat{\beta}_0$ 与 $\hat{\sigma}_e$ 相互独立; $\hat{\beta}_1$ 与 $\hat{\sigma}_e$ 相互独立; 进而 $Y - \hat{Y}$ 与 $\hat{\sigma}_e$ 也相互独立. 于是有

$$\sqrt{n}\frac{\hat{\beta}_0 - \beta_0}{\hat{\sigma}_e} \sim t(n-2),$$

$$\sqrt{l_{xx}}\frac{\hat{\beta}_1 - \beta_1}{\hat{\sigma}_e} \sim t(n-2), \tag{5.4.20}$$

$$\frac{Y - \hat{Y}}{\hat{\sigma}_e \sqrt{1 + \dfrac{1}{n} + \dfrac{(x - \overline{x})^2}{l_{xx}}}} \sim t(n-2), \tag{5.4.21}$$

$$\frac{l_{xx}(\hat{\beta}_1 - \beta_1)^2}{\hat{\sigma}_e} \sim F(1, n-2). \tag{5.4.22}$$

(5) 记 $\text{LSS} \triangleq \sum_{t=1}^{n}(\hat{Y}_t - \overline{Y})^2 = \dfrac{l_{xY}^2}{l_{xx}}$, 称为**回归平方和**; $\text{TSS} \triangleq \sum_{t=1}^{n}(Y_t - \overline{Y})^2 = l_{YY}$,
称为**离差平方和**, 则有

$$\text{TSS} = \text{LSS} + \text{RSS}. \tag{5.4.23}$$

残差平方和 RSS 与回归平方和 LSS 相互独立, 且当 $\beta_1 = 0$ 时, 有

$$\frac{\text{LSS}}{\text{RSS}/(n-2)} \sim F(1, n-2). \tag{5.4.24}$$

例 5.4.2　已知某省 1978 ~ 1998 年的国民生产总值 (GNP) 与居民消费支出
总额资料如表 5.21 所示, 试建立居民消费支出 Y 对国民生产总值 X 的线性回归
模型.

表 5.21　某省 GNP 和居民消费支出资料　　　　(单位: 亿元)

年份	GNP	居民消费	年份	GNP	居民消费	年份	GNP	居民消费
1978	87.99	42.0	1985	218.99	102.0	1992	551.12	263.0
1979	106.43	46.2	1986	235.11	109.4	1993	671.63	333.2
1980	108.76	54.1	1987	257.23	124.7	1994	805.77	378.6
1981	121.71	61.4	1988	316.69	157.0	1995	1034.48	486.5
1982	139.22	68.0	1989	376.26	176.9	1996	1226.02	581.4
1983	155.06	75.9	1990	429.27	191.5	1997	1381.13	620.5
1984	197.42	87.3	1991	468.27	218.1	1998	1486.08	579.3

解　根据题意, 可假定线性回归模型为

$$Y = \beta_0 + \beta_1(X - \overline{X}) + \varepsilon.$$

利用表 5.21 中数据, 计算得

$$\overline{x} = \frac{1}{21} \sum_{t=1}^{21} x_t = \frac{10374.64}{21} = 494.0304762,$$

$$\overline{y} = \frac{1}{21} \sum_{t=1}^{21} y_t = \frac{4757}{21} = 226.5238095,$$

$$l_{xx} = \sum_{t=1}^{21} [x_t(x_t - \overline{x})] = 3910851.2084952,$$

$$l_{yy} = \sum_{t=1}^{21} [y_t(y_t - \overline{y})] = 747978.6180952,$$

$$l_{xy} = \sum_{t=1}^{21} [y_t(x_t - \overline{x})] = 1698843.6267619.$$

这样得到回归系数的最小二乘估计值为

$$\hat{\boldsymbol{\beta}} = \begin{pmatrix} \hat{\beta}_0 \\ \hat{\beta}_1 \end{pmatrix} = \begin{pmatrix} \overline{y} \\ \dfrac{l_{xy}}{l_{xx}} \end{pmatrix} = \begin{pmatrix} 226.5238095 \\ 0.4343923 \end{pmatrix}.$$

从而得经验回归方程为

$$\hat{y} = 226.5328095 + 0.4343923(x - 494.0304762)$$

$$= 11.9207747 + 0.4343923x.$$

从方程可以看出, 国民生产总值 x 每增加一个单位, 居民消费支出 y 平均增加 0.4343923 个单位.

作为参数 σ^2 的估计值, 我们计算残差方差

$$\hat{\sigma}_e^2 = \frac{l_{xx}l_{yy} - l_{xy}^2}{(n-2)l_{xx}}$$

$$= \frac{3910851.2084952 \times 747978.6180952 - 1698843.6267619^2}{(21-2) \times 3910851.2084952}$$

$$= 527.0546545.$$

5.4.4 回归方程的显著性检验

实际上, 对没有线性关系的两个变量, 用最小二乘法仍可求得回归方程

$$\hat{Y} = \hat{\boldsymbol{\beta}}_0 + \hat{\boldsymbol{\beta}}_1(X - \overline{X}),$$

但这样的回归方程是没有意义的. 因此, 在建立线性回归方程之前, 必须判断两变量间的关系是否满足一元线性模型. 在实际应用中, 判断两变量是否满足一元线性模型, 除了前面提到的散点图外, 更重要的是进行统计检验, 下面介绍一些有关回归模型的检验方法.

1. 回归系数的显著性检验

考虑一元线性模型 (5.4.3) 可知, $|\beta_1|$ 越大, Y 随 X 的变化而变化的趋势越大; 反过来 $|\beta_1|$ 越小, Y 随 X 的变化而变化的趋势越弱, 而 $|\beta_1| = 0$ 时, Y 与 X 之间

不存在线性关系, 因此, 判断 Y 与 X 是否满足线性模型 (5.4.3) 的问题就可转化为 β_1 是否为 0 的检验问题, 即

$$H_0: \beta_1 = 0, \quad H_1: \beta_1 \neq 0. \tag{5.4.25}$$

若拒绝原假设, 则认为 Y 与 X 之间有线性关系, 所求得回归方程有意义, 若接受原假设, 则认为 Y 与 X 之间没有线性关系, 所求得回归方程没有意义.

在原假设成立的情况下, 由式 (5.4.20) 可知, 构造检验统计量

$$T_{\hat{\beta}_1} = \sqrt{l_{XX}} \frac{\hat{\beta}_1 - 0}{\hat{\sigma}_e} \tag{5.4.26}$$

服从自由度为 $n-2$ 的 t- 分布, 因此, 可以通过查 t- 分布表得到显著性水平为 α, 自由度为 $n-2$ 的临界值 $t_{\alpha/2}(n-2)$ (双侧检验). 然后将统计量 $T_{\hat{\beta}_1}$ 的实际观察值 $t_{\hat{\beta}_1}$ 与 $t_{\alpha/2}(n-2)$ 比较, 便可决定是接受还是拒绝原假设 H_0.

若 $|t_{\hat{\beta}_1}| > t_{\alpha/2}(n-2)$, 小概率事件在一次试验中发生, 应拒绝 H_0, 它表明回归系数 β_1 显著不为 0, 回归系数 β_1 显著, t- 检验通过, 这说明变量 Y 与 X 之间的线性假设合理.

若 $|t_{\hat{\beta}_1}| \leqslant t_{\alpha/2}(n-2)$, 则不能拒绝 H_0, 它表明回归系数 $\beta_1 = 0$ 的可能性较大, 回归系数 β_1 不显著, t- 检验未通过, 这说明对于变量 Y 与 X 之间的线性假设不合理, 此时应考虑以下几种情况:

(1) X 对 Y 没有显著影响, 此时应去除自变量 x;

(2) X 对 Y 有显著影响, 但不是线性的函数关系;

(3) 除 X 外, 还有其他不可忽略的变量对 Y 的影响显著, 应考虑多元回归模型.

上面是用 t- 检验法作检验的, 事实上也可用下面的统计量 (相关系数) 进行检验:

$$R_{X,Y} = \frac{\sum\limits_{t=1}^{n}(X_t - \overline{X})(Y_t - \overline{Y})}{\sqrt{\sum\limits_{t=1}^{n}(X_t - \overline{X})^2 \sum\limits_{t=1}^{n}(Y_t - \overline{Y})^2}} = \frac{l_{XY}}{\sqrt{l_{XX}}\sqrt{l_{YY}}} = \hat{\beta}_1 \sqrt{\frac{l_{XX}}{l_{YY}}}.$$

可见 $R_{X,Y}$ 的值与 $\hat{\beta}_1$ 的值有关, 当 $R_{X,Y} = 0$ 时, $\hat{\beta}_1 = 0$, 这时变量 X 与 Y 不相关, 当 $0 < |R_{X,Y}| < 1$, 即 X 与 Y 的样本观测值之间存在着一定的线性关系, $R_{X,Y}$ 的值越接近于 1, 相关关系越大. 因此, 只要查相关系数 $R_{X,Y}$ 的临界值表, 则可用它来检验式 (5.4.25) 的假设.

若显著性水平为 α, 查表得临界值 r_α, 检验结果是: 当 $|R_{X,Y}| \geqslant r_\alpha$, 则拒绝 H_0, 否则接受 H_0.

2. 拟合优度检验

拟合优度检验是通过计算拟合优度 (也称**判定系数**) 来判定回归模型对样本数据的拟合程度, 从而评价回归模型的优劣, 它的计算是在对离差平方和进行分解的基础之上建立起来的.

由式 (5.4.23), 两边同除以 TSS, 得

$$1 = \frac{\text{LSS}}{\text{TSS}} + \frac{\text{RSS}}{\text{TSS}}.$$

显而易见, 各个样本观测点与回归直线靠得越近, 则 LSS 在 TSS 中所占的比重就越大. 因此, 可定义这一比重为 $R_{X,Y}^2$ 称为**拟合优度**, 即有

$$R_{X,Y}^2 = \frac{\text{LSS}}{\text{TSS}} = 1 - \frac{\text{RSS}}{\text{TSS}}. \tag{5.4.27}$$

显然, $0 \leqslant R_{X,Y}^2 \leqslant 1$. $R_{X,Y}^2 = 1$, 表明回归模型对所有的样本数据点完全拟合, 即所有样本数据点均落在回归直线上. $R_{X,Y}^2 = 0$, 表明回归模型无法解释因变量 Y 的离差, 因而回归模型没有意义. 一般情况下, $0 < R_{X,Y}^2 < 1$, $R_{X,Y}^2$ 越接近于 1, 表明回归平方和占总平方和的比重越大, 回归模型对样本数据的拟合程度就越高. 通常, $R_{X,Y}^2$ 在 0.8 以上, 即可认为拟合优度较高.

实际上, 在简单回归分析中, 拟合优度 $R_{X,Y}^2$ 就是 X 与 Y 之间简单相关系数 $R_{X,Y}$ 的平方.

例 5.4.3　对例 5.4.2 的回归系数 β_1 进行假设检验.

解　根据式 (5.4.26) 对模型进行回归系数的显著性检验, 由于

$$l_{XX} = 3910851.2084952, \quad \hat{\beta}_1 = 0.4343923, \quad \hat{\sigma}_e = 22.9576709,$$

所以 $T_{\hat{\beta}_1}$ 的观察系数

$$t_{\hat{\beta}_1} = \sqrt{l_{XX}} \frac{\hat{\beta}_1 - 0}{\hat{\sigma}_e} = 37.4188071.$$

给定 $\alpha = 0.02$, 查 t- 分布表得临界值 $t_{0.01}(19) = 2.861 < 37.4188071 = |t_{\hat{\beta}_1}|$, 于是拒绝原假设 $H_0 : \beta_1 = 0$, 说明 GNP 对居民消费水平的影响符合线性函数的关系.

再利用式 (5.4.27), 可计算得拟合优度 $R_{X,Y}^2 = 0.985$, 可见回归模型的拟合程度较高.

5.5　多自变量线性回归

在生产和生活中, 一个因素往往会受到多个因素的影响, 在此情况下, 如果用一元线性模型来描述变量间的关系是不恰当的, 用于预测和控制就会引起较大的偏

差. 因此对于许多实际问题来说, 要采用多自变量回归 (multiple linear regression) 模型来进行分析. 为简便, 把这种一个因变量多自变量的回归模型称为**多元回归模型** (multiple regression model). 但注意, 这里讨论的多元回归模型和多元统计中的多元回归模型是不同的, 在多元统计中的多元回归模型指的是含多个因变量的回归模型. 在本书中所说的多元回归模型无特别声明时都是指多自变量线性回归.

在多元回归分析中, 以多元线性回归最为简单, 应用最为广泛, 实际上也有部分非线性函数关系的回归问题 (无论是一元的还是多元的) 是可以转化为线性模型来描述的, 有关内容参考统计学书籍的讨论. 在此只讨论多元线性函数关系的线性回归模型, 与一元线性回归问题的研究方法相同, 只是在计算上比一元回归复杂得多, 由于电子计算机科学的迅速发展, 有许多应用统计软件可以利用, 所以多元回归的复杂的计算已不再是什么问题了.

5.5.1　数据的描述及模型

前面的讨论 Y 只涉及一个自变量 X 的影响, 而实际问题的自变量往往有多个. 先看下面的例子.

例 5.5.1　在平炉炼钢过程中, 由于矿石及炉气的氧化作用, 铁水的总含碳量在不断降低. 一炉钢在冶炼初期 (溶化期) 中总的去碳量 Y 与所加的两种矿石 (天然矿石和烧结矿石) 的加入量 x_1、x_2 及熔化时间 x_3(熔化时间越长则炉气去碳量越多) 有关. 经实际测得某号平炉的相应数据如表 5.22 所示.

在铁水中总的去碳量 Y 与三个因素有关, 但由于观测中存在随机因素的影响, 即使 x_1, x_2, x_3 能够有固定的取值, 去碳量 Y 的值也不完全相同, 这样把 Y 与 x_1, x_2, x_3 的关系分为两部分来研究, 即

$$Y = f(x_1, x_2, x_3) + \varepsilon.$$

由经验知道, 去碳量 Y 与 x_1, x_2, x_3 之间存在近似地线性函数关系, 即 $f(x_1, x_2, x_3)$ 是一个线性函数

$$f(x_1, x_2, x_3) = \beta_0 + \beta_1 x_1 + \beta_2 x_2 + \beta_3 x_3.$$

所以, 该问题有线性模型

$$y = \boldsymbol{x}^{\mathrm{T}} \boldsymbol{\beta} + \varepsilon,$$

其中 $\boldsymbol{x} = (1, x_1, x_2, x_3)^{\mathrm{T}}, \boldsymbol{\beta} = (\beta_0, \beta_1, \beta_2, \beta_3)^{\mathrm{T}}, \varepsilon$ 是服从 $N(0, \sigma^2)$ 分布的随机变量.

一般来说, 在 5.1 节中线性模型 (5.1.6) 及 4 条假定的条件下, 若随机变量 Y 的取值依赖于 k 个数量因子 $X_1, X_2, \cdots, X_k$ 的影响, 并且式 (5.4.1) 中函数 $f(x_1, x_2, \cdots, x_k)$ 为线性函数关系式, 即

表 5.22 某平炉冶炼初期总去碳量与矿石加入量及熔化时间的记录

编号	Y/t	$x_1/$槽	$x_2/$槽	$x_3/(5min)$	编号	Y/t	$x_1/$槽	$x_2/$槽	$x_3/(5min)$
1	4.3302	2	18	50	26	2.7066	9	6	39
2	3.6458	7	9	40	27	5.6314	12	5	51
3	4.4830	5	14	46	28	5.8152	6	13	41
4	5.5468	12	3	43	29	5.1302	12	7	47
5	5.4970	1	20	64	30	5.3910	0	24	61
6	3.1125	3	12	40	31	4.4583	5	12	37
7	5.1182	3	17	64	32	4.6569	4	15	49
8	3.8759	6	5	39	33	4.5212	0	20	45
9	4.6700	7	8	37	34	4.8650	6	16	42
10	4.9536	0	23	55	35	5.3566	4	17	48
11	5.0060	3	16	60	36	4.6098	10	4	48
12	5.2701	0	18	49	37	2.3815	4	14	36
13	5.3772	8	4	50	38	3.8746	5	13	36
14	5.4849	6	14	51	39	4.5919	9	18	51
15	4.5960	0	21	51	40	5.1588	6	13	54
16	5.6645	3	14	51	41	5.4373	5	18	100
17	6.0795	7	12	56	42	3.9960	5	11	44
18	3.2194	16	0	48	43	4.3970	8	6	63
19	5.8076	6	16	45	44	4.0622	2	13	55
20	4.7306	0	15	52	45	2.2905	7	8	50
21	4.6805	9	0	40	46	4.7115	4	10	45
22	3.1272	4	6	32	47	4.5310	10	5	40
23	2.6164	0	17	47	48	5.3637	3	17	64
24	3.7174	9	0	44	49	6.0771	4	15	72
25	3.8946	2	6	39					

$$f(x_1, x_2, \cdots, x_k) = \beta_0 + \beta_1 x_1 + \beta_2 x_2 + \cdots + \beta_k x_k,$$

则称之为多元线性回归函数. 所以, 有多元线性回归模型

$$y = \beta_0 + \beta_1 x_1 + \beta_2 x_2 + \cdots + \beta_k x_k + \varepsilon. \tag{5.5.1}$$

记 $\boldsymbol{x} = (1, x_1, x_2, \cdots, x_k)$, 在 n 个试验点上, 得到 n 组数据

$$(\boldsymbol{x}_t = (1, x_{t1}, x_{t2}, \cdots, x_{tk})^{\mathrm{T}}; y_t), \quad t = 1, 2, \cdots, n.$$

它们满足关系式 (5.1.2), 利用式 (5.1.4) 中的记号, 有多元线性回归模型的矩阵表示如下:

$$\boldsymbol{y} = \boldsymbol{X}\boldsymbol{\beta} + \boldsymbol{\varepsilon},$$

其中 $\boldsymbol{y} = (y_1, \cdots, y_n)^{\mathrm{T}}, \boldsymbol{X} = (\boldsymbol{x}_1, \cdots, \boldsymbol{x}_k)^{\mathrm{T}}, \beta = (\beta_0, \beta_1, \cdots, \beta_k)^{\mathrm{T}}$. 记

$$\boldsymbol{L} \triangleq \boldsymbol{X}^{\mathrm{T}} \boldsymbol{X}, \tag{5.5.2}$$

也假定 $n > k$, 且矩阵 $\boldsymbol{L}$ 的秩 $r(\boldsymbol{L}) = k + 1$.

5.5.2　相关性与回归

与 5.4.2 节的讨论方法一样, 在多元回归分析中, 自变量不只是一个, 它是一个 k 维向量 $(X_1, X_2, \cdots, X_k)$, 记 $\boldsymbol{X} = (X_1, X_2, \cdots, X_n)^{\mathrm{T}}$. 把 5.4.2 节的结果推广到 k 维空间上, 有如下定义.

定义 5.5.1　设 $\hat{Y}^* = T^*(\boldsymbol{X})$ 为 Y 的估计量, 对于 Y 的任一估计量 $\hat{Y} = T(\boldsymbol{X})$, 如果

$$E[Y - \hat{Y}^*]^2 \leqslant E[Y - \hat{Y}]^2, \tag{5.5.3}$$

则称 $\hat{Y}^* = T^*(\boldsymbol{X})$ 为 Y 的**最小均方误差估计量**.

定理 5.5.1　设 $(\boldsymbol{X}, Y)$ 有联合分布, 令 $g(\boldsymbol{x})$ 是定义于实数集上的任意连续函数, 如果 $E(\boldsymbol{X}), E(Y)$ 及 $E[g(\boldsymbol{X}) \cdot Y]$ 均存在, 则

$$E[Y - E(Y \mid \boldsymbol{X})]^2 \leqslant E[Y - g(\boldsymbol{X})]^2.$$

很容易计算 Y 与 $g(\boldsymbol{X})$ 的相关系数和 Y 与 $T(\boldsymbol{X})$ 的相关系数之间有关系式

$$
\begin{aligned}
R_{Y,g} &= \frac{\mathrm{Cov}(Y, g(\boldsymbol{X}))}{\sqrt{\mathrm{Var}(Y)\mathrm{Var}(g(\boldsymbol{X}))}} = \frac{\mathrm{Cov}(T(\boldsymbol{X}), g(\boldsymbol{X}))}{\sqrt{\mathrm{Var}(Y)\mathrm{Var}(g(\boldsymbol{X}))}} \\
&\leqslant \frac{\sqrt{\mathrm{Var}(T(\boldsymbol{X}))\mathrm{Var}(g(\boldsymbol{X}))}}{\sqrt{\mathrm{Var}(Y)\mathrm{Var}(g(\boldsymbol{X}))}} = \frac{\mathrm{Var}(T(\boldsymbol{X}))}{\sqrt{\mathrm{Var}(Y)\mathrm{Var}(T(\boldsymbol{X}))}} \\
&= R_{Y,T}.
\end{aligned}
\tag{5.5.4}
$$

关系式 (5.5.4) 说明了由 $\boldsymbol{X}$ 构造的任一函数 $g(\boldsymbol{X})$(作为 Y 的均方误差估计) 与 Y 的相关系数当 $g(\boldsymbol{X}) = E(Y|\boldsymbol{X})$ 时, 达到极大值, 并且极大值为 $\sqrt{\mathrm{Var}(T(\boldsymbol{X}))}/\sqrt{\mathrm{Var}(Y)}$. 在最小均方误差估计的意义下, Y 对 $\boldsymbol{X}$ 的依赖关系的最佳描述是 $\hat{y} = E(Y|\boldsymbol{x})$. 用 $\varepsilon \overset{\triangle}{=} Y - \hat{y} = Y - E(Y|\boldsymbol{x})$ 表示估计的误差, 则有

定理 5.5.2　$E(\varepsilon) = 0, \mathrm{Var}(\varepsilon) = \mathrm{Var}(Y) - \mathrm{Var}(T(\boldsymbol{X}))$.

在 $\boldsymbol{X} = \boldsymbol{x}$ 的条件下, 有

$$
\begin{cases}
Y = E(Y|\boldsymbol{x}) + \varepsilon, \\
E(\varepsilon) = 0.
\end{cases}
\tag{5.5.5}
$$

这里式 (5.5.5) 称为**多元回归模型**. 当回归函数 $E(Y|\boldsymbol{x})$ 是 $\boldsymbol{x}$ 的线性函数时, 就得到式 (5.5.1) 所给的多元线性回归模型.

由 4 条假定容易得出

$$
\begin{cases}
E(\boldsymbol{Y}) = \boldsymbol{X\beta}, \\
\mathrm{Cov}(\boldsymbol{Y}, \boldsymbol{Y}) = \sigma^2 \boldsymbol{I}_n, \\
\boldsymbol{Y} \text{ 服从 } n \text{ 元正态分布.}
\end{cases}
\tag{5.5.6}
$$

5.5.3 回归系数的解释、估计及性质

对线性模型 $(\boldsymbol{y}, \boldsymbol{X}\boldsymbol{\beta}, \sigma^2 \boldsymbol{I}_n)$ 来说, 希望其中的随机误差项 ε_t, $t = 1, 2, \cdots, n$ 都很小. 从 n 次观察 (或试验) 的结果, 一方面获得了对 Y 的直接的观察值 $\boldsymbol{y}^{\mathrm{T}} = (y_1, y_2, \cdots, y_n)$, 而另一方面, 由可控因素变量 $\boldsymbol{x}$ 按线性模型的假设关系, 能够计算

$$\hat{y}_t \triangleq \beta_0 + \sum_{i=1}^{k} \beta_i x_{ti} = \boldsymbol{x}_t \boldsymbol{\beta}, \quad t = 1, 2, \cdots, n.$$

称 $\{\hat{y}_t\}$ 为对随机变量 Y 的估计值. 这样, 不难观察到关于 Y 的估计 $\{\hat{y}_t\}$ 与实际的观察 $\{y_t\}$ 之间所存在的随机误差 $\{\varepsilon_t = y_t - \hat{y}_t\}$. 记

$$\mathrm{ESS} \triangleq \sum_{t=1}^{n} \varepsilon_t^2 = \boldsymbol{\varepsilon}^{\mathrm{T}} \boldsymbol{\varepsilon} = \sum_{t=1}^{n} [y_t - \hat{y}_t]^2 = (\boldsymbol{y} - \boldsymbol{X}\boldsymbol{\beta})^{\mathrm{T}} (\boldsymbol{y} - \boldsymbol{X}\boldsymbol{\beta}) \tag{5.5.7}$$

称为**误差平方和**. 显然, 要做到随机误差项都很小当且仅当 ESS 达到最小. 这种使得 ESS 达到最小的未知参数向量 $\boldsymbol{\beta}$ 的取值 $\hat{\boldsymbol{\beta}}^{\mathrm{T}} = (\hat{\beta}_0, \hat{\beta}_1, \cdots, \hat{\beta}_k)$ 称为 $\boldsymbol{\beta}$ 的**最小二乘法估计**.

考虑式 (5.5.7) 的极值问题, 由于 ESS 是 $\boldsymbol{\beta}$ 的非负二次函数, 注意到矩阵 $\boldsymbol{L} = \boldsymbol{X}^{\mathrm{T}} \boldsymbol{X}$ 的秩 $r(\boldsymbol{L}) = k + 1$ 的假设, 在 $\boldsymbol{\beta} \in \mathbb{R}^{k+1}$ 时, ESS 一定有最小解. 应用微分法求解如下:

将 ESS 对 $\boldsymbol{\beta}$ 求梯度得

$$\nabla(\mathrm{ESS}) = -(\boldsymbol{y} - \boldsymbol{X}\boldsymbol{\beta})^{\mathrm{T}} \boldsymbol{X}.$$

令梯度为零, 得方程组

$$\boldsymbol{X}^{\mathrm{T}} \boldsymbol{X} \boldsymbol{\beta} = \boldsymbol{X}^{\mathrm{T}} \boldsymbol{y}, \tag{5.5.8}$$

称此方程组为**正规方程**. 引用前面的记号 $\boldsymbol{L} = \boldsymbol{X}^{\mathrm{T}} \boldsymbol{X}$, 正规方程 (5.5.8) 有唯一的解, 记作

$$\hat{\boldsymbol{\beta}} = \boldsymbol{L}^{-1} \boldsymbol{X}^{\mathrm{T}} \boldsymbol{y}. \tag{5.5.9}$$

我们来证明式 (5.5.9) 中 $\hat{\boldsymbol{\beta}}$(即正规方程 (5.5.8) 的解) 就是线性模型 $(\boldsymbol{y}, \boldsymbol{X}\boldsymbol{\beta}, \sigma^2 \boldsymbol{I}_n)$ 中未知参数向量 $\boldsymbol{\beta}$ 的最小二乘法的估计量, 即 $\hat{\boldsymbol{\beta}}$ 满足

$$(\boldsymbol{y} - \boldsymbol{X}\hat{\boldsymbol{\beta}})^{\mathrm{T}} (\boldsymbol{y} - \boldsymbol{X}\hat{\boldsymbol{\beta}}) = \min_{\boldsymbol{\beta} \in \mathbb{R}^{k+1}} [(\boldsymbol{y} - \boldsymbol{X}\boldsymbol{\beta})^{\mathrm{T}} (\boldsymbol{y} - \boldsymbol{X}\boldsymbol{\beta})].$$

对任意 $\boldsymbol{\beta} \in \mathbb{R}^{k+1}$, 有

$$\begin{aligned}
(\boldsymbol{y} - \boldsymbol{X}\boldsymbol{\beta})^{\mathrm{T}} (\boldsymbol{y} - \boldsymbol{X}\boldsymbol{\beta}) &= [(\boldsymbol{y} - \boldsymbol{X}\hat{\boldsymbol{\beta}}) + \boldsymbol{X}(\hat{\boldsymbol{\beta}} - \boldsymbol{\beta})]^{\mathrm{T}} [(\boldsymbol{y} - \boldsymbol{X}\hat{\boldsymbol{\beta}}) + \boldsymbol{X}(\hat{\boldsymbol{\beta}} - \boldsymbol{\beta})] \\
&= (\boldsymbol{y} - \boldsymbol{X}\hat{\boldsymbol{\beta}})^{\mathrm{T}} (\boldsymbol{y} - \boldsymbol{X}\hat{\boldsymbol{\beta}}) + (\boldsymbol{y} - \boldsymbol{X}\hat{\boldsymbol{\beta}})^{\mathrm{T}} \boldsymbol{X}(\hat{\boldsymbol{\beta}} - \boldsymbol{\beta}) \\
&\quad + (\hat{\boldsymbol{\beta}} - \boldsymbol{\beta})^{\mathrm{T}} \boldsymbol{X}^{\mathrm{T}} \boldsymbol{X}(\hat{\boldsymbol{\beta}} - \boldsymbol{\beta}) + (\hat{\boldsymbol{\beta}} - \boldsymbol{\beta})^{\mathrm{T}} \boldsymbol{X}^{\mathrm{T}} (\boldsymbol{y} - \boldsymbol{X}\hat{\boldsymbol{\beta}}) \\
&\geqslant (\boldsymbol{y} - \boldsymbol{X}\hat{\boldsymbol{\beta}})^{\mathrm{T}} (\boldsymbol{y} - \boldsymbol{X}\hat{\boldsymbol{\beta}}),
\end{aligned}$$

其中不等式的推导应用了如下的结果：

$$(\hat{\boldsymbol{\beta}} - \boldsymbol{\beta})\boldsymbol{X}^{\mathrm{T}}\boldsymbol{X}(\hat{\boldsymbol{\beta}} - \boldsymbol{\beta}) = [\boldsymbol{X}(\hat{\boldsymbol{\beta}} - \boldsymbol{\beta})]^{\mathrm{T}}[\boldsymbol{X}(\hat{\boldsymbol{\beta}} - \boldsymbol{\beta})] \geqslant 0$$

$$(\boldsymbol{y} - \boldsymbol{X}\hat{\boldsymbol{\beta}})^{\mathrm{T}}\boldsymbol{X}(\hat{\boldsymbol{\beta}} - \boldsymbol{\beta}) = (\boldsymbol{y}^{\mathrm{T}}\boldsymbol{X} - \hat{\boldsymbol{\beta}}^{\mathrm{T}}\boldsymbol{X}^{\mathrm{T}}\boldsymbol{X})(\hat{\boldsymbol{\beta}} - \boldsymbol{\beta})$$

$$= (\boldsymbol{y}^{\mathrm{T}}\boldsymbol{X} - \boldsymbol{y}^{\mathrm{T}}\boldsymbol{X})(\hat{\boldsymbol{\beta}} - \boldsymbol{\beta}) = 0.$$

这就是在矩阵 $\boldsymbol{L}$ 非奇异即 $|\boldsymbol{L}| \neq 0$ 的条件下, $\hat{\boldsymbol{\beta}}$ 是 $\boldsymbol{\beta}$ 最小二乘法估计量的证明.

于是非随机变量 $\boldsymbol{x}$ 与随机变量 Y 之间的线性函数关系的估计 $\hat{Y}$ 便可以确定为

$$\hat{Y} = \hat{\beta}_0 + \hat{\beta}_1 x_1 + \cdots + \hat{\beta}_k x_k = \boldsymbol{x}\hat{\boldsymbol{\beta}}, \tag{5.5.10}$$

这就是所谓的回归函数. 在实际工作中, 称式 (5.5.10) 为 **经验线性回归方程**. 它是在最小二乘法的意义下, 自变量 $\boldsymbol{x}$ 与因变量 Y 所满足的近似线性函数关系式.

例 5.5.2 求解例 6.5.1 的线性回归问题.

解 应用最小二乘法估计, 它的正规方程为

$$\begin{pmatrix} 49 & 0 & 0 & 0 \\ 0 & l_{11} & l_{12} & l_{13} \\ 0 & l_{12} & l_{22} & l_{23} \\ 0 & l_{13} & l_{23} & l_{33} \end{pmatrix} \begin{pmatrix} \beta_0 \\ \beta_1 \\ \beta_2 \\ \beta_3 \end{pmatrix} = \begin{pmatrix} 49\overline{y} \\ l_{01} \\ l_{02} \\ l_{03} \end{pmatrix}, \tag{5.5.11}$$

其中

$$\overline{y} = \frac{1}{49}\sum_{t=1}^{49} y_t, \quad l_{00} = \sum_{t=1}^{49}(y_t - \overline{y})^2,$$

$$l_{0i} = \sum_{t=1}^{49}(y_t - \overline{y})(x_{ti} - \overline{x}_i), \quad i = 1, 2, 3,$$

$$l_{ij} = \sum_{t=1}^{49}(x_{ti} - \overline{x}_i)(x_{tj} - \overline{x}_j), \quad 1 \leqslant i \leqslant j \leqslant 3.$$

可将方程 (5.5.11) 改写为

$$\beta_0 = \overline{y} - \sum_{i=1}^{3} \beta_i \overline{x}_i, \tag{5.5.12}$$

$$\begin{pmatrix} l_{11} & l_{12} & l_{13} \\ l_{12} & l_{22} & l_{23} \\ l_{13} & l_{23} & l_{33} \end{pmatrix} \begin{pmatrix} \beta_1 \\ \beta_2 \\ \beta_3 \end{pmatrix} = \begin{pmatrix} l_{01} \\ l_{02} \\ l_{03} \end{pmatrix}, \tag{5.5.13}$$

由表 5.22 中的数据计算得到

$$\overline{y} = 4.582, \quad \overline{x}_1 = 5.286, \quad \overline{x}_2 = 11.796, \quad \overline{x}_3 = 49.204,$$
$$l_{00} = 44.905, \quad l_{01} = -6.43290, \quad l_{02} = 69.13047, \quad l_{03} = 245.5713,$$
$$l_{11} = 662.00, \quad l_{12} = -918.1428, \quad l_{13} = -388.8571,$$
$$l_{22} = 1753.959, \quad l_{23} = 776.0408, \quad l_{33} = 6247.959.$$

代入方程 (5.5.12) 和 (5.5.13) 并求解得 $\boldsymbol{\beta}$ 的最小二乘估计值是

$$\hat{\boldsymbol{\beta}} = \begin{pmatrix} \hat{\beta}_0 \\ \hat{\beta}_1 \\ \hat{\beta}_2 \\ \hat{\beta}_3 \end{pmatrix} = \begin{pmatrix} 0.7014 \\ 0.1606 \\ 0.1076 \\ 0.0359 \end{pmatrix}.$$

所以 Y 关于 x_1, x_2, x_3 的经验回归方程为

$$\hat{Y} = 0.7014 + 0.1606x_1 + 0.1076x_2 + 0.0359x_3.$$

再计算残差平方和

$$\text{RSS} = l_{00} - \sum_{i=1}^{3} l_{0i}\hat{\beta}_i = 44.905 - 15.230 = 29.675,$$

所以 σ^2 的估计值为

$$\hat{\sigma}_e^2 = \frac{\text{RSS}}{n-k-1} = \frac{29.675}{45} = 0.659,$$

及 $\hat{\sigma}_e = 0.81$.

以下基本性质都是以假定 1~4 为前提的.

性质 5.5.1　由式 (5.5.9) 所确定的估计量 $\hat{\boldsymbol{\beta}}$ 是 $\boldsymbol{\beta}$ 的线性无偏估计量.

证明　因为 $\hat{\boldsymbol{\beta}} = \boldsymbol{L}^{-1}\boldsymbol{X}^{\mathrm{T}}\boldsymbol{y}$, $\hat{\beta}_i$ 都是观察 Y 所得到 $y_1, y_2, \cdots, y_n$ 的线性组合, 因而 $\hat{\beta}_i$ 是 β_i 的线性估计量, 此时就称 $\hat{\boldsymbol{\beta}}$ 为 $\boldsymbol{\beta}$ 的线性估计量. 又因为

$$\begin{aligned} E(\hat{\boldsymbol{\beta}}) &= E(\boldsymbol{L}^{-1}\boldsymbol{X}^{\mathrm{T}}\boldsymbol{y}) = \boldsymbol{L}^{-1}\boldsymbol{X}^{\mathrm{T}}E(\boldsymbol{y}) \\ &= \boldsymbol{L}^{-1}\boldsymbol{X}^{\mathrm{T}}\boldsymbol{X}\boldsymbol{\beta} = \boldsymbol{L}^{-1}\boldsymbol{L}\boldsymbol{\beta} = \boldsymbol{\beta}, \end{aligned} \tag{5.5.14}$$

即 $E(\hat{\beta}_i) = \beta_i (i = 0, 1, \cdots, k)$.　∎

性质 5.5.2　由式 (5.5.9) 所确定的估计量 $\hat{\boldsymbol{\beta}}$ 的协方差矩阵为 $\sigma^2 \boldsymbol{L}_{-1}$.

证明　为书写方便, 记 $\boldsymbol{B} = \boldsymbol{L}^{-1}\boldsymbol{X}^{\mathrm{T}}$, 则有 $\hat{\boldsymbol{\beta}} = \boldsymbol{B}\boldsymbol{y}$, 由协方差阵的定义知

$$\begin{aligned} \text{Cov}(\hat{\boldsymbol{\beta}}, \hat{\boldsymbol{\beta}}) &= E[(\boldsymbol{B}\boldsymbol{y} - \boldsymbol{B}E(\boldsymbol{y}))(\boldsymbol{B}\boldsymbol{y} - \boldsymbol{B}E(\boldsymbol{y}))^{\mathrm{T}}] \\ &= \boldsymbol{B}E[(\boldsymbol{y} - E(\boldsymbol{y}))(\boldsymbol{y} - E(\boldsymbol{y}))^{\mathrm{T}}]\boldsymbol{B}^{\mathrm{T}} \end{aligned}$$

$$= \sigma^2 \boldsymbol{B} \boldsymbol{I}_n \boldsymbol{B}^{\mathrm{T}} = \sigma^2 \boldsymbol{L}^{-1} \boldsymbol{X}^{\mathrm{T}} \boldsymbol{I}_n (\boldsymbol{L}^{-1} \boldsymbol{X}^{\mathrm{T}})^{\mathrm{T}}$$
$$= \sigma^2 \boldsymbol{L}^{-1} \boldsymbol{X}^{\mathrm{T}} \boldsymbol{I}_n \boldsymbol{X} \boldsymbol{L}^{-1} = \sigma^2 \boldsymbol{L}^{-1}. \tag{5.5.15}$$

特别地, 记 $\boldsymbol{L}$ 中对角线元素为 $l_{00}, l_{11}, \cdots, l_{kk}$, 则有

$$\mathrm{Var}(\hat{\beta}_i) = \sigma^2 l_{ii}, \quad i = 0, 1, \cdots, k. \qquad \blacksquare$$

进行 n 次观察 (或试验) 的数据 $\boldsymbol{x}_t$, $t = 1, 2, \cdots, n$, 都可以由 (5.5.10) 计算 Y 的估计量 $\hat{Y}_t = \boldsymbol{x}_t \hat{\boldsymbol{\beta}}$, 用向量表示为

$$\hat{\boldsymbol{Y}} = (\hat{Y}_1, \cdots, \hat{Y}_n)^{\mathrm{T}} = \boldsymbol{X} \hat{\boldsymbol{\beta}},$$

称为**由 $\boldsymbol{X}$ 对 $\boldsymbol{Y}$ 的估计向量**. 而 $\boldsymbol{y}$ 是对 Y 作 n 次的实际观察值, 称为观察向量. 二者之间的差向量 $\boldsymbol{y} - \hat{\boldsymbol{Y}}$ 称为**残差向量**, 记为

$$\boldsymbol{e} = (e_1, \cdots, e_n)^{\mathrm{T}} \triangleq \boldsymbol{y} - \hat{\boldsymbol{Y}} = \boldsymbol{y} - \boldsymbol{X} \hat{\boldsymbol{\beta}}. \tag{5.5.16}$$

性质 5.5.3　对于由式 (5.5.16) 定义的向量, 我们有

$$E(\boldsymbol{e}) = \boldsymbol{0}, \tag{5.5.17}$$
$$\mathrm{Cov}(\hat{\boldsymbol{\beta}}, \boldsymbol{e}) = \boldsymbol{0}. \tag{5.5.18}$$

证明　注意到式 (5.5.6) 及式 (5.5.14), 可得

$$E(\boldsymbol{e}) = E(\boldsymbol{y} - \boldsymbol{X} \hat{\boldsymbol{\beta}}) = E(\boldsymbol{y}) - \boldsymbol{X} E(\hat{\boldsymbol{\beta}})$$
$$= \boldsymbol{X} \boldsymbol{\beta} - \boldsymbol{X} \boldsymbol{\beta} = \boldsymbol{0}.$$

再由式 (5.5.15), 又得

$$\mathrm{Cov}(\hat{\boldsymbol{\beta}}, \boldsymbol{e}) = \mathrm{Cov}(\hat{\boldsymbol{\beta}}, \boldsymbol{y}) - \mathrm{Cov}(\hat{\boldsymbol{\beta}}, \boldsymbol{X} \hat{\boldsymbol{\beta}})$$
$$= \mathrm{Cov}(\boldsymbol{L}^{-1} \boldsymbol{X}^{\mathrm{T}} \boldsymbol{y}, \boldsymbol{y}) - \mathrm{Cov}(\hat{\boldsymbol{\beta}}, \hat{\boldsymbol{\beta}}) \boldsymbol{X}^{\mathrm{T}}$$
$$= \sigma^2 \boldsymbol{L}^{-1} \boldsymbol{X}^{\mathrm{T}} - \sigma^2 \boldsymbol{L}^{-1} \boldsymbol{X}^{\mathrm{T}} = \boldsymbol{0}.$$

也就是对 $t = 1, 2, \cdots, n$; $i = 0, 1, 2, \cdots, k$, 都有 $E(e_t) = 0$, 及 $\mathrm{Cov}(\hat{\beta}_i, e_t) = 0$. 　　$\blacksquare$

下面对最小二乘法估计给出其几何解释.

用 $S(\boldsymbol{X})$ 表示由矩阵 $\boldsymbol{X}$ 的 $k + 1$ 个 n 维列向量所生成的线性空间, 根据式 (5.5.9) 知道

$$\boldsymbol{X}^{\mathrm{T}} \boldsymbol{X} \hat{\boldsymbol{\beta}} = \boldsymbol{X}^{\mathrm{T}} \boldsymbol{y},$$
$$\boldsymbol{X}^{\mathrm{T}} (\boldsymbol{y} - \boldsymbol{X} \hat{\boldsymbol{\beta}}) = \boldsymbol{0},$$

即

$$X^{\mathrm{T}}e = 0.$$

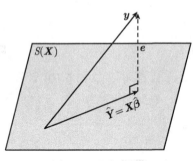

图 5.5 几何解释

可见, e 与线性空间 $S(X)$ 垂直. 因此, 最小二乘法估计所得到的由 X 对 y 的估计向量 $\hat{Y} = X\hat{\beta}$ 是观察向量 y 在 $S(X)$ 上的正交投影 (图 5.5).

从上述几何解释也可以看到

$$y^{\mathrm{T}}y = \hat{Y}^{\mathrm{T}}\hat{Y} + e^{\mathrm{T}}e.$$

记 RSS 为**残差平方和**, 即

$$\mathrm{RSS} = e^{\mathrm{T}}e = (y - X\hat{\beta})^{\mathrm{T}}(y - X\hat{\beta}). \quad (5.5.19)$$

性质 5.5.4 $\dfrac{\mathrm{RSS}}{n-k-1}$ 为 σ^2 的无偏估计量, 即

$$E\left(\frac{\mathrm{RSS}}{n-k-1}\right) = \sigma^2.$$

证明 因为

$$\begin{aligned}
E(\mathrm{RSS}) &= E(e^{\mathrm{T}}e) = E[y^{\mathrm{T}}(I - XL^{-1}X^{\mathrm{T}})y] \\
&= E[(y - E(y))^{\mathrm{T}}(I - XL^{-1}X^{\mathrm{T}})(y - E(y))] \\
&\quad + (E(y))^{\mathrm{T}}(I - XL^{-1}X^{\mathrm{T}})(E(y)) \\
&= \sigma^2 \mathrm{tr}(I - XL^{-1}X^{\mathrm{T}}) \\
&= n\sigma^2 - \sigma^2 \mathrm{tr}(XL^{-1}X^{\mathrm{T}}) \\
&= n\sigma^2 - \sigma^2 \mathrm{tr}(L^{-1}XX^{\mathrm{T}}) \\
&= n\sigma^2 - \sigma^2 \mathrm{tr}(I_{k+1}) \\
&= (n-k-1)\sigma^2,
\end{aligned}$$

其中 $\mathrm{tr}(A)$ 表示矩阵 A 的迹 (即对角线元素之和). 记

$$\hat{\sigma}_e^2 = \frac{\mathrm{RSS}}{n-k-1}, \quad (5.5.20)$$

称 $\hat{\sigma}_e^2$ 为残差方差, 它是 σ^2 的无偏估计量. ∎

由此可知, 残差方差 $\hat{\sigma}_e^2$ 是总体方差 σ^2 的无偏估计量.

在给出性质 5.5.5 之前, 先介绍如何比较两个随机向量 u 和 v 的方差, 如果它们的协方差都存在, 且满足

$$\mathrm{Cov}(u, u) - \mathrm{Cov}(v, v) \geqslant 0,$$

其中 "$\geqslant$" 表示矩阵 $\mathrm{Cov}(\boldsymbol{u}, \boldsymbol{u}) - \mathrm{Cov}(\boldsymbol{v}, \boldsymbol{v})$ 是非负定矩阵, 则称 $\boldsymbol{v}$ 的方差不大于 $\boldsymbol{u}$ 的方差.

性质 5.5.5 (高斯–马尔可夫定理) $\hat{\boldsymbol{\beta}}$ 是 $\boldsymbol{\beta}$ 的最小方差线性无偏估计量.

证明 设 $\boldsymbol{u} = \boldsymbol{Cy}$ 是未知参数向量 $\boldsymbol{\beta}$ 的任一线性无偏估计, 这里 $\boldsymbol{C}$ 是 $(k+1) \times n$ 矩阵, 由无偏性定义知

$$E(\boldsymbol{u}) = E(\boldsymbol{Cy}) = \boldsymbol{C}E(\boldsymbol{y}) = \boldsymbol{CX\beta} = \boldsymbol{\beta},$$

要使得上式对任何 $\boldsymbol{\beta}$ 都能成立, 就必有

$$\boldsymbol{CX} = \boldsymbol{I}_{k+1}. \tag{5.5.21}$$

因为

$$\begin{aligned}
0 \leqslant [\boldsymbol{C} - \boldsymbol{L}^{-1}\boldsymbol{X}^{\mathrm{T}}][\boldsymbol{C} - \boldsymbol{L}^{-1}\boldsymbol{X}^{\mathrm{T}}]^{\mathrm{T}} \\
= (\boldsymbol{CC}^{\mathrm{T}}) + \boldsymbol{L}^{-1} - \boldsymbol{L}^{-1}\boldsymbol{X}^{\mathrm{T}}\boldsymbol{C}^{\mathrm{T}} - \boldsymbol{CXL}^{-1} \\
= (\boldsymbol{CC}^{\mathrm{T}}) + \boldsymbol{L}^{-1} - \boldsymbol{L}^{-1} - \boldsymbol{L}^{-1} \\
= (\boldsymbol{CC}^{\mathrm{T}}) - \boldsymbol{L}^{-1},
\end{aligned}$$

所以

$$\begin{aligned}
\mathrm{Cov}(\boldsymbol{\beta}, \boldsymbol{\beta}) - \mathrm{Cov}(\boldsymbol{u}, \boldsymbol{u}) &= \sigma^2 \boldsymbol{L}^{-1} - \boldsymbol{C}\,\mathrm{Cov}(\boldsymbol{y}, \boldsymbol{y})\boldsymbol{C}^{\mathrm{T}} \\
&= \sigma^2 \boldsymbol{L}^{-1} - \sigma^2 (\boldsymbol{CC}^{\mathrm{T}}) \leqslant 0,
\end{aligned}$$

即

$$\mathrm{Cov}(\boldsymbol{\beta}, \boldsymbol{\beta}) \leqslant \mathrm{Cov}(\boldsymbol{u}, \boldsymbol{u}).$$

由于 $\boldsymbol{u}$ 的任意性, 所以最小二乘法估计 $\hat{\boldsymbol{\beta}}$ 是 $\boldsymbol{\beta}$ 的最小方差线性无偏估计量. ■

在假定 4 的条件下, 随机误差 $\varepsilon_1, \cdots, \varepsilon_n$ 相互独立都服从正态分布 $N(0, \sigma^2)$, 因而可将它们看成来自总体 ε 的样本, 下面进一步讨论作为 $\boldsymbol{\beta}$ 的最小二乘法估计 $\hat{\boldsymbol{\beta}}$ 以及残差平方和 RSS 的分布问题. 在前面的讨论中, RSS 是误差平方和 ESS 用最小二乘法估计 $\boldsymbol{\beta}$ 时, 在估计量 $\hat{\boldsymbol{\beta}}$ 达到的最小值.

在假定 1~4 成立时, 根据式 (5.5.9) 及式 (5.5.19) 可知

$$\hat{\boldsymbol{\beta}} = \boldsymbol{L}^{-1}\boldsymbol{X}^{\mathrm{T}}\boldsymbol{y},$$
$$\mathrm{RSS} = (\boldsymbol{y} - \boldsymbol{X}\hat{\boldsymbol{\beta}})^{\mathrm{T}}(\boldsymbol{y} - \boldsymbol{X}\hat{\boldsymbol{\beta}}) = \boldsymbol{y}^{\mathrm{T}}(\boldsymbol{I}_n - \boldsymbol{XL}^{-1}\boldsymbol{X}^{\mathrm{T}})\boldsymbol{y}.$$

记 $\boldsymbol{A} = \boldsymbol{I}_n - \boldsymbol{XL}^{-1}\boldsymbol{X}^{\mathrm{T}}$, 则有 $\mathrm{RSS} = \boldsymbol{y}^{\mathrm{T}}\boldsymbol{Ay}$. 关于 $\hat{\boldsymbol{\beta}}$, $\boldsymbol{e}$, RSS, 有以下几个性质.

性质 5.5.6 $\hat{\boldsymbol{\beta}}$ 与 $\boldsymbol{e}$ 相互独立且都服从于正态分布, 它们的数学期望与协方差分别为

$$E(\hat{\boldsymbol{\beta}}) = \boldsymbol{\beta}, \quad \mathrm{Cov}(\hat{\boldsymbol{\beta}}, \hat{\boldsymbol{\beta}}) = \sigma^2 \boldsymbol{L}^{-1},$$
$$E(\boldsymbol{e}) = \boldsymbol{0}, \quad \mathrm{Cov}(\boldsymbol{e}, \boldsymbol{e}) = \sigma^2 (\boldsymbol{I}_n - \boldsymbol{XL}^{-1}\boldsymbol{X}^{\mathrm{T}}).$$

证明 因为 $\varepsilon_1, \cdots, \varepsilon_n$ 相互独立都服从正态分布 $N(0, \sigma^2)$, 而

$$y = X\beta + \varepsilon,$$

故 y 服从正态分布, 其数学期望为 $E(y) = X\beta$, 协方差为 $\mathrm{Cov}(y, y) = \sigma^2 I_n$; 再根据 $\hat{\beta}$ 的定义, $\hat{\beta}$ 服从正态分布, 其数学期望与协方差分别为

$$E(\hat{\beta}) = L^{-1}X^{\mathrm{T}}X\beta = \beta,$$
$$\mathrm{Cov}(\hat{\beta}, \hat{\beta}) = L^{-1}X^{\mathrm{T}}\mathrm{Cov}(y, y)XL^{-1} = \sigma^2 L^{-1}.$$

由式 (5.5.16) 知

$$e = y - XL^{-1}X^{\mathrm{T}}y = (I_n - XL^{-1}X^{\mathrm{T}})y.$$

同理 e 也服从正态分布, 数学期望与协方差分别为

$$E(e) = (I_n - XL^{-1}X^{\mathrm{T}})E(y) = X\beta - X\beta = 0,$$
$$\mathrm{Cov}(e, e) = (I_n - XL^{-1}X^{\mathrm{T}})\mathrm{Cov}(y, y)(I_n - XL^{-1}X^{\mathrm{T}})$$
$$= \sigma^2(I_n - XL^{-1}X^{\mathrm{T}}).$$

再根据性质 5.5.3 知, $\hat{\beta}$ 与 e 不相关, 对正态分布而言, $\hat{\beta}$ 与 e 也相互独立. ∎

性质 5.5.7 $\hat{\beta}$ 与 RSS 相互独立.

证明 因为 RSS 是随机向量 e 的函数, 由性质 5.5.6 知道, $\hat{\beta}$ 与 e 相互独立, 所以从概率论的分布理论得知, $\hat{\beta}$ 与 RSS 相互独立. ∎

性质 5.5.8 RSS$/\sigma^2$ 服从自由度为 $n - k - 1$ 的 χ^2- 分布.

证明 因为 A 是对称的 n 阶方阵, 从矩阵理论得知, 存在一个正交矩阵 T, 使得 $T^{\mathrm{T}}AT$ 为对角矩阵, 记为

$$D = T^{\mathrm{T}}AT = \begin{pmatrix} D_1 & 0 \\ 0 & 0 \end{pmatrix}_n,$$

其中 D_1 是 $n - k - 1$ 阶非奇异的对角矩阵. 进一步还可推知 D_1 是 $n - k - 1$ 阶单位矩阵. 这是因为

$$A^2 = (I_n - XL^{-1}X^{\mathrm{T}})^2 = I_n - XL^{-1}X^{\mathrm{T}} = A.$$

分别用 T 右乘, T^{T} 左乘上式得

$$T^{\mathrm{T}}A^2T = T^{\mathrm{T}}AT.$$

而

$$T^{\mathrm{T}}A^2T = \begin{pmatrix} D_1^2 & 0 \\ 0 & 0 \end{pmatrix},$$

$$T^{\mathrm{T}}AT = \begin{pmatrix} D_1 & 0 \\ 0 & 0 \end{pmatrix},$$

所以, $D_1^2 = D_1 = I_{n-k-1}$, 因此

$$D = T^{\mathrm{T}}AT = \begin{pmatrix} I & 0 \\ 0 & 0 \end{pmatrix}_n. \tag{5.5.22}$$

作线性替换

$$z \triangleq (Z_1, Z_2, \cdots, Z_n)^{\mathrm{T}} = T^{\mathrm{T}}\varepsilon = T^{\mathrm{T}}(y - X\beta),$$

其中最后一个等式是由式 (5.1.5) 得出的, 则 $Z_1, Z_2, \cdots, Z_n$ 相互独立, 同服从于正态分布 $N(0, \sigma^2)$, 而且 $E(z) = 0$, 及 $\mathrm{Cov}(z, z) = \sigma^2 I_n$. 注意到 $y - X\beta = Tz$, 和 $AX = 0$, 故

$$\begin{aligned}
\mathrm{RSS} &= y^{\mathrm{T}}Ay = (y - X\beta)^{\mathrm{T}}A(y - X\beta) \\
&= z^{\mathrm{T}}T^{\mathrm{T}}ATz = z^{\mathrm{T}} \begin{pmatrix} I & 0 \\ 0 & 0 \end{pmatrix} z \\
&= Z_1^2 + Z_2^2 + \cdots + Z_{n-k-1}^2,
\end{aligned}$$

所以

$$\frac{\mathrm{RSS}}{\sigma^2} = \left(\frac{Z_1}{\sigma}\right)^2 + \left(\frac{Z_2}{\sigma}\right)^2 + \cdots + \left(\frac{Z_{n-k-1}}{\sigma}\right)^2.$$

易知, $Z_j/\sigma \sim N(0,1)$, $j = 1, 2, \cdots, n-k-1$. 所以, RSS/σ^2 服从自由度为 $n-k-1$ 的 χ^2- 分布. ∎

5.5.4　线性回归模型的假设检验

由最小二乘法, 有

(1) 回归系数 β 的最小二乘法估计 $\hat{\beta}$ 为

$$\hat{\beta} = L^{-1}X^{\mathrm{T}}y,$$

其中 y 和 β 由式 (5.1.3) 定义, X 由式 (5.1.4) 定义, L 由式 (5.5.2) 定义.

(2) 经验回归方程为

$$\hat{Y} = XL^{-1}X^{\mathrm{T}}y.$$

(3) 由性质 5.5.6 知, $\hat{Y} = \boldsymbol{X}\hat{\boldsymbol{\beta}}$ 服从正态分布, 即

$$\hat{Y} \sim N\left(\boldsymbol{X}\boldsymbol{\beta}, \; \boldsymbol{X}\boldsymbol{L}^{-1}\boldsymbol{X}^{\mathrm{T}}\sigma^2\right).$$

于是残差估计量 $Y - \hat{Y}$ 也服从正态分布, 即

$$Y - \hat{Y} \sim N\left(0, \; (1 + \boldsymbol{X}\boldsymbol{L}^{-1}\boldsymbol{X}^{\mathrm{T}})\sigma^2\right). \tag{5.5.23}$$

(4) 残差方差 $\hat{\sigma}_e^2 = \dfrac{\mathrm{RSS}}{(n-k-1)}$, 由性质 5.5.7 得到

$$\frac{Y - \hat{Y}}{\hat{\sigma}_e\sqrt{1 + \boldsymbol{X}\boldsymbol{L}^{-1}\boldsymbol{X}^{\mathrm{T}}}} \sim t(n-2). \tag{5.5.24}$$

(5) 记 $\overline{Y} = \dfrac{1}{n}\sum\limits_{t=1}^{n} Y_t$, 用 $\boldsymbol{M}$ 表示所有元素全为 $\dfrac{1}{n}$ 的 n 阶方阵, 则离差平方和 TSS 可表示为

$$\begin{aligned}
\mathrm{TSS} &= \sum_{t=1}^{n}(Y_t - \overline{Y})^2 = (\boldsymbol{y} - \boldsymbol{M}\boldsymbol{y})^{\mathrm{T}}(\boldsymbol{y} - \boldsymbol{M}\boldsymbol{y}) \\
&= (\boldsymbol{y} - \boldsymbol{X}\hat{\boldsymbol{\beta}} + \boldsymbol{X}\hat{\boldsymbol{\beta}} - \boldsymbol{M}\boldsymbol{y})^{\mathrm{T}}(\boldsymbol{y} - \boldsymbol{X}\hat{\boldsymbol{\beta}} + \boldsymbol{X}\hat{\boldsymbol{\beta}} - \boldsymbol{M}\boldsymbol{y}) \\
&= (\boldsymbol{y} - \boldsymbol{X}\hat{\boldsymbol{\beta}})^{\mathrm{T}}(\boldsymbol{y} - \boldsymbol{X}\hat{\boldsymbol{\beta}}) + 2(\boldsymbol{y} - \boldsymbol{X}\hat{\boldsymbol{\beta}})^{\mathrm{T}}(\boldsymbol{X}\hat{\boldsymbol{\beta}} - \boldsymbol{M}\boldsymbol{y}) \\
&\quad + (\boldsymbol{X}\hat{\boldsymbol{\beta}} - \boldsymbol{M}\boldsymbol{y})^{\mathrm{T}}(\boldsymbol{X}\hat{\boldsymbol{\beta}} - \boldsymbol{M}\boldsymbol{y}).
\end{aligned} \tag{5.5.25}$$

注意到矩阵 $\boldsymbol{X}$ 的第一列元素都是 1, 以及 $(\boldsymbol{I} - \boldsymbol{X}\boldsymbol{L}^{-1}\boldsymbol{X}^{\mathrm{T}})\boldsymbol{X} = \boldsymbol{0}$, 由矩阵 $\boldsymbol{M}$ 的定义得 $(\boldsymbol{I} - \boldsymbol{X}\boldsymbol{L}^{-1}\boldsymbol{X}^{\mathrm{T}})\boldsymbol{M} = \boldsymbol{0}$. 由此不难推出

$$\begin{aligned}
(\boldsymbol{y} - \boldsymbol{X}\hat{\boldsymbol{\beta}})^{\mathrm{T}}(\boldsymbol{X}\hat{\boldsymbol{\beta}} - \boldsymbol{M}\boldsymbol{y}) &= (\boldsymbol{y} - \boldsymbol{X}\boldsymbol{L}^{-1}\boldsymbol{X}^{\mathrm{T}}\boldsymbol{y})^{\mathrm{T}}(\boldsymbol{X}\boldsymbol{L}^{-1}\boldsymbol{X}^{\mathrm{T}}\boldsymbol{y} - \boldsymbol{M}\boldsymbol{y}) \\
&= \boldsymbol{y}^{\mathrm{T}}(\boldsymbol{I} - \boldsymbol{X}\boldsymbol{L}^{-1}\boldsymbol{X}^{\mathrm{T}})(\boldsymbol{X}\boldsymbol{L}^{-1}\boldsymbol{X}^{\mathrm{T}} - \boldsymbol{M})\boldsymbol{y} \\
&= -\boldsymbol{y}^{\mathrm{T}}(\boldsymbol{I} - \boldsymbol{X}\boldsymbol{L}^{-1}\boldsymbol{X}^{\mathrm{T}})\boldsymbol{M}\boldsymbol{y} = 0,
\end{aligned}$$

所以式 (5.5.25) 可改写为

$$\begin{aligned}
\mathrm{TSS} &= (\boldsymbol{y} - \boldsymbol{X}\hat{\boldsymbol{\beta}})^{\mathrm{T}}(\boldsymbol{y} - \boldsymbol{X}\hat{\boldsymbol{\beta}}) + (\boldsymbol{X}\hat{\boldsymbol{\beta}} - \boldsymbol{M}\boldsymbol{y})^{\mathrm{T}}(\boldsymbol{X}\hat{\boldsymbol{\beta}} - \boldsymbol{M}\boldsymbol{y}) \\
&= \mathrm{RSS} + \mathrm{LSS},
\end{aligned} \tag{5.5.26}$$

其中残差平方和

$$\begin{aligned}
\mathrm{RSS} &= (\boldsymbol{y} - \boldsymbol{X}\hat{\boldsymbol{\beta}})^{\mathrm{T}}(\boldsymbol{y} - \boldsymbol{X}\hat{\boldsymbol{\beta}}) \\
&= \boldsymbol{y}^{\mathrm{T}}(\boldsymbol{I} - \boldsymbol{X}\boldsymbol{L}^{-1}\boldsymbol{X}^{\mathrm{T}})\boldsymbol{y}.
\end{aligned} \tag{5.5.27}$$

回归平方和

$$\begin{aligned}
\text{LSS} &= (\boldsymbol{X}\hat{\boldsymbol{\beta}} - \boldsymbol{M}\boldsymbol{y})^{\mathrm{T}}(\boldsymbol{X}\hat{\boldsymbol{\beta}} - \boldsymbol{M}\boldsymbol{y}) \\
&= (\boldsymbol{X}\boldsymbol{L}^{-1}\boldsymbol{X}^{\mathrm{T}}\boldsymbol{y} - \boldsymbol{M}\boldsymbol{y})^{\mathrm{T}}(\boldsymbol{X}\boldsymbol{L}^{-1}\boldsymbol{X}^{\mathrm{T}}\boldsymbol{y} - \boldsymbol{M}\boldsymbol{y}) \\
&= \boldsymbol{y}^{\mathrm{T}}(\boldsymbol{X}\boldsymbol{L}^{-1}\boldsymbol{X}^{\mathrm{T}} - \boldsymbol{M})^2\boldsymbol{y}.
\end{aligned} \tag{5.5.28}$$

当 $\beta_1 = \cdots = \beta_k = 0$ 时, 残差平方和 RSS 与回归平方和 LSS 相互独立, 且有

$$\frac{\text{LSS}/k}{\text{RSS}/(n-k-1)} \sim F(k, n-k-1). \tag{5.5.29}$$

为了说明回归模型的整体回归效果是否显著, 也就是判断 Y 与 $x_1, x_2, \cdots, x_k$ 之间是否存在线性相关关系, 就需要对回归方程进行显著性检验, 即检验 k 个回归系数 $\beta_1, \beta_2, \cdots, \beta_k$ 是否全为零. 若全为零, 则线性关系不显著; 若不全为零, 则线性关系显著. 为此可提出如下假设:

$$H_0: \beta_1 = \beta_2 = \cdots = \beta_k = 0.$$

当 H_0 成立时, 根据式 (5.5.29), 知道回归平方和与残差平方和的比值有一个确定的分布, 所以这个比值

$$F_{\boldsymbol{y}} = \frac{(n-k-1)\text{LSS}}{k \cdot \text{RSS}} \tag{5.5.30}$$

可作为检验 H_0 的检验统计量, 该比值 $F_{\boldsymbol{y}}$ 越大, 回归效果越显著, 越有理由拒绝 H_0.

因此, 在给定显著性水平为 α 时, 查 F- 分布表, 其中自由度为 $n_1 = k, n_2 = n-k-1$, 可得临界值 $F_\alpha(k, n-k-1)$, 将计算的 $F_{\boldsymbol{y}}$ 与 $F_\alpha(k, n-k-1)$ 相比较. 若 $F_{\boldsymbol{y}} > F_\alpha(k, n-k-1)$, 则拒绝 H_0, 说明回归方程的线性回归效果显著, 模型通过 F- 检验; 若 $F_{\boldsymbol{y}} \leqslant F_\alpha(k, n-k-1)$, 则不能拒绝 H_0, 模型的 F- 检验未通过, 说明模型没有什么实际意义.

造成回归方程回归效果不显著的原因可能是选择自变量时漏掉了某些有重要影响的因素, 或者是自变量与因变量间的关系是非线性的. 对于前一种情况, 需重新考虑一切可能对因变量有影响的因素, 并从中挑选出重要的作为自变量, 这属于回归自变量的选择问题. 对于后一种情况, 问题较为复杂, 需要判断自变量与因变量之间非线性关系的种类, 以便进行非线性回归分析.

在多元线性回归中, 只对线性回归模型的整体效果进行检验是不够的, 还必须对每一个变量的线性影响是否显著进行检验, 从而把那些影响不显著的变量从模型中剔除掉. 而回归系数 $\beta_i \, (i = 1, 2, \cdots, k)$ 可用来测定在其他变量保持不变时, 自变量 x_i 与因变量 Y 之间的变化关系. 为此, 可做出如下假设:

$$H_0: \beta_i = 0.$$

在一定的显著性水平 α 下, 若回归系数 β_i $(i = 1, 2, \cdots, k)$ 显著地不为 0, 说明回归因子 x_i 与因变量 Y 有较强的线性关系, x_i 的变化能很好地解释 Y 的变化, 符合回归分析的线性假设, 变量 x_i 可以保留在回归模型中, 若回归系数 β_i $(i = 1, 2, \cdots, k)$ 不显著, 或说与 0 无显著不同, 表明 x_i 的变化不能解释 Y 的变化, 应将其从模型中剔除. 多元线性回归分析中, 对回归系数的显著性检验, 与一元线性回归分析中的 t- 检验类似.

回归系数 β_i 的估计量 $\hat{\beta}_i$ 服从正态分布 $N(\beta_i, c_{ii}\sigma^2)$ 其中 c_{ii} 是矩阵 $\boldsymbol{L}^{-1}$ 对角线上的第 i 个元素. 构造检验统计量

$$T_{\hat{\beta}_i} = \frac{\hat{\beta}_i - \beta_i}{\sqrt{c_{ii}}\hat{\sigma}_e}, \quad i = 1, 2, \cdots, k. \tag{5.5.31}$$

当原假设 H_0 成立时, $T_{\hat{\beta}_i}$ 服从自由度为 $n - k - 1$ 的 t- 分布, 因此, 可以通过查 t- 分布表得到显著性水平为 α, 自由度为 $n - k - 1$ 的临界值 $t_{\alpha/2}(n - k - 1)$ (双侧检验). 然后将统计量 $T_{\hat{\beta}_i}$ 的实际观察值 $t_{\hat{\beta}_i}$ 与 $t_{\alpha/2}(n - k - 1)$ 比较, 最后决定是接受还是拒绝原假设 H_0.

若 $|t_{\hat{\beta}_i}| > t_{\alpha/2}(n - k - 1)$, 则回归系数 β_i 显著地不为 0, 参数的 t 检验通过; 若 $|t_{\hat{\beta}_i}| \leq t_{\alpha/2}(n - k - 1)$, 则回归系数 $\beta_i = 0$ 是显著的, 这时参数的 t 检验未获得通过, 回归系数的 t 检验通不过, 原因可能是: 一是选择的自变量 x_i 对因变量 Y 事实上并无显著影响, 二是所选择的自变量中具有多重共线性.

同一元线性回归分析类似, 要判定多元线性回归模型对样本数据的拟合程度, 以达到评价回归模型的优劣, 仍可用判定系数 $R_{\boldsymbol{x},Y}^2$ 来进行拟合优度检验, 其定义如下:

$$R_{\boldsymbol{x},Y}^2 = \frac{\text{LSS}}{\text{TSS}} = 1 - \frac{\text{RSS}}{\text{TSS}}. \tag{5.5.32}$$

在多元回归模型中, $R_{\boldsymbol{x},Y}^2$ 值的大小会受到模型中自变量个数的影响, 在模型中增加新的自变量, 虽不能改变离差平方和 TSS, 却有可能增加回归平方和 LSS, 换句话说, 增加自变量个数会导致 $R_{\boldsymbol{x},Y}^2$ 增大, 为了消除 $R_{\boldsymbol{x},Y}^2$ 对模型中自变量个数的依赖, 通常采用以下修正的判定系数:

$$\tilde{R}_{\boldsymbol{x},Y}^2 = 1 - \frac{\text{RSS}/(n - k - 1)}{\text{TSS}/(n - 1)}. \tag{5.5.33}$$

修正后的判定系数能够正确反应样本数据的拟合程度. 如果 $\tilde{R}_{\boldsymbol{x},Y}^2$ 越接近于 1, 说明模型对样本数据的拟合程度越高, 模型的预测效果越佳.

5.5.5 回归诊断和变量选择

1. 模型中假定合理性的诊断

回归分析根据样本对总体回归模型 (5.5.1) 的统计推断, 是在 4 个基本假定条

件下进行的. 但是复杂的现实问题有时并不满足这些基本假定的要求, 比如各次的观察不能相互独立, 或者各次观察之间存在的误差具有一定的相关性, 甚至各个误差变量的方差不相同等. 因此, 有必要对随机抽样的样本检查其是否满足所给定的假定. 若不满足, 就需要对模型修正或调整数据, 使之符合基本假定. 通常采用残差图进行分析, 这是模型诊断的基本方法.

残差向量 $e = (e_1, e_2, \cdots, e_n)^{\mathrm{T}}$, 它的各分量表示各次观察中实际观察值 y_t 与因变量 Y 的估计值 $\hat{y}_t$ 之间的差, 即 $e_t = y_t - \hat{y}_t \ (t = 1, 2, \cdots, n)$, 称为残差. 所谓残差图是指以因变量的观察值 y_t 或因变量的回归函数值 $\hat{y}_t$ 为横坐标, 残差 e_t 为纵坐标的散点图.

在线性回归模型的基本假定之下, 虽然随机误差 ε_t 相互独立, 且具有相同的方差, 但是残差 $e_1, e_2, \cdots, e_n$ 之间并不相互独立, 也不具有相同的方差. 由性质 5.5.6 可知 $E(e_t) = 0, (t = 1, 2, \cdots, n)$, $\mathrm{Cov}(e, e) = \sigma^2(I_n - XL^{-1}X^{\mathrm{T}})$. 由于残差方差 $\hat{\sigma}_e^2$ 是 σ^2 的无偏估计量, 可用 $\hat{\sigma}_e^2(A)_{tt}((A)_{tt}$ 表示 A 的第 t 行第 t 列元素) 作为残差的方差 $D(e_t)$ 的估计量. 因为 $D(e_t)$ 与 $\hat{\sigma}_e^2$ 不独立, 所以统计量

$$e_t^* = \frac{e_t}{\hat{\sigma}_e\sqrt{(A)_{tt}}}$$

不服从 t- 分布. 统计实践中, 人们常常把 e_t^* 视为标准化正态变量, 即 e_t^* 近似地服从 $N(0,1)$. 这时, 利用残差图作出检验或判断. 其原理如下:

若回归模型正确, 基本假定成立, 则在以 $\hat{y}_t$ 为横轴, e_t^* 为纵轴的残差图中, 大约有 95% 的点落在直线 $e_t^* = -2$ 及 $e_t^* = 2$ 之间; 大约有 99% 的点落在直线 $e_t^* = -3$ 及 $e_t^* = 3$ 之间; 并且没有任何明显的变化趋势.

如果样本数据不能满足线性回归模型的基本假定, 那么残差图中, 残差 e_t 会因 $\hat{y}_t$ 的增加而增大; 或因 $\hat{y}_t$ 的增加而减小, 其残差图所表现出的特征如图 5.6 所示. 这两种情形, 可诊断出样本数据不具有同方差性.

(a) 方差随 $\hat{y}_t$ 的增加而增大　　　(b) 方差随 $\hat{y}_t$ 的增加而减小

图 5.6　样本数据具有异方差的残差图

为了满足同方差性, 可采用以下几种变换的方法:

(1) 当随机误差 ε_t 的方差与因变量 Y 的期望 $E(Y)$ 成正比时, 用 $y_t^* = \sqrt{y_t}$ 的变换, 将 y_t 修改为 y_t^*.

(2) 当随机误差 ε_t 的方差与因变量 Y 的期望平方 $(E(Y))^2$ 成正比时, 用 $y_t^* = \ln y_t$ 的变换, 将 y_t 修改为 y_t^*.

(3) 当随机误差 ε_t 的方差与因变量 Y 期望的四次方 $(E(Y))^4$ 成正比时, 用 $y_t^* = \dfrac{1}{y_t}$ 的变换, 将 y_t 修改为 y_t^*.

这些变换称为方差稳定化变换, 通过变换使得因变量 $Y_t(t = 1, 2, \cdots, n)$ 的方差近似互相相同, 从而随机误差 ε_t 的方差也就大致一样, 以至于样本近似地符合模型的基本假定, 建立一个回归分析统计推断的正确基础.

2. 异常数据的诊断

所谓异常数据是指样本观察数据中, 出现的极少数残差绝对值突出大, 或每个个别残差绝对值比大多数的残差绝对值的每个大得多. 这种异常数据称为**奇异点**. 样本中的奇异点对回归模型的参数估计具有一定的影响, 必须注意在回归分析中要做到所获得结论不依赖于奇异点的变化而改变.

例 5.5.3 现有某地区的 8 个地块每亩施肥量和农作物收获率资料如表 5.23 所示.

表 5.23　各地块每亩施肥量与收获率　(单位:kg)

地块序号	1	2	3	4	5	6	7	8
施肥量 x	10	15	18	20	22	25	30	35
收获率 y	210	240	260	290	300	320	270	380

解 根据全部观测数据, 由回归分析得线性回归方程为

$$\hat{y} = 162.38 + 5.55x.$$

将回归直线与样本数据的散点图作比较, 可以看出, 这条直线对样本数据的拟合并不好 (图 5.7). 第 7 个地块上收获率的观测值明显偏低, 使得回归函数与其观测值产生了很大的差距, 也可从残差图 5.8 看出第 7 个地块上收获率的残差绝对值相当大. 所以该点是一个奇异点.

异常数据可能是各种原因所引起的, 但出现此类异常值, 显然应该丢弃. 在上述例子中, 将第 7 个数据舍弃, 则残差数据的样本回归方程为

$$\hat{y} = 140.96 + 6.99x.$$

这时, 数据拟合的准确程度提高了.

图 5.7　收获率对施肥量散点图

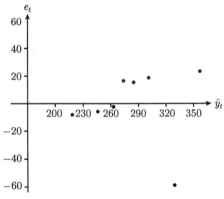

图 5.8　收获率的残差图

当然, 异常数据并不见得都是数据的观测有错误, 在数据没错的情况下, 这种异常数据实际上是在告诉我们可能回归函数的选择有问题, 或某种假设不合理等. 因此而对模型加以修改, 一定会得到更好的效果.

3. 变量选择

在实际应用中, 对回归因子的挑选是个十分重要的问题. 在对回归模型进行显著性检验以后, 可将那些不显著的因子剔除. 这就是选择变量的一个标准, 或者欲加入一个新因子, 可将模型作以改进, 然后再作假设检验, 若新的因子是显著的, 则增加该因子到线性回归模型中. 当添加新的因子时, 因子间有相互影响, 需要检验原来的因子是否因增加新因子而变得不显著, 若有, 就予以剔除, 直到所有因子都显著为止. 以此标准来挑选因子形成了逐步回归的算法.

一般来讲, 变量的选择有四种方法:

(1) 从所有可能的因子组合的回归方程中挑选最优者;

(2) 从包含全部因子的回归方程中逐次剔除不显著因子;

(3) 从一个因子开始, 将回归因子逐个引入回归方程;

(4) 逐步回归法.

5.6 习 题

5-1. 把下面两个估计问题纳入线性模型的范围:(1) $X_1, X_2, \cdots, X_n$ 是来自总体 $N(\mu, \sigma^2)$ 的简单随机样本, 估计 μ. (2) $X_1, X_2, \cdots, X_m$ 和 $Y_1, Y_2, \cdots, Y_n$ 是从 $N(\mu_1, \sigma^2)$ 和 $N(\mu_2, \rho\sigma^2)$ 中选取的简单随机样本, ρ 已知, 估计 μ_1, μ_2.

5-2. 设 $\boldsymbol{y} = \boldsymbol{X}\boldsymbol{\beta} + \boldsymbol{\varepsilon}$, $\mathrm{Cov}(\boldsymbol{\varepsilon}, \boldsymbol{\varepsilon}) = \sigma^2 \boldsymbol{G}$, 证明:

1) $E(\boldsymbol{\varepsilon}^{\mathrm{T}} \boldsymbol{A} \boldsymbol{\varepsilon}) = \sigma^2 \mathrm{tr} \boldsymbol{A} \boldsymbol{G}$;

2) 当 $\boldsymbol{\varepsilon}$ 服从多元正态分布, 有 $\mathrm{Var}(\boldsymbol{\varepsilon}^{\mathrm{T}} \boldsymbol{A} \boldsymbol{\varepsilon}) = 2\sigma^4 \mathrm{tr} \boldsymbol{A} \boldsymbol{G} \boldsymbol{A} \boldsymbol{G}$.

5-3. 《企业管理》杂志开展的一项调查研究表明: 自由职业者的工作压力比非自由职业工作者的工作压力大. 这项调查是通过问卷的形式进行的, 共计划有 15 个与工作压力有关的问题, 每个问题设有 5 个选择, 并把它们按工作压力的水平进行从低到高排列. 全部 15 个问题的回答分值越高, 说明工作压力越大. 表 5.24 所示的数字是各 8 个房地产代理商、建筑师和股票经纪人的得分.

表 5.24 调查得分

房地产代理商	建筑师	股票经纪人
73	43	65
48	60	48
60	59	67
54	52	75
65	71	71
39	68	72
76	57	64
65	56	58

试在显著性水平为 0.05 的要求下, 检验假设: 不同职业的工作压力没有差别.

5-4. 为了提高化工产品的产量, 寻求较好的工艺条件, 现安排两因子试验见表 5.25 和表 5.26

表 5.25 两因子试验数据 (一)

水平 \ 因子	反应温度 $A/^{\circ}\mathrm{C}$	反应压力 B/kg
1	60	2
2	65	2.5
3	70	3

表 5.26 两因子试验数据 (二)

水平 因子 试验号	A 1	B 2	$A \times B$ 3	4	试验结果 y_{t1}	y_{t2}
1	1	1	3	2	4.63	4.27
2	2	1	1	1	6.13	6.47
3	3	1	2	3	6.80	6.40
4	1	2	2	1	6.33	6.76
5	2	2	3	3	3.40	3.80
6	3	2	1	2	3.97	3.83
7	1	3	1	3	4.73	4.27
8	2	3	2	2	3.90	3.50
9	3	3	3	1	6.53	6.97

试作方差分析并确定最佳工艺条件.

5-5. 表 5.27 记录了三位操作工分别在四台不同机器上操作三天的日产量.

表 5.27 三位操作工操作三天的日产量

机器	操作工 甲	乙	丙
M_1	15,15,17	19,19,16	16,18,21
M_2	17,17,17	15,15,15	19,22,22
M_3	15,17,16	18,17,16	18,18,18
M_4	18,20,22	15,16,17	17,17,17

试检验 ($\alpha = 0.05$):(1) 操作工之间的差异是否显著?

(2) 机器之间的差别是否显著?

(3) 交互影响是否显著?

5-6. 线性回归模型 $\boldsymbol{y} = \boldsymbol{X\beta} + \boldsymbol{\epsilon}$, $\mathrm{Cov}(\boldsymbol{\epsilon}, \boldsymbol{\epsilon}) = \sigma^2 \boldsymbol{I}$, $\boldsymbol{X}$ 为 $n \times p$ 矩阵, 且 $r(\boldsymbol{X}) = p$. 证明: 做 m 次观测其预测误差的方差之和为 $(m+p)\sigma^2$.

5-7. 设 $\boldsymbol{y} = (y_1, y_2, y_3)^{\mathrm{T}}$ 满足线性模型 $\boldsymbol{y} = \boldsymbol{X\beta} + \boldsymbol{\epsilon}$, $\mathrm{Cov}(\boldsymbol{\epsilon}, \boldsymbol{\epsilon}) = \sigma^2 \boldsymbol{I}_3$,

$$E(y_i) = \beta_0 + \beta_1 x_i + \beta_2(3x_i^2 - 2), \quad i = 1, 2, 3,$$

其中 $x_1 = -1, x_2 = 0, x_3 = 1$. 写出 $\boldsymbol{X}$ 并求 $(\beta_0, \beta_1, \beta_2)^{\mathrm{T}}$ 的最小二乘估计.

5-8. 对于一元线性回归模型

$$Y_i = \beta_0 + \beta_1 x_i + \epsilon_i,$$

$$\epsilon_i \sim N(0, \sigma^2), \quad i = 1, 2, \cdots, n,$$

在基本假定满足的条件下, 求 β_0, β_1 及 σ^2 的极大似然估计.

5-9. 在某个地区随机地抽取 9 个家庭, 调查得到每个家庭各自每月人均收入与食品消费支出的数据如表 5.28 所示.

表 5.28　调查得到每个家庭各自每月人均收入与食品消费支出　(单位: 元)

家庭编号	1	2	3	4	5	6	7	8	9
人均收入	102	124	156	182	194	229	272	342	495
食品支出	87	92	90	124	150	160	182	216	220

根据表 5.28 数据, 求下列问题.

(1) 人均收入与食品消费支出的样本相关系数;

(2) 建立食品支出 Y 对人均收入 x 的一元线性回归模型, 并对模型进行检验.

5-10. 某大学正在试制一种计算机评分系统, 为进一步改善评分系统的性能, 专门做了一次测试, 将随机抽出来的试卷, 同时让计算机和教师分别进行打分, 结果如表 5.29 所示.

表 5.29　两种老师打分结果

计算机打分	教师打分	计算机打分	教师打分	计算机打分	教师打分
12	10	17	13	17	15
11	11	17	14	18	15
15	12	18	14	15	16
16	12	18	14	17	16
17	12	17	15	18	16

要求: (1) 建立回归分析模型;　(2) 对模型的回归效果进行评估.

5-11. 设线性回归模型 $\boldsymbol{y} = \boldsymbol{X}\boldsymbol{\beta} + \boldsymbol{\varepsilon}$, 其中 $E(\boldsymbol{\varepsilon}) = 0$, $\mathrm{Cov}(\boldsymbol{\varepsilon}, \boldsymbol{\varepsilon}) = \sigma^2 \boldsymbol{I}$, $\boldsymbol{A}$ 为已知的正定矩阵. 若 $\hat{\boldsymbol{\beta}}$ 是 $\boldsymbol{\beta}$ 的最小二乘估计, 问: $\hat{\boldsymbol{\beta}}^{\mathrm{T}} \boldsymbol{A} \hat{\boldsymbol{\beta}}$ 在什么条件下是 $\boldsymbol{\beta}^{\mathrm{T}} \boldsymbol{A} \boldsymbol{\beta}$ 的无偏估计? 当此条件不满足时, 修正 $\hat{\boldsymbol{\beta}}^{\mathrm{T}} \boldsymbol{A} \hat{\boldsymbol{\beta}}$ 以得到一个无偏估计.

5-12. 线性模型 $\boldsymbol{y} = \boldsymbol{X}\boldsymbol{\beta} + \boldsymbol{\varepsilon}$, $\mathrm{Cov}(\boldsymbol{\varepsilon}, \boldsymbol{\varepsilon}) = \sigma^2 \boldsymbol{v}$. 为了 $\boldsymbol{y}^{\mathrm{T}} \boldsymbol{A} \boldsymbol{y}$ 为 σ^2 的无偏估计, $\boldsymbol{A}$ 应满足什么条件?

5-13. 设有模型

$$y = \beta_0 + \beta_1 x_1 + \beta_2 x_2 + \varepsilon$$

试在下列条件下, 分别求出参数的最小二乘估计.

(1) $\beta_1 + \beta_2 = 1$;　　(2) $\beta_1 = \beta_2$.

第6章

统计决策理论与贝叶斯推断

6.1 统计决策理论

6.1.1 决策问题

决策是人们在政治、经济、科学技术和日常生活中普遍存在的一种选择方案的行为. 根据决策环境的不同, 决策问题分为确定型、风险型和不确定型三类. 在统计问题的研究过程中, 统计学家 Wald 建立了一种统一处理各种统计问题的理论, 称为统计决策理论. 他把统计推断的方法抽象为一类数学最优化问题的求解. 虽然研究问题的方式与运筹学的决策论不完全相同, 但二者在理论上的要素是对应一致的. 可以这样说, 统计决策理论只是讨论随机现象, 也就是决策论中风险型决策问题.

仔细想一想我们介绍的参数估计与检验的思想, 或者线性模型理论, 其思路都离不开三个要素: 一是样本及其分布; 二是有多大的决策范围; 三是决策的优良性准则. 我们先从估计和检验问题看统计决策理论的构成.

1. 点估计与决策问题

设总体 X 的可能分布族为 $\{F(x;\theta)\,|\,\theta \in \Theta\}$, 要求由样本 $X_1, X_2, \cdots, X_n$ 构造统计量作为 θ 的估计. 每当给出一个估计, 其实就是作出一个决定 a, 这个决定 a 无论其准确程度怎样, 至少应当满足 $a \in \Theta$(参数空间), 否则说这样的估计也太离谱了. 作为一个纯粹的估计, 只是把一个 a 确定下来, 但这不等于一个问题就完全得到解决, 因为 a 在很大的程度上毕竟不是 θ 的真实值. 为了清楚估计存在着多大的偏差, 统计推断的研究给出无偏性、有效性以及相合性等判决标准. 尽管如此, 这些结果对实际考察问题的解释总不是那样确切, 以致不能令人信服. 而把这种估计的思想抽象为一种决策的理论, 好像更有说服力.

现在回到点估计的问题上, 上面已经说过决定 $a \in \Theta$, 就把这个 Θ 作为决定的空间 (实际上这就是数学的模型化, 通常称为决策空间), 同时也把统计推断的种种判决标准予以统一的函数描述, 用文字语言讲, 就是一旦采取决定 a, 由于 a 和 θ 的真值存在的偏离会造成多大的损失. 统计模型把它抽象为函数 $L(\theta, a)$, 并称之为损失函数, 比如, $L(\theta, a) = (\theta - a)^2$, 实际上就是前面讲过的均方误差.

人们自然地期望 a 给定的条件下, 这个函数值能越小越好. 于是可以计算损失函数的数学期望

$$R(\theta, u) \triangleq E[L(\theta, a)], \tag{6.1.1}$$

其中 $a = u(X_1, X_2, \cdots, X_n)$ 称为决策函数, $R(\theta, u)$ 称为**风险函数**, 即决策 $a = u(X_1, X_2, \cdots, X_n)$ 所造成的平均损失.

2. 假设检验与决策问题

已知某种元件的寿命 X (h) 服从正态分布 $N(\mu, \sigma^2)$, 其中 μ, σ^2 均未知. 现测得 16 只元件的寿命如下:

159	280	101	212	224	379	179	264
222	362	168	250	149	260	485	170

问是否有理由认为元件的平均寿命大于 225(h)?

提出检验原假设

$$H_0: \mu \leqslant \mu_0 = 225,$$

利用检验统计量

$$T_{16} = \frac{\overline{X} - 225}{S/\sqrt{16}}$$

及相应的观察值 $t_{16} = 0.668$, 通过查 t- 分布表, 最后接受 H_0.

现在换一个角度来看这个问题, 要回答平均寿命是否大于 225h, 相当于在两个不同的状态 (拒绝 H_0, 接受 H_0) 下作出一个选择. 如果用 "1" 表示拒绝 H_0 的 "行为", "0" 表示接受 H_0 的 "行为", 那么决策空间只有两个元素, 即 0 和 1. 一般情况下, 不论作出哪一个决定, 都会犯错误的, 实际上这种犯错误的概率大小就是所谓的损失. 通过以上的分析, 不得不考虑一个很基本的问题: 怎样的决定才能将损失降低到最小? 这就是所谓的统计决策问题.

3. 决策问题的三要素

一位企业管理的领导常常需要对有关的问题作出一项决策, 其内容可能是某种产品应生产多少、投放到市场的产品价格应定为多少、也许是某类产品是否需要更新等. 这种决策需考虑各种因素, 不一定都用统计方法, 如果决策所依据的事实中受到随机性因素的影响, 那就必然与统计方法有关, 可将这种随机性因素概括为一个总体 X.

首先, 假设 X 的分布函数依赖于某个参数 θ, 不同的 θ, X 有不同的分布函数. 于是 X 有分布函数族 $\{F(x; \theta) | \theta \in \Theta\}$, 其中 Θ 为参数空间. 当总体 X 的一个简单随

机样本选取之后, 该样本规定了相对应的分布函数族 $\{F(x_1, x_2 \cdots, x_n; \theta) \mid \theta \in \Theta\}$. 它构成统计决策问题的第一个要素.

其次, 决策应当是在一定的范围之内作出的, 这样的范围确定了可能决策的全体, 称之为**决策空间** 或 **行动空间**, 记为 $\mathscr{A}$. 比如, 上面提到的检验问题中, 决策空间 $\mathscr{A} = \{0, 1\}$. 决策空间是决策问题的第二个要素. 只有明确这个要素才会知道要解决的是什么样的问题.

最后, 不得不确定决策的目标. 因为决策空间包含有许多可利用的决策, 而决策与决策之间会有好坏之别, 所以如何评价一项决策便成为一个十分迫切的问题. 盲目地作出一项决策是没有意义的. 为此引入 "损失" 的概念, 所谓损失是指决策行为在一定条件下实施以后, 不可避免地产生这样的或那样的后果. 这种后果必须能量化, 而且依其具有的性质也应该是一个非负数量, 比方说, 一个企业因某种决策, 造成亏损 30 万元. 因此, 由决策行为带来的各种各样损失的度量构成了决策问题的第三个要素.

现在可以笼统地说, 具备以上三个要素的统计学问题, 称为**统计决策问题**.

6.1.2　损失函数

第三个要素提到损失的问题, 如果仔细地想一想, 一定不难看出损失是参数 θ 和决策 a 的函数, 记为 $L(\theta, a)$, 称之为**损失函数**, 它是衡量一项决策在知道样本分布参数 θ 的值所导致的损失, 它和数学最优化理论中研究的目标函数极小化问题很相似. 讨论统计决策问题如不涉及损失函数, 那就没有研究的必要了, 因为简单的统计推断实际上得到的就是一个决策. 损失到底如何计算, 需具体问题具体分析, 现在看下面的例子.

例 6.1.1　某商店每日从批发部进一批货, 共 N 件. 在进货时, 商店从该批货中抽取 n 件检验, 根据抽取 n 件的次品数 X, 决定是否接受该批商品. 若接受 (记作决策 a_1), 则该批货中每件次品给商店带来损失 10 元; 否则 (决策 a_2), 商店因无货出售, 每件商品损失利润 2 元. 写出决策问题的损失函数.

解　对问题合理的简化, 假定检验是非破坏性的, 且 $n/N \approx 0$, 于是可认为 X 服从于二项分布 $b(n, p)$, 这里 p 是未知参数, 且参数空间为 $\{p \mid 0 \leqslant p \leqslant 1\}$. 有样本分布族 $\{b(n, p) \mid 0 \leqslant p \leqslant 1\}$, 决策空间 $\mathscr{A} = \{a_1, a_2\}$.

若已知次品率 p, 则该批商品次品数为 Np 件, 由此可知, 商店接受该批商品会造成损失 $10Np$ 元; 拒绝该批商品会失去 $N(1-p)$ 件合格品的利润而损失 $2N(1-p)$ 元. 因此, 决策进货问题的损失函数为

$$L(p, a_i) = \begin{cases} 10Np, & \text{当 } i = 1, \\ 2N(1-p), & \text{当 } i = 2, \end{cases} \quad 0 \leqslant p \leqslant 1. \tag{6.1.2}$$

在许多实际问题中损失的计算并不是这么简单. 事实上, 能够切合实际问题去建立一个具体的损失函数关系是一件困难却很重要的事, 必须充分了解各方面的信息, 掌握大量的资料, 做好调查研究工作. 损失函数有各种各样的形式, 其中二次损失函数 $L(\theta, a) = (a - \theta)^2$ 是人们常用的一种损失函数. 特别强调, 损失是决策和参数的函数, 换句话说, 作为每一项的决策所造成的损失多少仅依赖于参数的取值.

前面只是泛泛地说, 决策空间 $\mathscr{A}$ 是一个全体决策组成的集合. 可是为了理论上的需要, 在 $\mathscr{A}$ 中要给定一个 σ-域 $\mathscr{B}_{\mathscr{A}}$, 而且损失函数应该是一个可测函数, 其目的是为了给出严格的损失函数定义.

定义 6.1.1 设参数空间为 Θ, $\mathscr{A}$ 是具有 σ-域 $\mathscr{B}_{\mathscr{A}}$ 的决策空间. 如果定义在 $\Theta \times \mathscr{A}$ 上的函数 $L(\theta, a)$ 满足以下两条: ① 对任一 $\theta \in \Theta$ 和 $a \in \mathscr{A}$, 都有 $0 \leqslant L(\theta, a) < \infty$; ② 对任何固定的 $\theta \in \Theta$, $L(\theta, a)$ 作为 a 的函数是 $\mathscr{B}_{\mathscr{A}}$-可测的, 则称 $L(\theta, a)$ 是损失函数.

6.1.3 决策函数

设给定了一统计决策问题的三个要素: 取值于样本空间 $\mathscr{X}$ 内的样本 X 及其分布函数族 $\{F(x, \theta) \mid \theta \in \Theta\}$, 决策空间 $\mathscr{A}$ 以及损失函数 $L(\theta, a)$. 现在需要确定一项决策 a, 撇开其好坏不谈, 首要的问题是应依据什么作决策. 打个比方, 一辆行驶的汽车在交叉路口遇到了红灯, 停了下来. 这里停车就是司机作出的决策, 他的决策显然是依据观察到此刻信号灯是红灯, 所以才停了下来. 这个观察到红灯的结果难道不像随机抽样的样本吗? 与之相比, 统计问题的决策能有什么不同呢? 直观地讲, 统计决策是根据样本的观测值确定一项决策, 二者之间存在一种对应规则. 换句话说, 只要有一个样本的观察值, 在这样的规则下便确定一项决策, 即一个函数对应法则 u,

$$u: \mathscr{X} \to \mathscr{A},$$

它的自变量为定义于样本空间 $\mathscr{X}$ 的样本, 而因变量是取值于决策空间 $\mathscr{A}$ 的决策 $a = u(x_1, x_2, \cdots, x_n)$, 这样的函数就是决策函数, 其正式的定义如下:

定义 6.1.2 设样本空间为 $\mathscr{X}$, 决策空间 $\mathscr{A}$ 具有 σ-域 $\mathscr{B}_{\mathscr{A}}$, 把任何定义于 $\mathscr{X}$ 而取值于 $\mathscr{A}$ 的可测变换 $u(x_1, x_2 \cdots, x_n)$ 都称为一个**决策函数**(或**策略**), 简写为 $u(x)$.

从数理统计学的基本概念理解决策函数 $u(x_1, x_2, \cdots, x_n)$, 其就是一个统计量的观测值. 与此同时, $u(X_1, X_2, \cdots, X_n)$ 就是一个统计量.

例如, 在例 6.1.1 中提到的商店从批发部进货的那个问题, 损失函数由式 (6.1.2) 给出. 一个可以考虑的决策函数是

$$u(x) = \begin{cases} a_1, \ \text{当} \ \dfrac{x}{n} \leqslant \dfrac{1}{6}, \\ a_2, \ \text{当} \ \dfrac{x}{n} > \dfrac{1}{6}. \end{cases} \tag{6.1.3}$$

不管是理论上还是形式上, 任何决策函数 $u(x)$ 都可以作为统计决策问题的解. 不存在一个决策函数是决策, 而另一决策函数不是决策的说法. 通常所讲的错误决策、正确决策只不过是相对于某种评价标准 (损失函数) 才得出的结论. 为弄清楚这一点, 下面引入风险函数.

6.1.4　风险函数

虽然已定义了损失函数 $L(\theta, a)$, 又当参数的真值为 θ, 采取决策函数 $u(x)$, 则样本为 x 时, 所遭遇的损失是 $L(\theta, u(x))$, 其值越小, $u(x)$ 也就越好. 但是, 这个损失函数是依赖于一个参数 θ 未知、另一个样本 x 随机进行计算的, 何以知道其值的大小, 故需要讨论损失函数的某种数量特征或综合性指标作为衡量决策函数优劣的标准. 由于样本均值作为总体期望的估计是一个很理想的估计方法, 所以统计决策理论惯用的指标特征是计算平均损失. 下面的风险函数就是按照这一指标定义的.

定义 6.1.3　设样本空间为 $\mathscr{X}$, 样本分布族为 $F(x, \theta)(\theta \in \Theta)$, 决策空间为 $\mathscr{A}$ 且具有 σ- 域 $\mathscr{B}_\mathscr{A}$, 损失函数为 $L(\theta, a)$, $u(x)$ 为一决策函数, 则由下式确定的关于 θ 的函数 $R(\theta, u)$ 称为决策函数 $u(x)$ 的**风险函数**:

$$\begin{aligned} R(\theta, u) &= E[L(\theta, u(X_1, X_2, \cdots, X_n))] \\ &= \int_{\mathscr{X}} L(\theta, u(x)) \, \mathrm{d}F(x, \theta). \end{aligned} \tag{6.1.4}$$

也就是说, 在 θ 给定时, 函数 $R(\theta, u)$ 描述了采用决策函数 u 的风险, 随着 θ 在参数空间 Θ 的变化, $R(\theta, u)$ 定义了一个 Θ 上的非负实值函数, 其基本含义是当参数值为 θ 时, 采用决策函数 u 的平均损失.

因此, 把以损失函数衡量决策优劣的标准转变为风险函数. 遵照 Wald 统计决策理论, 对决策函数评价的唯一依据就是其风险函数, 因而风险越小, 决策函数就越好.

例 6.1.2　设总体 X 服从泊松分布 $P(x; \lambda)$, $\lambda \in \Theta = (0, \infty)$, $X_1, X_2, \cdots, X_n$ 是 X 的样本, 要求估计未知参数 λ. 若选取损失函数为

$$L(\lambda, u) = (u - \lambda)^2,$$

试确定决策函数及其风险函数.

解　由损失函数 $L(\lambda, u) = (u - \lambda)^2$, 则对估计 λ 的任一决策函数 $u(X_1, X_2, \cdots, X_n)$, 可知风险函数为

$$R(\lambda, u) = E[L(\lambda, u)] = E[(u - \lambda)^2].$$

若进一步要求决策函数 $u(X_1, X_2, \cdots, X_n)$ 是 λ 的无偏估计量, 即

$$E[u(X_1, X_2, \cdots, X_n)] = \lambda,$$

则风险函数为

$$R(\lambda, u) = E[u - E(u)]^2 = \mathrm{Var}(u),$$

它是决策函数 $u(X_1, X_2, \cdots, X_n)$ 的方差.

如果取 $u(X_1, X_2, \cdots, X_n) = \overline{X}$, 那么所对应的风险函数为

$$R(\lambda, u) = \mathrm{Var}(\overline{X}) = \frac{\lambda}{n}. \tag{6.1.5}$$

若取 $u(X_1, X_2, \cdots, X_n) = X_1$, 那么所对应的风险函数为

$$R(\lambda, u) = \mathrm{Var}(X_1) = \lambda. \tag{6.1.6}$$

例 6.1.3 再考虑例 6.1.1, 若决策函数由式 (6.1.3) 所定义, 求它的风险函数.

解 由决策函数 (6.1.3) 可知, 当 $x \leqslant n/6$ 时, 决策值为 a_1, 其损失为 $10Np$; 当 $x > n/6$ 时, 决策值取 a_2, 此损失是 $2N(1-p)$. 于是依式 (6.1.4) 可推出风险函数为

$$R(p, u) = 10Np \sum_{i=0}^{[n/6]} \mathrm{C}_n^i p^i (1-p)^{n-i}$$
$$+ 2N(1-p) \sum_{i=[n/6]+1}^{n} \mathrm{C}_n^i p^i (1-p)^{n-i}.$$

基于使得风险函数极小化的思想, 提出统计决策问题中最优决策的基本概念.

定义 6.1.4 设 u_0 和 u_1 是某个统计决策问题的两个决策函数, 如果

$$R(\theta, u_0) \leqslant R(\theta, u_1), \quad \text{对一切 } \theta \in \Theta, \tag{6.1.7}$$

则称 u_0 **一致地优于** u_1.

这个定义提供了选择决策 u_0 比 u_1 会有更好的效果, 但这只是从风险尽可能小的角度看问题. 当然, 真正的应用可能还会考虑到诸如计算的方便与否, 人们是否在直观上容易接受等因素, 甚至对损失函数的选择、风险函数规定的合理性都不无直接的关系.

在例 6.1.2 中, 显然, 当 $n > 1$ 时, 式 (6.1.6) 给出的 "风险" 比式 (6.1.5) 给出的 "风险" 要大, 所以决策函数 $u(X_1, X_2, \cdots, X_n) = \overline{X}$ 优于 $u(X_1, X_2, \cdots, X_n) = X_1$.

将刚才的较优决策定义简单地推广, 有如下定义.

定义 6.1.5 对于某给定的统计决策问题, 若存在这样一个决策函数 u^*, 使得对任何决策函数 u 都有

$$R(\theta, u^*) \leqslant R(\theta, u), \quad \text{对一切 } \theta \in \Theta, \tag{6.1.8}$$

则称 u^* 为该问题的**一致最优决策**.

若一个统计决策问题的一致最优决策存在, 则毫无疑问应该采用这一决策. 但是往往一致最优决策并不存在, 因此, 在应用方面常常降低标准, 使用一些较弱的优良准则. 其内容将在后面进行讨论.

6.1.5 最小最大估计

风险函数提供了一个判定决策函数好坏的标准, 我们自然希望找到风险尽可能小的决策. 为此, 先介绍一种极小极大估计构造的决策函数.

定义 6.1.6 设 $\mathscr{U}$ 是以决策函数为元素的集合 (决策函数族), 如果存在

$$u^*(X_1, X_2, \cdots, X_n) \in \mathscr{U},$$

对任一 $u(X_1, X_2, \cdots, X_n) \in \mathscr{U}$, 都有

$$\max_{\theta \in \Theta} \{R(\theta, u^*)\} \leqslant \max_{\theta \in \Theta} \{R(\theta, u)\} \tag{6.1.9}$$

则称 $u^*(X_1, X_2, \cdots, X_n)$ 为参数 θ 的**最小最大估计量**.

在作出某个决策时, 由于未知的因素影响, 应充分地考虑到这个因素的风险, 以便在最不利的情况下, 尽可能选取一个好的决策. 最小最大估计量就是以此为标准来构造一个估计量的. 这种决策行为属于保守的, 但也是较稳妥、较安全的. 我们常说的"从最坏处着想争取最好的结果"就是这一决策思想在实际中的体现.

例 6.1.4 设总体 X 服从两点分布, 其概率函数为

$$P\{x; p\} = \begin{cases} p, & \text{当 } x = 1, \\ 1-p, & \text{当 } x = 0, \end{cases}$$

其中 $p \in \Theta = \left\{\dfrac{1}{4}, \dfrac{1}{2}\right\}$, 试求参数 p 的最小最大估计量.

解 问题的决策空间是 $\mathscr{A} = \Theta$. 设损失函数 $L(p, a)$ 由表 6.1 中数据所确定, 如果我们选取容量为 1 的样本记为 X_1, 由于 X_1 仅取两个可能值, 且 $\mathscr{A}$ 中只有两个元素, 因而决策函数集合 $\mathscr{U}$ 是由 4 个元素所组成的集合, 将这些函数分别记为 u_1, u_2, u_3, u_4, 即有

$$u_1(X_1) = \begin{cases} \dfrac{1}{4}, & \text{当 } X_1 \text{ 取 } 0, \\ \dfrac{1}{4}, & \text{当 } X_1 \text{ 取 } 1, \end{cases} \qquad u_2(X_1) = \begin{cases} \dfrac{1}{2}, & \text{当 } X_1 \text{ 取 } 0, \\ \dfrac{1}{2}, & \text{当 } X_1 \text{ 取 } 1, \end{cases}$$

$$u_3(X_1) = \begin{cases} \dfrac{1}{4}, & \text{当 } X_1 \text{ 取 } 0, \\[2mm] \dfrac{1}{2}, & \text{当 } X_1 \text{ 取 } 1, \end{cases} \qquad u_4(X_1) = \begin{cases} \dfrac{1}{2}, & \text{当 } X_1 \text{ 取 } 0, \\[2mm] \dfrac{1}{4}, & \text{当 } X_1 \text{ 取 } 1. \end{cases}$$

表 6.1　损失函数 $L(p, a)$ 数值表

$L(p,a)$ $\quad a$ p	$a_1 = \dfrac{1}{4}$	$a_2 = \dfrac{1}{2}$
$p_1 = \dfrac{1}{4}$	1	4
$p_2 = \dfrac{1}{2}$	3	2

它们分别造成的风险 $R(p, u)$ 可由式 (6.1.4) 计算, 其结果列在表 6.2 中, 比如,

表 6.2　风险函数 $R(p, u)$ 数值表

u_i	$R(p_1, u_i)$	$R(p_2, u_i)$	$\max R(p_i, u_i)$
u_1	1	3	3
u_2	4	2	4
u_3	$\dfrac{7}{4}$	$\dfrac{5}{2}$	$\dfrac{5}{2}$
u_4	$\dfrac{13}{4}$	$\dfrac{5}{2}$	$\dfrac{13}{4}$

$$\begin{aligned} R(p_1, u_3) &= E[L(p_1, u_3)] \\ &= L(p_1, a_1) P_{p_1}\{X = 0\} + L(p_1, a_2) P_{p_1}\{X = 1\} \\ &= 1(1 - p_1) + 4p_1 = \frac{7}{4}, \end{aligned}$$

$$\begin{aligned} R(p_2, u_4) &= E[L(p_2, u_4)] \\ &= L(p_2, a_1) P_{p_2}\{X = 1\} + L(p_2, a_2) P_{p_2}\{X = 0\} \\ &= 3p_2 + 2(1 - p_2) = \frac{5}{2}. \end{aligned}$$

由定义 6.1.6 知, 参数 p 的最小最大估计量为

$$\hat{p}(X_1) = u_3 = \begin{cases} \dfrac{1}{4}, & \text{当 } X_1 = 0, \\[2mm] \dfrac{1}{2}, & \text{当 } X_1 = 1. \end{cases}$$

求一个最小最大估计通常比较困难, 当损失函数为二次损失函数或对某些重要的估计来说, 已经找到了求解方法, 而且大都是利用贝叶斯决策理论获得的. 因此这些结果将在 6.2 节予以介绍.

6.2 贝叶斯估计

在进行风险决策时决策者要估计一些事件发生的概率, 而许多决策问题的概率不能通过随机试验去确定, 因为这种问题绝对无法重复做实验. 比如要估计某个企业将要倒闭的可能性, 这类事件的概率只能由决策者根据他对该事件的了解, 以及主观的经验来确定. 这样确定的概率反映了决策者对事件出现的信念程度, 我们称这种概率为**主观概率**.

从事概率论研究的人们认为概率是所研究对象的物理属性, 就像质量、长度、强度等物理学概念一样, 以这种观点得到的概率往往称为**客观概率**(或自然概率). 主观概率论者所提出的概率则是人们对现象的认识多少的一个测度, 而不是现象本身的测度, 因此不是研究对象的物理属性.

主观概率论者不是凭空臆造事件发生的概率, 而是依赖于对事件作周密的观察, 去获得事前信息. 确定主观概率一般采用专家估计法, 其估计的方式有两种: ① 直接估计法; ② 间接估计法. 有关更多的介绍可参考决策论的书籍.

用统计学的描述, 这种事件发生概率的估计就是所谓对一个未知参数 θ 的估计, 从事先对该参数的了解, 可能知道一些有关 θ 的信息, 那么在考虑到这些附加的信息时, 该采取什么样的策略, 即又怎样估计参数 θ 能够获得好的结果 (风险较小)? 这就是贝叶斯决策方法.

贝叶斯统计的基本观点是由贝叶斯公式引申而来, 以下考察贝叶斯公式与统计推断是如何结合到一起的.

例 6.2.1 现设有金、银、铜三种盒子, 其中金盒 5 个, 银盒 4 个, 铜盒 3 个. 每个盒子里放有红黄蓝白四种球, 个数依次为: 金盒, 70, 20, 8, 2; 银盒, 10, 75, 3, 12; 铜盒, 5, 12, 80, 3. 在这 12 个盒子中随机抽取一个 $\left(\text{每个被抽取的概率为 } \dfrac{1}{12}\right)$, 再从这个盒子里随机抽取一个球 $\left(\text{每个被抽取的概率为 } \dfrac{1}{100}\right)$, 发现结果是红的. 问: "此球是从一金盒中抽出" 这一事件的概率是多少?

解 设 X, Y, Z 分别表示事件 "抽到金、银、铜盒"; A, B, C, D 分别表示事件 "抽到红、黄、蓝、白颜色球". 则由贝叶斯公式给出 "球是从一金盒中抽出" 的概率为

$$P(X\,|\,A) = \frac{5}{12} \times \frac{70}{100} \Big/ \left(\frac{5}{12} \times \frac{70}{100} + \frac{4}{12} \times \frac{10}{100} + \frac{3}{12} \times \frac{5}{100}\right) = \frac{70}{81}.$$

在单纯地计算出这样一个概率的时候, 会有什么作用呢? 好在这一概率相当大, 善于思考问题的人可能会说, "当发现结果是红的, 这个球应该是从金盒子里抽取

的". 这个概率的确还有一定的作用. 但是, 当我们发现球是黄的时, 它是从一金盒中抽出的概率 $P(X \mid B) = \dfrac{25}{109}$ 就不是很大了, 似乎这个概率没什么用处. 于是不得不计算出更多的概率, 就像一个随机变量的分布那样, 计算出另外两种可能结果的概率

$$P(Y \mid B) = \frac{75}{109}, \quad P(Z \mid B) = \frac{9}{109}.$$

这是我们的知识所能达到的限度. 倘若非要给出个判然的回答, 也只能取可能性最大者, 即推断这个球是从银盒子里抽取的.

可以看出, 贝叶斯公式提供了推断某种未知数量的概率基础. 为此可以考虑这样两个随机变量 X 和 Y, 其中 $X = 1, 2, 3$ 分别表示金、银、铜盒; $Y = 1, 2, 3, 4$ 分别表示红、黄、蓝、白颜色. 当我们想知道一个球是何种颜色、来自哪个盒子, 自然地建立了 X 与 Y 之间的相关关系. 回到例 6.2.1, 有样本空间 $\mathscr{X} = \{1, 2, 3, 4\}$ 即 Y 的取值, 它是一个可观测的变量. 同时也有一个参数空间 $\Theta = \{1, 2, 3\}$ 即 X 的取值, 这是个待估计量. 看来, X 与 Y 形式上构成一个线性模型. 比如, 前面的讨论中, 在 $Y = 2$ 的条件下, X 的估计值 $\hat{X} = 2$. 在这里, 实际上早已知道了 X 的分布, 即

$$P\{X = 1\} = \frac{5}{12}, \quad P\{X = 2\} = \frac{4}{12}, \quad P\{X = 3\} = \frac{3}{12}. \tag{6.2.1}$$

这一点正是例 6.2.1 中的推断与前面几章推断方法不同之处, 也是贝叶斯统计所具有的本质特征所在.

6.2.1 先验分布

设总体 X 具有分布族 $\{F(x; \theta) \mid \theta \in \Theta\}$. $X_1, X_2, \cdots, X_n$ 是来自总体 X 的样本, 我们的目的是要由样本推断 θ. 在贝叶斯统计中需要另外一个前提: 预先给出 θ 取各种可能值的概率, 从形式上说, 参数 θ 被当成一个取值于 Θ 上的随机变量, 设其分布函数为 $\pi(t) = P\{\theta \leqslant t\}$, 由于这个分布 $\pi(t)$ 是在抽样观察之前就给出来了, 故称之为 Θ 上 θ 的**先验分布**. "先验"是指在抽样之先, 仅一个名词术语而已.

定义 6.2.1 参数空间 Θ 上的任一概率分布, 称为 θ 的先验分布.

式 (6.2.1) 所确定的概率分布就是例 6.2.1 中 X 的先验分布. 这个参数的先验分布存在是一个合理的假定. 从实际意义出发, 有些参数在理论上并不具有随机性, 但由于问题的特定环境、随机因素的作用使得这个参数出现各种不同的值, 这些值作为参数的不同取值, 该参数可合理地视为随机变量. 例如, 某厂每天在该天的成品中抽样估计其废品率 p, 就一天的生产成品来看, p 是一个纯粹的未知数. 但从一个季度来看, 因随机干扰, 每天生产的废品率会有所波动. 根据每天的抽样计算出的废品率则可以确定出 p 的先验分布.

在有些情况下, 把参数 θ 作为一个随机变量是不太准确的. 例如, 要估计的 θ 是一个铁矿的矿石含铁百分率. 这时要把 θ 看成随机变量, 需要设想铁矿是无穷多 "类似" 铁矿的一个样品, 这是不自然的. 还有一些参数 θ 虽则有理由看成一个随机变量, 但它的先验知识不足以给出其概率的分布, 而贝叶斯统计要求必须给出一个参数 θ 的先验分布.

在我们对参数 θ 的知识了解很少甚至是全然无知时, 总是掺杂着主观设想或者纯属于主观的判断来大致估计一个参数的分布, 以便得到参数的先验分布. 确定先验分布的一些方法主要有以下几种.

1. 客观法

像前面提到的废品率 p 本身确有一种可赋予频率解释的随机性, 且对以往的资料若有些积累, 则可对 p 的先验分布作出较准确的估计. 由于此法并无掺杂多少人的主观因素, 故命名为**客观法**.

在不少的情况下, 以往积累的资料并不是直接给出了参数在当时的值, 而只是其一种估计. 如在上面提到的废品率的问题中, 以往的资料不必逐日给出废品率 p 的值. 也可以逐日记录废品数 $X_1, X_2, \cdots$, 然后对废品率的先验分布进行估计.

2. 主观概率法

部分统计学研究者认为这是一种通过 "自我反省" 去确定先验分布的方法, 其含义是, 对参数 θ 取某某值的可能性多大, 通过思考, 觉得该如何, 再定下一个值. 我们举个例子说明这种方法. 设 θ 可能值的区间为 $0 \leqslant \theta \leqslant 1$, 先一分为二: 用 A 表示 $0 \leqslant \theta \leqslant \frac{1}{2}$; 用 B 表示 $\frac{1}{2} < \theta \leqslant 1$. 假定有人要和你打赌是 A 出现还是 B 出现. 如果你经过 "反省" 定下这样一个数 a, 使得对任何 $b \leqslant a$ 你都愿意以 $1:b$ 的输赢与他打赌 (即若 A 出现你可得 1 元, 否则应付出 b 元), 则表示你认为 A 的可能性大小, 也就是认为 $0 \leqslant \theta \leqslant \frac{1}{2}$ 的概率是 $\dfrac{a}{1+a}$.

作为主观上对先验分布的一种估计, 是人们在经验和理论知识方面对参数 θ 了解多少的总结, 通过对经验和已有的结果作出主观判断, 其实质是反映直至目前有关 θ 的知识. 由此所得出的先验分布应符合某种客观标准.

3. 同等无知原则

在主观上, 我们对 θ 的认识, 可能是很少, 或许一无所知. 于是只好先验地认为, 参数 θ 在 Θ 上等可能取值, 比如废品率 p 的先验分布可以用区间 $[0,1]$ 上的均匀分布 $U[0,1]$ 来表示. 这就是所谓的同等无知原则.

这个原则有一个问题, 就拿 p 来说, 如果对 p 无所知, 则对 p^3 也无所知. 因此按同等无知原则, 也可取 $U[0,1]$ 为 p^3 的先验分布. 但这时 p 的先验分布就不是

$U[0,1]$ 了.

4. 无信息先验分布

这个方法与同等无知原则都是对参数 θ 一无所知. 它只能用于某些特殊分布族的参数, 也不会出现同等无知原则所提到的问题. 我们仅举例说明这个方法.

设总体分布族为 $\{f(x-\theta) \mid -\infty < \theta < \infty\}$, θ 表示一个点的位置. 要给出参数 θ 的先验分布. 若将原点由 0 移至 $-c$, 则总体变量的密度函数变为 $f(x-(\theta+c))$. 如果先验分布不依赖于原点的选择 (缺少此类信息), 那么它在相等长度的区间上分布的 (先验) 概率应该相等, 实际上, 我们给出 θ 的先验分布是均匀分布, 即先验密度是一个常数或 1. 人们称这种类型的先验分布为广义先验分布.

设总体的分布密度族为 $\left\{\dfrac{1}{\theta} f\left(\dfrac{x}{\theta}\right) \mid \theta > 0\right\}$, 这种参数 θ 称为刻度参数. 因为, 若将度量单位由 1 改为 $\dfrac{1}{c}$, 则总体变量的密度改变为 $\dfrac{1}{c\theta} f\left(\dfrac{x}{c\theta}\right)$. 若先验分布不依赖于刻度的选择, 则对任何 $a, b, c, 0 < a < b, c > 0$, θ 落在 $[a, b]$ 内的先验概率, 就等于它落在 $[ca, cb]$ 内的先验概率. 这样, 当 $\theta > 0$, 先验密度为 $\dfrac{1}{\theta}$, 当 $\theta < 0$, 其值为 0. 这也是一个广义先验分布.

上述例子描述了总体 X 的分布族在某些变量变换之下的不变性. 只有在总体的分布族具有这种特定结构时, 无信息先验分布才可能带来较好的结果.

6.2.2　贝叶斯风险

设总体 X 的分布族 $\mathscr{F} = \{F(x; \theta) \mid \theta \in \Theta\}$. 当给出 θ 的先验分布, 则可以求出在 $\theta = t$ 的条件下 X 的条件分布, 称为 X 的样本分布, 用 $F(x \mid \theta = t)$ 表示. 于是可以把原来的总体 X 从形式上看成一个二元总体 (X, θ), 以函数 $F(x, t)$ 表示 X 与 θ 的联合分布函数, 且有

$$F(x, t) = \pi(t) F(x \mid t). \tag{6.2.2}$$

在这个联合分布之下 X 的分布, 即 X 的边缘分布不同于 X 的样本分布. 样本分布与 θ 有关, 边缘分布是样本分布对 θ 的 "平均" (按先验分布的概率去平均), 它与 θ 无关.

因此, 贝叶斯统计的基本问题可以写为: 有一个总体 (X, θ), 其联合分布完全已知, 但 θ 不能观察而只能观测 X. 要我们由 X 去推断 θ. 这似乎和预测理论有些相似之处.

现在我们回到决策问题, 给定决策函数 $u(X_1, X_2, \cdots, X_n)$, 根据式 (6.1.1) 其风险 $R(\theta, u)$ 可写为

$$R^{'}(t, u) = E\{L[t, u(X_1, X_2, \cdots, X_n)] \mid t\}, \tag{6.2.3}$$

这个式子表示在假定随机变量 $\theta = t \in \Theta$ 的条件下, $u(X_1, X_2, \cdots, X_n)$ 的条件平均损失 (即条件数学期望), 因 t 是 θ 的一个值, 且 $t \in \Theta$, 从式 (6.2.3) 将 t 改写为 θ, 可得到随机变量 θ 的随机变量函数 $R'(\theta, u)$. 于是定义贝叶斯风险如下:

定义 6.2.2 设 u 为任一决策函数, 其风险函数为 $R'(\theta, u)$, 则它的数学期望 (即求关于 θ 的平均值)

$$B(u) = E[R'(\theta, u)] = \int_\Theta E\{L[\theta, u(X_1, X_2, \cdots, X_n)] \mid \theta\} \, \mathrm{d}\pi(\theta), \tag{6.2.4}$$

称为决策函数 $u(X_1, X_2, \cdots, X_n)$ 在先验分布 $\pi(t)$ 之下的**贝叶斯风险**.

显然, 贝叶斯风险反映了在多次使用决策函数 u 时, θ 的先验分布 $\pi(t)$ 给统计决策所带来的平均风险.

定义 6.2.3 设总体 X 的分布函数为 $F(x; \theta)$, 其中参数 θ 是一个取值于 Θ 上的随机变量, 对于任一决策函数 $u(X_1, X_2, \cdots, X_n)$, 如果存在决策函数 $u^*(X_1, X_2, \cdots, X_n)$, 使得

$$B(u^*) = \min_{u \in \mathscr{U}} \{B(u)\}, \tag{6.2.5}$$

则称 u^* 为参数 θ 的贝叶斯决策.

贝叶斯决策依赖于 θ 的先验分布 $\pi(t)$, 也就是说, 对应于不同的 $\pi(t)$, θ 的贝叶斯决策是不同的.

6.2.3 后验分布

贝叶斯决策理论需要引进一个极为重要的概念 —— 后验分布. 先介绍例子.

设总体 X 和 θ 均为离散型分布, 贝叶斯风险为

$$\begin{aligned}
B(u) = \sum_{\substack{t \in \Theta, \\ (x_1, \cdots, x_n) \in \mathscr{X}}} & L(t, u(x_1, \cdots, x_n)) \\
& \cdot P\{X_1 = x_1, \cdots, X_n = x_n, \theta = t\},
\end{aligned} \tag{6.2.6}$$

其中 $P\{X_1 = x_1, \cdots, X_n = x_n, \theta = t\}$ 是样本 $X_1, X_2, \cdots, X_n$ 及 θ 的联合概率分布. 用 $P\{X = x, \theta = t\}$ 表示总体 X 与 θ 的联合概率分布; $P_X\{X = x\}$ 表示 X 的边缘概率分布; $P\{\theta = t \mid x\}$ 表示在已知 $X = x$ 的条件下 θ 的条件概率分布, $P\{\theta = t\} = \pi(t) - \pi(t - 0)$ 为 θ 的概率分布. 由贝叶斯公式知道,

$$\begin{aligned}
P\{X = x, \theta = t\} &= P\{\theta = t\} P\{X = x \mid t\} \\
&= P_X\{X = x\} P\{\theta = t \mid x\},
\end{aligned}$$

$$P\{\theta = t \mid x\} = \frac{P\{\theta = t\} P\{X = x \mid t\}}{P_X\{X = x\}}. \tag{6.2.7}$$

这个条件分布 $P\{\theta=t\,|\,x\}$ 就称为 θ 的后验分布 (相对于 $\pi(t)$ 而言, 它是在通过抽样试验以后确定的). 一般地, 我们定义如下:

定义 6.2.4 在取得样本 $X=x$ 以后, 称在 $X=x$ 的条件下, θ 的条件分布为 θ 的**后验分布**, 记作 $H(t|x)$. 此时, 对给定的 $X=x$ 及决策函数 $a=u(X)$, 损失函数 $L(\theta,a)$ 的条件期望, 即

$$R(a\,|\,x)\big|_{a=u(X)} = \int_{\Theta} L(\theta,a)H(\,\mathrm{d}\theta\,|\,x)\big|_{a=u(X)}, \tag{6.2.8}$$

称为在有了样本 $X=x$ 的情况下, 采取决策 a 的**后验风险**.

对刚才所讲的例子用后验分布 $P\{\theta=t\,|\,x\}$, 贝叶斯风险式 (6.2.6) 可写为

$$\begin{aligned}
B(u) = \sum_{x_1}\cdots\sum_{x_n}\big\{&P_X\{X_1=x_1,\cdots,X_n=x_n\} \\
&\cdot\sum_{t\in\Theta}[L(t,u(x_1,\cdots,x_n)) \\
&\times P\{\theta=t\mid X_1=x_1,\cdots,X_n=x_n\}]\big\},
\end{aligned} \tag{6.2.9}$$

其中 $P\{X_1=x_1,\cdots,X_n=x_n,\,\theta=t\}$ 是样本 $X_1,X_2,\cdots,X_n$ 及 θ 的联合概率分布.

后验分布既与 x 有关也与先验分布 π 及 X 的样本分布族有关, 它是由概率论中的条件分布公式来计算的. 例如, 设 X 有样本密度 $f(x,\theta)$, 而 θ 的先验分布有密度函数 $\pi(\theta)$, 则 θ 的后验分布的密度函数为

$$h(\theta|x) = \frac{f(x,\theta)\pi(\theta)}{\displaystyle\int_{\Theta} f(x,t)\pi(t)\,\mathrm{d}t}. \tag{6.2.10}$$

式 (6.2.10) 中右边分母只与 x 有关而与 θ 无关.

例 6.2.2 设 X 服从二项分布 $b(n,p)$. 给定 p 的先验分布为 $[0,1]$ 上的均匀分布 $U[0,1]$. 根据式 (6.2.10) 知, 当样本 $X=x$ 时, θ 的后验密度函数为

$$h(p|x) = c_x \mathrm{C}_n^x p^x(1-p)^{n-x} = c_x^* p^x(1-p)^{n-x}, \tag{6.2.11}$$

其中 c_x 和 c_x^* 都是只与 x 有关的数. 密度函数 (6.2.11) 属于 Beta- 分布族, 并且 $c_x^* = 1/B(x+1,n+1-x)$.

在此, 我们不加证明给出以下结果.

定理 6.2.1 如果损失函数为二次式

$$L(\theta,u) = [\theta - u(X_1,X_2,\cdots,X_n)]^2,$$

则参数 θ 的贝叶斯决策为

$$
\begin{aligned}
u(X_1, X_2, \cdots, X_n) &= E(\theta \mid X_1, X_2, \cdots, X_n) \\
&= \sum_{t \in \Theta} [tP\{\theta = t \mid x_1, x_2, \cdots, x_n\}].
\end{aligned} \tag{6.2.12}
$$

例 6.2.3　某厂生产电子元件, 从过去的每批产品得到次品率的概率分布见表 6.3. 现有一批产品需要出厂, 厂方没有作 100% 的检验, 只是抽样 20 件, 检查结果其中有一件为次品, 假定损失函数为误差的平方, 即 $L(p, u) = (p - u)^2$, 试求次品率的贝叶斯决策.

表 6.3　次品率概率 (先验的) 分布表

次品率 p	0.02	0.05	0.10	0.15	0.20
概率 $P_0(p)$	0.4	0.3	0.15	0.10	0.05

解　根据要求设每抽到一件产品中次品数为 X, 知道总体 X 服从两点分布, 即有

$$
P\{X = x; p\} = \begin{cases} p, & \text{当 } x = 1, \\ 1 - p, & \text{当 } x = 0, \end{cases}
$$

其中 $p \in \Theta = \{0.02, 0.05, 0.10, 0.15, 0.20\}$, 现有容量为 $n = 20$ 的样本 $X_1, X_2, \cdots, X_{20}$, 记样本总和的观察值为 $s = x_1 + x_2 + \cdots + x_{20}$. 由题设知, p 是随机变量, 且概率分布如表 6.3 所示, 得到样本的边缘分布为

$$
\begin{aligned}
P_X\{x_1, \cdots, x_{20}\} &= \sum_{k \in \Theta} P_0(k) k^s (1 - k)^{20-s} \\
&= 0.4 \times (0.02)^s (0.98)^{20-s} + 0.3 \times (0.05)^s (0.95)^{20-s} \\
&\quad + 0.15 \times (0.1)^s (0.9)^{20-s} + 0.1 \times (0.15)^s (0.85)^{20-s} \\
&\quad + 0.05 \times (0.2)^s (0.8)^{20-s}.
\end{aligned}
$$

参数 p 的后验分布为

$$
P\{p = k \mid x_1, \cdots, x_{20}\} = \frac{P_0(k) k^s (1 - k)^{20-s}}{P_X\{x_1, \cdots, x_{20}\}}.
$$

根据定理 6.2.1 知, 参数 p 的条件数学期望为

$$
\hat{p}(x_1, \cdots, x_{20}) = \frac{\sum\limits_{k \in \Theta} k \cdot P_0(k) k^s (1 - k)^{20-s}}{P_X\{x_1, \cdots, x_{20}\}}. \tag{6.2.13}
$$

由于 $s = x_1 + x_2 + \cdots + x_{20} = 1$, 所以有 $P_X\{x_1, \cdots, x_{20}\} = 0.013968$, 代入式 (6.2.13) 得

$$\hat{p}(x_1, \cdots, x_{20}) = 0.02 \times \frac{0.00545}{0.013968} + 0.05 \times \frac{0.00566}{0.013968} + 0.1 \times \frac{0.00203}{0.013968}$$
$$+ 0.15 \times \frac{0.000684}{0.013968} + 0.2 \times \frac{0.000144}{0.013968}$$
$$= 0.052,$$

故次品率的贝叶斯决策为 $\hat{p} = 0.052$.

例 6.2.4 设总体 X 服从正态分布 $N(\mu, 1)$, 其参数 $\mu \in \Theta = \mathbb{R}$, 选取的样本为 $X_1, X_2, \cdots, X_n$. 假定参数 μ 是服从标准正态分布的随机变量, 又假定损失函数为二次式 $L(\mu, u) = (\mu - u)^2$. 试求参数 μ 的贝叶斯决策.

解 在给定 μ 的条件下, 样本的条件分布密度为

$$f(x_1, \cdots, x_n \mid \mu) = \frac{1}{(\sqrt{2\pi})^n} \exp\left\{-\frac{1}{2}\sum_{i=1}^{n}(x_i - \mu)^2\right\},$$

样本和参数 μ 的联合分布密度为

$$f(x_1, \cdots, x_n; \mu) = f(x_1, \cdots, x_n \mid \mu)\pi(\mu)$$
$$= \frac{1}{(\sqrt{2\pi})^{n+1}} \exp\left\{-\frac{1}{2}\sum_{i=1}^{n}(x_i - \mu)^2 - \frac{1}{2}\mu^2\right\},$$

这里 $\pi(\mu)$ 是 μ 的概率密度. 故样本的边缘分布密度为

$$g(x_1, \cdots, x_n) = \int_{-\infty}^{\infty} f(x_1, \cdots, x_n \mid \mu)\pi(\mu)\,\mathrm{d}\mu$$
$$= \frac{1}{(\sqrt{2\pi})^{n+1}} \exp\left\{-\frac{1}{2}\sum_{i=1}^{n}x_i^2\right\}$$
$$\times \int_{-\infty}^{\infty} \exp\left\{-\frac{1}{2}[(n+1)\mu^2 - 2n\mu\overline{x}]\right\}\mathrm{d}\mu$$
$$= \frac{1}{(\sqrt{2\pi})^n} \exp\left\{-\frac{1}{2}\left(\sum_{i=1}^{n}x_i^2 - \frac{n^2\overline{x}^2}{n+1}\right)\right\}$$
$$\times \int_{-\infty}^{\infty} \frac{1}{\sqrt{2\pi}} \exp\left\{-\frac{n+1}{2}\left(\mu - \frac{n\overline{x}}{n+1}\right)^2\right\}\mathrm{d}\mu$$
$$= \frac{1}{\sqrt{n+1}(\sqrt{2\pi})^n} \exp\left\{-\frac{1}{2}\left(\sum_{i=1}^{n}x_i^2 - \frac{n^2\overline{x}^2}{n+1}\right)\right\}.$$

于是参数 μ 的后验分布密度为

$$f(\mu \mid x_1, \cdots, x_n) = \frac{f(x_1, \cdots, x_n \mid \mu)\pi(\mu)}{g(x_1, \cdots, x_n)}$$
$$= \frac{\sqrt{n+1}}{\sqrt{2\pi}} \exp\left\{-\frac{n+1}{2}\left(\mu - \frac{n\overline{x}}{n+1}\right)^2\right\}.$$

参数 μ 的条件数学期望为

$$
\begin{aligned}
E(\mu \mid x_1, \cdots, x_n) &= \int_{-\infty}^{\infty} \mu f(\mu \mid x_1, \cdots, x_n) \, \mathrm{d}\mu \\
&= \int_{-\infty}^{\infty} \frac{\mu \sqrt{n+1}}{\sqrt{2\pi}} \exp \left\{ \frac{n+1}{2} \left(\mu - \frac{n\overline{x}}{n+1} \right)^2 \right\} \mathrm{d}\mu \\
&= \frac{n\overline{x}}{n+1},
\end{aligned}
$$

所以参数 μ 的贝叶斯决策为

$$
\hat{\mu}(X_1, X_2, \cdots, X_n) = \frac{1}{n+1} \sum_{i=1}^{n} X_i.
$$

6.1 节介绍了四种确定先验分布的方法, 现在再给出第五种方法, 即共轭先验分布, 这是一个基于纯数学考虑的选择原则.

设 $\mathscr{F}$ 为 θ 的一个先验分布族. 如果对任取的 $f \in \mathscr{F}$ 及样本值 x, 后验分布总属于 $\mathscr{F}$, 则称 $\mathscr{F}$ 是一个共轭先验分布族. 由于后验分布不仅依赖于先验分布 $\pi(t)$ 和 x, 还依赖于样本分布族. 因此, 某一指定的先验分布族是否有共轭性, 要视样本分布族而定.

在例 6.2.4 中, 样本 $X_1, X_2, \cdots, X_n \sim N(\mu, 1)$, 而参数 μ 的先验分布假定为标准正态分布, 无论样本值如何, μ 的后验分布总是正态的. 故正态分布族是一个共轭先验分布族. 又如例 6.2.2, 若取 p 的先验分布为 Beta- 分布: $B(a, b)$, $a, b > 0$, 则易见 p 的后验分布为 $B(x+a, n+b-x)$. 这说明 Beta- 分布族是一个共轭先验分布族. 下面再举一例.

例 6.2.5 设总体为泊松分布: $P\{X = x; \theta\} = \dfrac{\theta^x}{x!} \mathrm{e}^{-\theta}$, $x = 0, 1, 2, \cdots$, $\theta > 0$ 为参数. 设 $X_1, X_2, \cdots, X_n$ 为来自总体 X 的简单随机样本, 则其概率函数为

$$
\prod_{i=1}^{n} \frac{\theta^{x_i}}{x_i!} \mathrm{e}^{-\theta} = \frac{\theta^{n\overline{x}}}{x_1! x_2! \cdots x_n!} \mathrm{e}^{-n\theta}. \tag{6.2.14}
$$

用 $G(a, b)$ 记具有参数 a, b 的 Gamma- 分布, 则由式 (6.2.14) 的形式易知, Gamma- 分布族 $\mathscr{F} = \{G(a, b) \mid a > 0, b > 0\}$ 是 θ 的一个共轭先验分布族.

事实上, 很容易验证: 若 θ 有先验分布 $G(a, b)$ 而样本值为 $x_1, x_2, \cdots, x_n$, 则 θ 的后验分布为 $G(a+n, b+n\overline{x})$.

共轭先验分布并不是从 θ 取种种值的可能性大小的考虑出发, 而纯粹是为了数学上的方便. 有些时候赋予参数一先验分布, 并不都是要用贝叶斯统计的观点处理有关问题, 而是为了在数学上证明某种结果, 或作为求具有某种优良性质的解的手段. 这时, 任何先验分布只要有助于达到这个目的, 都可以用. 共轭先验分布就是其中之一. 另外, 由于共轭先验分布在计算上的简便可行, 而被人们所选用.

6.2.4　最小后验风险准则

怎样寻求贝叶斯决策函数, 已经有了一般的计算方法, 其理论依据是最小后验风险准则.

定理 6.2.2　对任何样本值 x, 若存在决策 a_x 使得后验风险达到最小, 即

$$R(a_x \mid x) = \min_{a \in \mathscr{A}} R(a \mid x), \tag{6.2.15}$$

则由下式所定义的决策函数 u_H:

$$u_H(x) = a_x, \quad \text{一切 } x \in \mathscr{X} \tag{6.2.16}$$

是一个贝叶斯决策函数.

证明　设 $u(x)$ 为任一决策函数, 则由定义, 知 $u(x)$ 的贝叶斯风险为 $B_\pi(u) = E[L(\theta, u(X))]$. 现分两步计算 $B_\pi(u)$: 第一步给定 $X = x$, 在这个条件下计算 $L(\theta, u(X))$ 的条件期望值. 由于在给定 $X = x$ 时 θ 的条件分布为 $H(\theta \mid x)$, 所以有

$$\int_\Theta L(\theta, u(x)) H(\,\mathrm{d}\theta \mid x) = R(u(x) \mid x). \tag{6.2.17}$$

第二步再对 x 求期望. 若以 Q 记 X 的边缘分布, 则有

$$B(u) = \int_{\mathscr{X}} R(u(x) \mid x) \,\mathrm{d}Q(x). \tag{6.2.18}$$

由式 (6.2.8) 及式 (6.2.15)、式 (6.2.17), 知对任何 $x \in \mathscr{X}$, 有

$$R(u_H(x) \mid x) = \min_{a \in \mathscr{A}} R(a \mid x) \leqslant R(u(x) \mid x).$$

于是得到

$$\begin{aligned}
B_\pi(u_H) &= \int_{\mathscr{X}} R(u_H(x) \mid x) \,\mathrm{d}Q(x) \\
&\leqslant \int_{\mathscr{X}} R(u(x) \mid x) \,\mathrm{d}Q(x) = B_\pi(u).
\end{aligned}$$

故定理 6.2.2 得证. ■

例 6.2.6　设一个统计问题为估计参数 θ, 且损失为二次式: $L(\theta, a) = (\theta - a)^2$. 分别用 $m(x)$ 和 $\sigma^2(x)$ 表示后验分布 $H(\theta \mid x)$ 的均值和方差, 则有

$$R(a \mid x) = [a - m(x)]^2 + \sigma^2(x), \tag{6.2.19}$$

因此立刻得贝叶斯决策函数为

$$u_H(x) = m(x), \tag{6.2.20}$$

其贝叶斯风险为

$$B_\pi(u_H) = \int_{\mathscr{X}} \sigma^2(x)\,\mathrm{d}Q(x), \tag{6.2.21}$$

其中 Q 为 X 的边缘分布.

所以, 用式 (6.2.20) 后验分布的均值来估计 θ, 是该问题的贝叶斯决策, 而且在此也是唯一的贝叶斯决策.

例 6.2.7　设参数 θ 有两个可能值 θ_1, θ_2. 样本分布有概率函数 $f(x, \theta)$. 考虑检验问题 $H_0: \theta = \theta_1$,　$H_1: \theta = \theta_2$. 损失函数定义为 (a_1: 接受 H_0; a_2: 拒绝 H_0)

$$L(\theta_1, a_1) = L(\theta_2, a_2) = 0,\quad L(\theta_2, a_1) = c_1,\quad L(\theta_1, a_2) = c_2.$$

又设 θ 的先验分布 $\pi(t)$ 为: $\pi(\theta_1) = p$, $\pi(\theta_2) = 1 - p$. 当得到样本 x 时, θ 的后验分布为

$$H(\theta_1|x) = pf(x, \theta_1)/[pf(x, \theta_1) + (1-p)f(x, \theta_2)],$$
$$H(\theta_2|x) = (1-p)f(x, \theta_2)/[pf(x, \theta_1) + (1-p)f(x, \theta_2)],$$

因此决策 a_1, a_2 的后验风险分别为

$$R(a_1|x) = c_1(1-p)f(x, \theta_2)/[pf(x, \theta_1) + (1-p)f(x, \theta_2)],$$
$$H(a_2|x) = c_2 pf(x, \theta_1)/[pf(x, \theta_1) + (1-p)f(x, \theta_2)].$$

由定理 6.2.2 知, 此问题的贝叶斯决策函数为

$$u_H(x) = \begin{cases} a_1, & \text{当 } f(x, \theta_2)/f(x, \theta_1) \leqslant c_1(1-p)/c_2 p, \\ a_2, & \text{当 } f(x, \theta_2)/f(x, \theta_1) > c_1(1-p)/c_2 p. \end{cases} \tag{6.2.22}$$

定理 6.2.2 将贝叶斯决策化为一个极值问题, 正像极大似然估计那样, 虽说极值的计算有规可循, 但除了简单的情况以外, 求解极值并非易事. 条件分布 $H(\mathrm{d}\theta|x)$ 的计算问题一般比较难. 这就需要了解有关的数值算法的数学内容.

有时, 不论对哪个决策函数 u, 总有 $B_\pi(u) = \infty$. 这时, 任一个决策函数 u 都是贝叶斯决策函数, 在这种情况下, 贝叶斯准则失去意义. 但是, 最小后验风险的决策仍可能是唯一的. 从贝叶斯风险的角度看, 这个风险最小的决策与其他的决策没什么两样, 可是从其他角度看则有其优点, 因此常把定理 6.2.2 中确定的后验风险为最小的决策函数, 称为**推广意义下的贝叶斯决策函数**.

6.1.5 节提到某些特殊的最小最大估计问题, 它们都是通过下面的定理获得的.

定理 6.2.3　设 u^* 为对某个先验分布 $\pi(t)$ 的贝叶斯决策函数, 且 u^* 的风险函数恒为有限常数 c: $R(\theta, u^*) = c$ 对任何 $\theta \in \Theta$, 则 u^* 为一个最小最大估计.

证明 用反证法. 若 u^* 不是最小最大估计, 则将存在决策函数 u, 使得 $\max_{\theta \in \Theta} R(\theta, u) = c' < c$. 这样有

$$B_\pi(u) = \int_\Theta R(\theta, u)\,\mathrm{d}\pi(\theta) \leqslant \int_\Theta \max_{\theta \in \Theta} R(\theta, u)\,\mathrm{d}\pi(\theta)$$
$$= c' < c = B(u^*).$$

这与 u^* 是 $\pi(t)$ 的贝叶斯决策相矛盾. ■

例 6.2.8 设 $X \sim b(n, p)$, 要估计 p. 损失函数为 $L(p, a) = (a - p)^2$, 要求 p 的最小最大估计.

解 取 p 的共轭先验分布为 $B(c, d)$(它是共轭先验分布族), 则当样本 $X = x$ 时,p 的后验分布必为 $B(x + c, n + d - x)$. 依题设损失函数为二次式 $(a - p)^2$, 由例 6.2.6 知, p 的贝叶斯决策为后验分布 $B(x + c, n + d - x)$ 的期望值, 即 $u_{cd}(x) = \dfrac{c + x}{n + c + d}$, 其风险函数为

$$R(p, u_{cd}) = E_p\left(\frac{X + c}{n + c + d} - p\right)^2$$
$$= D_p(X/(n + c + d)) + \left(\frac{E_p X + c}{n + c + d} - p\right)^2.$$

考虑到 $E_p(X) = np$, $D_p(X) = np(1 - p)$, 上式为

$$R(p, u_{cd}) = (n + c + d)^{-2}\{np(1 - p) + [c - (c + d)p]^2\}.$$

若取 $c = d = \dfrac{\sqrt{n}}{2}$, 则风险函数 $R(p, u_{cd}) = n/[4(n + \sqrt{n})^2]$ 为常数. 依定理 6.2.3, 有

$$u_{\sqrt{n}/2, \sqrt{n}/2}(x) = \frac{x + \sqrt{n}/2}{n + \sqrt{n}} \tag{6.2.23}$$

是 p 的最小最大估计.

作为一个风险函数为常数的统计决策问题一般很难找到, 这样定理 6.2.3 的使用面较窄. 下一个定理的应用要广泛得多.

定理 6.2.4 设一个统计决策问题在先验分布 π_k 之下的贝叶斯决策函数为 u_k, u_k 的贝叶斯风险为 $r_k = B_k(u)$, $k = 1, 2, \cdots$. 假定

$$\lim_{k \to \infty} r_k = r < \infty, \tag{6.2.24}$$

又设 u^* 为一决策函数, 满足条件

$$\max_\theta R(\theta, u^*) \leqslant r, \tag{6.2.25}$$

则 u^* 为此问题的最小最大估计.

证明　仍用反证法. 设 u^* 不是最小最大估计, 则存在决策函数 u, 使得 $\max_\theta R(\theta, u) < \max_\theta R(\theta, u^*)$. 由条件 (6.2.24)、(6.2.25) 知, 当 k 充分大时, 有 $\max_\theta R(\theta, u) < r_k$. 于是 u 在先验分布 π_k 之下的贝叶斯风险 $B_{\pi_k}(u)$ 满足

$$B_{\pi_k}(u) \leqslant \max_\theta R(\theta, u) < r_k = B_{\pi_k}(u_k).$$

这显然与 u^* 是先验分布 π_k 之下的贝叶斯决策相矛盾, 因而本定理得证.　∎

例 6.2.9　设样本 $X_1, X_2, \cdots, X_n$ 服从正态分布 $N(\mu, 1)$, 损失函数 $L(\mu, a) = (\mu - a)^2$, 求 μ 的最小最大估计.

解　设 $\{\pi_k\}$ 为一先验分布列, π_k 为正态分布 $N(0, k^2)$, $k = 1, 2, \cdots$ 由于损失函数为 $(\mu - a)^2$, 由例 6.2.6 知, μ 的贝叶斯决策为后验分布 $N(v, \eta^2)$ 的期望值, 这里

$$v = \frac{n\overline{x}}{n + \frac{1}{k^2}}, \quad \eta^2 = \frac{k^2}{nk^2 + 1},$$

即 μ 的贝叶斯决策为 $u_k(x) = v = \dfrac{nk^2\overline{x}}{1 + nk^2}$, 其风险函数为

$$\begin{aligned}
R(\mu, u_k) &= E_\mu\left(\frac{nk^2\overline{X}}{1 + nk^2} - \mu\right)^2 \\
&= D_\mu\left(\frac{nk^2\overline{X}}{1 + nk^2}\right) + \left(\frac{nk^2}{1 + nk^2}E_\mu\overline{X} - \mu\right)^2 \\
&= \frac{nk^4}{(1 + nk^2)^2} + \frac{\mu^2}{(1 + nk^2)^2}.
\end{aligned} \tag{6.2.26}$$

而 u_k 的贝叶斯风险为: 在 $\mu \sim N(0, k^2)$ 的条件下式 (6.2.26) 右边的期望值, 计算得

$$r_k = R_{\pi_k}(u_k) = \frac{nk^4}{(1 + nk^2)^2} + \frac{1 + k^2}{(1 + nk^2)^2},$$

显然, $r = \lim\limits_{k \to \infty} r_k = \dfrac{1}{n}$. 现取 $u^*(x) = \overline{x}$, 则 $R(\mu, u^*) \equiv \dfrac{1}{n}$. 可知, $u^*(x)$ 满足条件式 (6.2.25). 依定理 6.2.4, $\overline{X}$ 是 μ 的最小最大估计.

在单纯的统计推断过程中, 曾多次推出这个估计量 $\overline{X}$. 在前几章里, 我们知道样本平均值 $\overline{X}$ 是 μ 的矩估计、极大似然估计、最小均方误差估计等. 这里又得到它是 μ 的最小最大估计. 因此, 从各种不同的角度验证了样本平均值 $\overline{X}$ 作为 μ 的估计的优良性质.

不论是统计推断还是统计决策理论, 都包含着十分丰富的内容和优秀的成果. 兴趣广泛的读者可以借助更深一层的书籍进一步学习.

6.3 习　题

6-1. 设总体 ξ 服从指数分布, 即

$$f(x) = \lambda\, \mathrm{e}^{-\lambda x}, \quad x > 0, \lambda > 0,$$

损失函数为二次式, λ 的先验分布为 Gamma- 分布 $G(\alpha, \beta)$, 即

$$g(\lambda) = \frac{\beta^{-(\alpha+1)}}{\Gamma(\alpha+1)} \lambda^\alpha\, \mathrm{e}^{-\frac{\lambda}{\beta}}, \quad \lambda > 0, \beta > 0, \alpha + 1 > 0.$$

试求参数 λ 的贝叶斯估计.

6-2. 设总体 ξ 服从正态分布 $N(\mu, 1)$, $-\infty < \mu < \infty$, ξ_1, ξ_2 为其样本, 考虑下述三个估计量

$$\hat{\mu}_1 = u_1(\xi_1, \xi_2) = \frac{2}{5}\xi_1 + \frac{3}{5}\xi_2,$$

$$\hat{\mu}_2 = u_2(\xi_1, \xi_2) = \frac{5}{6}\xi_1 + \frac{1}{6}\xi_2,$$

$$\hat{\mu}_3 = u_3(\xi_1, \xi_2) = \frac{1}{3}\xi_1 + \frac{2}{3}\xi_2.$$

定义损失函数为 $L(\mu, \hat{\mu}) = 3\mu^2(\mu - \hat{\mu})^2$, 试求 $R(\mu, \hat{\mu}_1)$, $R(\mu, \hat{\mu}_2)$, $R(\mu, \hat{\mu}_3)$, 问哪个风险最小?

6-3. 设 $X_1, X_2, \cdots, X_n$ 服从 $[0, \theta]$ 上的均匀分布 $U(0, \theta)$, $\theta > 0$ 为参数. 设 θ 的先验分布为均匀分布 $U(0, c)$, $c > 0$ 已知. 用后验分布的均值估计 θ.

6-4. 设 $X_1 \sim N(\theta, 1)$ (样本大小为 1), θ 有广义先验密度 $\pi(\theta) = 1$, 当 $\theta > 0$, $\pi(\theta) = 0$ 当 $\theta \leqslant 0$. 证明: 用后验分布均值估计 θ 的结果为

$$X_1 + \mathrm{e}^{-X_1^2/2} \Big/ \int_{-X_1}^\infty \mathrm{e}^{-t^2/2}\, \mathrm{d}t.$$

6-5. 在求得 θ 的后验分布 $P\{\theta \mid x\}$ 后, 若区间 $[C(x), D(x)]$ 使得

$$P\{C(x) \leqslant \theta \leqslant D(x) \mid x\} = 1 - \alpha,$$

$\alpha \in (0, 1)$ 为给定的数, 则称 $1 - \alpha$ 为后验置信度; 区间 $[C(x), D(x)]$ 称为 θ 的后验置信度 $1 - \alpha$ 的区间估计. 设 $X_1, \cdots, X_n \sim U[\theta_1, \theta_2]$, $\theta_1 < \theta_2$ 为参数. (θ_1, θ_2) 的先验分布定义为: θ_1 有指数密度 $\mathrm{e}^{-\theta_1}$ 当 $\theta_1 > 0$; 否则密度为 0. 而在已知 θ_1 时, $\xi = \theta_2 - \theta_1$ 的条件分布也有指数密度 $\mathrm{e}^{-\xi}$ 或 0, 分别当 $\xi > 0$ 或 $\xi \leqslant 0$. 试求 θ_2/θ_1 的后验置信度为 $1 - \alpha$ 的最短区间估计.

6-6. 设 $X \sim b(n, p)$. p 的先验分布为 $P\{p = p_0\} = P\{p = 1 - p_0\} = \frac{1}{2}$, $0 < p_0 < \frac{1}{2}$, p_0 已知. 又损失函数定义为 $(p - a)^2$. 求 p 的贝叶斯估计, 并证明: 可适当选择 p_0, 使得此贝叶斯估计为 p 的最小最大估计.

6-7. 设 X, Y, Z 都是随机变量, 证明

$$E(XE(Y|Z)) = E(YE(X|Z)), \quad E(E(Z|X,Y)|X) = E(Z|X).$$

6-8. 一盒中有 N 个球, 其上分别有数字 $1, \cdots, N$, N 未知, 从中随机有放回地抽取 n 个球, 记录其上的数字 $X_1, X_2, \cdots, X_n$, 要以此估计 N, 损失函数为 $L(N, a) = (N - a)^2$, 取 "决策函数" $u(X_1, \cdots, X_n) = k \cdot \max(X_1, \cdots, X_n)$, 决定 $k = k_N$ 使得风险达到最小, 并求当 $N \to \infty$ 时 k_N 的极限.

6-9. 一铜板投掷时出现正面的概率为 $\dfrac{1}{4}$ 或 $\dfrac{3}{4}$. 为判定系何者, 将铜板独立地投掷 2 次, 据其结果作一判定. 损失为: 判对为 0, 判错为 1. 找出使得最大风险 $M(u) = \max\limits_{\theta} \{R(\theta, u)\}$ 达到最小的决策函数 u.

参 考 文 献

陈希孺, 倪国熙. 1988. 数理统计学教程. 上海: 上海科学技术出版社.

陈希孺. 1999. 高等数理统计学. 北京: 中国科学技术大学出版社.

复旦大学. 1979. 概率论: 第二册. 数理统计. 北京: 人民教育出版社.

茆诗松, 等. 1981. 回归分析及其试验设计. 上海: 华东师范大学出版社.

中山大学数学力学系. 1980. 概率论与数理统计 (下册). 北京: 人民教育出版社.

Mann H B. 1963. 试验的分析与设计. 张里千等 译. 北京: 科学出版社.

Rao C R. 1989. Statistics and Truth. Fairland, Maryland USA: International Co-operative Publishing House.

Stone C J. 1996. A Course in Probability and Statistics. Wadsworth Publishing Company.

Маэмишвили А И. 1984. 误差理论与最小二乘法. 吕福臣等 译. 北京: 煤炭工业出版社.